The sea tells you

大海告诉你

陆儒德/编著

大连出版社
DALIAN PUBLISHING HOUSE

图书在版编目(CIP)数据

大海告诉你/陆儒德编著. —大连:大连出版社,2009.7
ISBN 978-7-80684-772-5

Ⅰ.大… Ⅱ.陆… Ⅲ.海洋—普及读物 Ⅳ.P7-49

中国版本图书馆 CIP 数据核字(2009)第 093749 号

出　　品:才　力
策　　划:杨道立
监　　制:张其奇

出 版 人:刘明辉
责任编辑:卢　锋　宋　军
封面设计:林　洋
版式设计:曹　艺
责任校对:刘春艳　金　琦
编　　务:张海涛
责任印制:刘　晨

出版发行者:大连出版社
地址:大连市西岗区长白街 10 号
邮编:116011
电话:0411-83620674　0411-83620941
传真:0411-83610391
http://www.dl-press.com
E-mail:cbs@dl.gov.cn
印 刷 者:沈阳新华印刷厂
经 销 者:各地新华书店

幅面尺寸:170 mm×230 mm
印　　张:22.75
字　　数:410 千字
出版时间:2009 年 7 月第 1 版
印刷时间:2009 年 7 月第 1 次印刷
印　　数:1~4500 册
书　　号:ISBN 978-7-80684-772-5
定　　价:48.00 元

目　录

MU LU

上篇　神奇的蓝色水球

上 篇

神奇的蓝色水球

第一章

我们住在“水球”上

WOMEN ZHU ZAI “SHUI QIU” SHANG

我们居住的“水球”

航海家看到：
陆地有界，大海无边，
海洋包围着大陆。
宇航员望见：
地球是一个蓝色水球，
陆地是海洋中的岛屿。

自从500万年前地球上诞生了人类，人便一直“土生土长”，在陆地上繁衍生息。我们在幼儿时期，从母亲的怀抱里放下站立起来，叫做“下地”。由于人一直“脚踏实地”站在黄土地上，仰望星空天体，就把自己脚踩的星球称为“地球”，而对这个星球上比陆地面积大得多的水体却十分无知。

然而，当人类进入了宇航时代，无论是首位进入太空的苏联宇航员加加林，还是我国第一位航天员杨利伟，世界上所有的宇航员，从天外俯瞰地球后一致认为：我们居住的星球是一个以蔚蓝为基色，镶嵌着橘黄斑块的球体，蓝色是广袤的海洋，黄色是广阔的陆地，大陆仿佛是海洋中的岛屿。即使在陆地的上方，也常常被一层浅蓝色的大气笼罩着，整个地球看起来似乎是一个晶莹的蓝色“水球”。

> 汉字的“地”，即为土也，《礼记·大学》云：“有人此有土。”中国的皇帝称：“普天之下，莫非王土。”可见，古人一直认为人类依存于土地。

地球来自哪里

原始星云说 关于地球的形成，有各种各样的说法，现在人们普遍接受的是学者康德(1724～1804)提出的“原始星云”说。

宇宙星云

最早的宇宙天体，是由基本微粒构成的弥漫状态的大云，经历长期弥漫、集聚、收缩和瓦解，分离形成许多由宇宙微粒和气态物质组成的小云团，其中的一个小云团便是太阳系。太阳系以太阳为中心，四周围绕着一些行星及卫星，地球便是太阳系中的一个“小兄弟”，围绕太阳在一个椭圆形轨道上不断运动着，由于离太阳较近，环境温度较高，当时还是一个匀质状态的高温球状物体。经过漫长的演变，大概在45

有山有水的地表形态(长江三峡)

亿年前，地球逐渐成为近似球状的固态物质。

> 美国华盛顿大学的地质学家在加拿大发现了一块原始岩石，据测定有38.4亿年高龄，是迄今所知地球物质的“老寿星”了。

地球表面的形成

从现在采集到的地球岩石标本看，有高温冷却形成的花岗岩和玄武岩，也有矿物质沉积海底形成的各种沉积岩，还有在一定环境条件下形成的变质岩。这说明地球表面是在不同的温度、风雨、火山、地震等自然条件作用下，经历了漫长、复杂的渐进过程，才形成现在这样的形状，大体上呈梨形。

海洋怎样形成

“火球”变冷以后 原始地球是一个很大的“火球”，在运动过程中逐渐冷却，地壳表面产生了一些皱褶；不断发生火山爆发和强烈地震，造成局部地区的地壳隆起或开裂；原始地球周围缺少氧气，陨星不会因摩擦大气而燃烧，便以高速猛力撞击地球而使地面产生凹陷。

经过了这些内、外因素的长期作用，便形成了坑坑洼洼的地球表面，为形成原始海洋创造了客观条件，也奠定了今日海、陆分布的大体面貌。

出现大气层 地球是一个实心的物体，平均半径为6 300千米，而地壳的平均厚度仅为30千米，好像一个鸡蛋的蛋壳。由于地球内部放射性物质的裂变，不断释放热量而增温，在地壳薄弱地方，以火山喷发的形式，将高温气体、岩浆、水蒸气及大量氯化钠等猛力喷射出来。也有一些物质，在地球内高温和压力作用下不断逸出表面，经过化合作用和阳光照射后分解，产生了一氧化碳、二氧化碳、甲烷、氨、氧、氮和水蒸气等物质，它们一起构成了最初的大气层。

> 1993年，美国宇航局的科学家分析发现，在南大西洋马尔维纳斯群岛附近海底，存在一个直径为200英里的陨石坑。认为是2.5亿年前，有一颗直径为12英里的小行星，以60万英里/小时的速度撞击地球，其撞击力相当于100万颗氢弹的爆炸威力。巨大无比的撞击力，不仅在地球上撞出了一个巨大的陨石坑，还导致原始地球的冈瓦纳古大陆顿时四分五裂。

形成原始海洋 大气层中的水蒸气和火山爆发产生的水蒸气，经过冷却凝聚成液态

地球上水的来源

火山口(长白山天池)

水，在地心的引力下，以降雨形式落到地面，开始积存于地面洼处。经过长期的电闪雷鸣、狂风暴雨，通过千川万溪，汇集到大面积的原始洼地，在距今35亿年前的太古时代，便逐渐形成了原始海洋。

现在每年通过火山爆发等形式释放出来的温泉水达6 600亿吨。随着大气中水分的增多和海洋的形成，一方面使地面岩石风化形成土壤；另一方面，水不断冲刷和溶解地壳的矿物质和盐类，使海洋中的淡水逐渐变成既咸又涩的海水。在10亿～15亿年前，海洋的体积和盐度已接近现在海洋的特征。

由此可以说，海水的来源主要是地球内部物质喷发而产生的，而太阳的照射，形成大量降水，也是形成海洋的一个重要因素。

最近，对海洋的形成又有了新的说法。美国1996年发射的卫星收集到的大量观测资料表明：宇宙中每天有几千枚重量达2万～4万千克的“宇宙雪球”，在运动过程中和进入大气层后分解成了水汽，最后以降水形式落到地球。所以“天外来客”也是原始海水积累的一个因素。

古代海洋之父、希腊的亚里士多德说：“由于太阳的热，从海面蒸发的水蒸气，再凝结而形成降水，形成河川、喷泉和地下水，一起流入海洋，依此循环往复。”

1983年，我国无锡地区曾降过一次“冰雨”，落下了许多小冰块。经过科学化验，人们惊奇地发现，这些“天上来客”竟是来自宇宙的陨冰，这可是十分珍贵的、可作为宇宙水是形成海洋重要因素的实际证物。

海洋包裹着地球，不仅广阔，有3.62亿平方千米面积，占地球表面面积的70.8%，而且深邃，70%的海洋水深在1 000米以上，平均水深3 792米，海沟最深处达11 034米，海水的总体积达13.7亿立方千米，占地球总水量的97.2%。在地球的南半球，海洋就占了81%，即使陆地较多的北半球，海洋也占有61%，不管在哪个半球，海洋都是主体。所以，地球是一个名副其实的蓝色“水球”。

海水为啥呈蓝色

海水本无色 当我们在一个透明的玻璃瓶内盛满海水，在阳光下一看，什么颜色也没有，说明海水本来是一种无色的透明液体。然而，我们看到的大海明明是蓝色的，而且离海岸越远，海水越来越呈深蓝色，这是为什么呢？

原来，海水呈蓝色是由太阳光的组成和海水的性质决定的。我们知道，太阳光由红、橙、黄、绿、青、蓝、紫7种成分组成。依照它们波长的长短从左到右依次排列起来，最长的红光在左，最短的紫光在右。红、橙、黄的波长很长，容易被海水吸收掉；紫色光的波长很短，大多被海面反射出去了；只有蓝光及其附近的绿光、青光可以穿入海水，在海水中折来折去，又经过水分子充分散射，便将海水映照成蓝色了。同时，由于海水中存在着大量盐离子，增强了光线的散射作用，使海水呈现蔚蓝色。

海水变色现象 我们进一步观察就会发现，海水颜色会受环境影响而“变化”：

近海海水浅，颜色较淡，深海中的海水呈深蓝色；

好望角的蓝色海水

鮟鱇鱼

管眼鱼

金眼鲷

黑巨口鱼

深海奇鱼

透明度越大的海水颜色越蓝，所以，南海的海水要比东海的蓝得多；

海面平静时，海水蓝色较淡，狂风怒涛中，海水呈深蓝色，甚至变成黝黑色，使人倍感恐怖。

由于在不同水深处，进入的光及其比例不同，所以，不同深度的海水颜色也不同。

在浅水中，能进入红、橙、黄色光，我们可以见到美丽的海底世界，五彩缤纷的鱼类和珊瑚，使人目不暇接。超过17米水深，红光被吸收掉，红色的鱼看起来成了黑鱼了。

50多米水深，海水呈绿色；

60米水深，海水呈蓝绿色；

80米水深，海水就成了蓝黑色；

到500米水深，海水颜色变成灰黑色。

一些海洋动物为了适应环境保护自己，体色一般同透入水中的光线颜色较接近。所以，海鱼的颜色一般比淡水鱼的颜色要深，深水鱼的颜色更深，多呈深黑色。

如生活在千米深水处的深海鮟鱇鱼（灯笼鱼）、黑巨口鱼、金眼鲷和管眼鱼，身体都是黑色的，而且有的在头部、尾部和牙齿上还带有发光器。

看了上面这些内容，大家知道了吧：我们人类居住在一个蔚蓝色的“水球”上，无色的海水在阳光照耀下呈蔚蓝色；海水中含有高浓度的盐分，又咸又涩，不能直接饮用和灌溉。

海与洋不一样

广袤的大洋

我们通常说的“海洋”，是指地球上广阔而连续的水体的总称。还可以细分一下，把靠近陆地边缘部分的水体称“海”，它的中央主体部分称“洋”。

海与洋各有特点：

洋的面积大而水深，平均水深在3 000米以上，有独立的洋流与潮汐系统，水文状况较稳定，远离陆地，受大陆影响小，洋底为海洋沉积物；

美丽的海湾

海的面积小而浅，离岸较近，受陆地影响大，水文要素随季节性变化大，海底多为陆相沉积物。

全球海洋被地球上的欧洲、亚洲、美洲、非洲、大洋洲和南极洲等6个大洲的陆地分隔成太平洋、大西洋、印度洋、北冰洋和南大洋等5个洋。而每个洋都有它自己附属的若干个海，全世界共有60多个海。我国大陆濒临的黄海、东海和南海便属于太平洋的边缘海。

第二章

人类生存靠海洋

古生代海底生物

生命诞生于大海，
人类生存靠海洋。
缺少阳光可有生命，
没有海水世界消亡。

2004年1月23日，欧洲航天局发射的“火星快车”探测器，在火星的南极地区探测到“冰冻水”和许多被水侵蚀的痕迹，令全世界科学家欣喜若狂。因为，火星上有水，说明火星存在过生命，或可以提供生命存活的条件。那么，“水与生命”到底有什么密切关系呢？

生命之源在哪里

水是一切生命之源 人类生存在地球上，而地球表面的主体是海水，人的生存条件必然与海水最为密切。事实证明，地球的一切变化都被海洋所主宰，水是一切生命之源和生存的基础。

我国公元前7世纪的《管子·水池》中说："水者何也？万物之本源也，谋生之宗室也。"《周易·序卦第十》写道："有天地，然后生万物焉。盈天地之间者唯万物，故受之以屯。屯者，盈也。屯者，万物之始也。"这里的"屯"可解读为低洼处灌满了水。这些文字说明：自地球出现后，才有生命；而生命起源于低洼存水的地方。

在40亿年前，地球同许多"天外客"一样，空旷荒寂，杳无生命踪迹。后来，在广阔的海洋中，集聚了大量的非生命物质，在高温的环境中，经过了"大动荡、大分化、大改组"，逐渐形成了有机物质。在强烈的太阳辐射中，大量的紫外线和各种宇宙射线照射着地球，提供了孕育生命所需的能量，又经过几亿年的演变，海洋里的有机物质经过复杂的分离、化合，诞生了原始生命。

最早的生命诞生于海底

当初地球上氧气稀少，太阳射出的强烈紫外线直冲地球。紫外线"催生"了生命，但足以杀死襁褓中脆弱的原始生命。而广袤无垠的海洋吸收、散射了大部分的紫外线，保护原始生命免遭紫外线杀伤，并为生命的成长、繁衍提供了必不可少的条件。因此，最早的生命诞生于海底。

6亿年前的大型藻类化石

人类进化的摇篮 由于水体的比热较陆地大得多，海水的升温和降热慢而均匀，使海洋昼夜和四季的温差较小，营造了适合低等生物存活的良好环境。

寒冷中海水结了冰，冰的密度比水小，总是聚集在水面上，而且散热也慢，就好像在水面盖上了一层御寒的"棉被"，保护摇篮内的"婴儿"不被冻坏。

海水不断地上下、左右运动，把

5亿年前的鹦鹉螺化石

海水中的营养物质均匀地散布在各处，供海洋生物吸收，甚至可以保证万米深海的生物也能得到足够的食物而生存。

中国的汉字，源于象形文字，每个字的意义同它的偏旁组成密切相关。一个“海”字，由水、人、母三部分组成，诠释了“水是人类的母亲”。

海水的流动，调节着海水温度，水流把海洋植物的孢子和海洋动物的卵及幼体带到各处，促进生物的繁衍和传播。

所以，海洋既是孕育原始生命的“子宫”，还提供着生命繁衍和发展的必需条件，是人类进化的“摇篮”。海洋成为生物的天然家园，造就了各种海洋生物。

人类先祖有哪些

人们常说“人是类人猿变的”，那么，类人猿又是由什么生物“变”来的呢？经科学家研究、考证，类人猿等陆生动物都是由海洋生物经过漫长的进化过程而生成的。

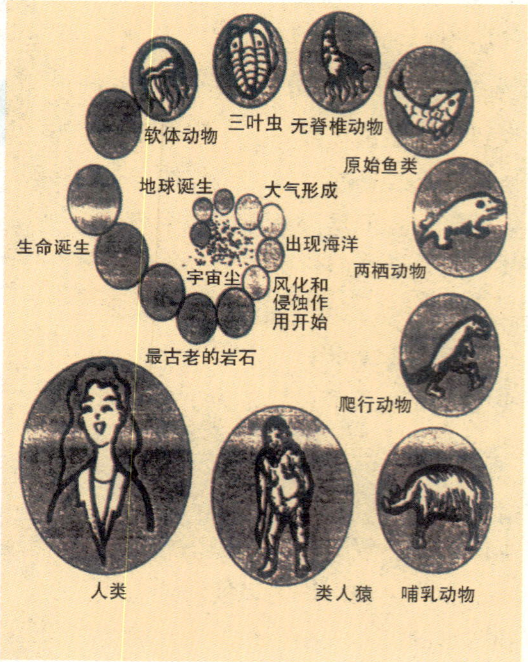

生命起源于海洋

38 亿～34 亿年前，海洋中诞生了最初的原始生命；

约 32 亿～31 亿年前，原始海洋中产生了厌氧的细菌、蓝藻等最低等的原始生物；

5 亿年前的澄江奇虾

约 18 亿～10.7 亿年前，随着海洋中氧的大量出现，催生了吸氧的海生藻类；

10 亿年前，海洋中出现了低等的无脊椎原始动物；

5 亿年前，出现了海生无脊椎动物，初

期的三叶虫曾一度称霸海洋，后来的笔石、菊石、鹦鹉螺等软体动物成了海洋的主人；

海、陆生物进化示意图

4.3 亿年前，海洋中出现了以棘鱼为代表的脊椎动物鱼类；

3.5 亿年前，海洋动物开始爬上陆地，进入了两栖动物时代；

2.3 亿年前，进入爬行动物时代；

6 700 万年前，进入哺乳动物时代；

人类的历史则不超过 500 万年。

所以，从生命进化史角度说，海洋中的软体动物贝类和脊椎动物鱼类，都远早于陆生动物，很早便生存在海洋里，一度是主宰海洋的霸主。海洋古生物在生命进化史上，同人类有着远亲和始祖的亲缘关系。

科学家经过长期观察和实验，了解到一些十分重要的生理现象：

两栖类、爬行类、哺乳类动物和人类，在胎胚时期头部都长着鱼类那种“腮裂”；

人和动物的血液成分及其比例几乎同海水一样；

人在怀胎阶段的 9 个多月，胎儿必须泡在母亲子宫内的羊水中。

有一个名为《人之初》的录像片，清晰地记录了水中分娩的全过程。人们惊奇地看到：婴儿自然地离开母体后进入水中，本能地在水中游泳，会自然地憋气和换气。这些生理特性说明，各种动物都遗留着海洋生物的特征，这是陆生动物起源于海洋动物的佐证。

婴儿天生会游泳

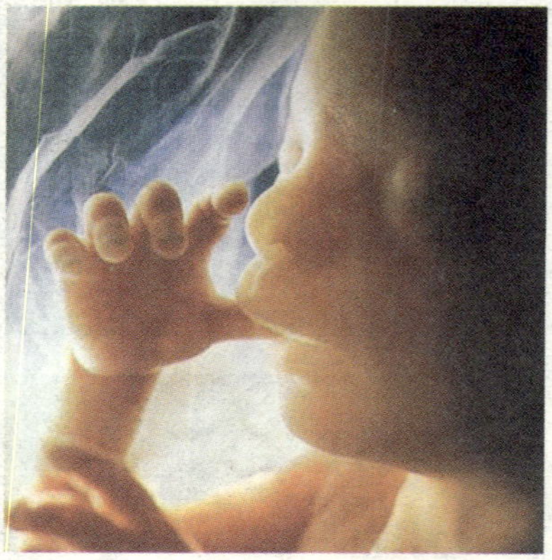

泡在子宫羊水中的婴儿

深海高温水体中的蠕虫

万物生存靠什么

1977 年，海洋学家在 2 000 多米深的海底进行科学考察时发现，一些称为“黑烟囱”的堆积物喷涌出 400℃的高温水体，在其附近竟然生存着一些很活跃的微生物和管状蠕虫。后来，科学家又发现，在太平洋加拉帕戈斯群岛东南海域 2 600 米深的海底火山附近，虽然海里一片漆黑，但有大量长达 1 米的蠕虫、30 厘米长的巨蛤、淡黄色的贻贝和白蟹，海底世界生机勃勃。在南加利福尼亚附近的海底火山口，也是 2 600 米水深处，还发现了一种很像白鳗的鱼，这是人类

奇特的深海“黑烟囱”

第一次发现无阳光条件下生存的脊椎动物。

事实说明，在大洋底部存在着不需要阳光而能生存的海洋生命。所以，我们常说的“万物生长靠太阳”并不是普遍真理。虽然太阳在生命体系中不可或缺，但是没有阳光，仍然可以有生命；如果没有海水，太阳就会把地球烘干，一切生命都将消失，我们居住的地球将成为又一个“死亡之星”。

人与海洋很亲密

近代美国海洋学家西尔维亚·厄尔曾说：“我们这个星球的特点是受海洋主宰的。天气和气候也是受海洋控制的。海洋汇集生物的种类多于陆地。如果海洋发生变化，地球的特点也将变化。”

地球表面积的 71%是海洋，海洋以其吸热快、传导深、热容量大的特性，成为气候调节器，推动大气的循环活动，调节着全球气候。

大连海滨赶海潮

海洋是“风雨故乡”，海面每年蒸发海水44.8万立方千米，占全球蒸发量的87.5%，而每年陆地平均降水量近10万立方千米，比陆地蒸发量还多出3.7万立方千米，这就是海洋赐给大地使万物生长的生命水。

海洋提供了全球大气中70%的氧气，又是二氧化碳的主要吸收者，是维系全球生命系统的关键部件。

海洋还为人类提供充足的空间、食品、矿物、能源、药品、淡水等现实的和潜在的资源，是保障人类可持续发展需要的物质基础。

海洋有很强的净化能力，分解、消除了大量来自陆地的有害、有毒物质。

海洋深海资源是“人类的共同继承财产”，由国际组织代表全人类实施开发，开创了人类共同开发、管理海洋的新时代，海洋“全球化”是真正实现“全球化”的里程碑。

如果海洋生态环境失去平衡，闹起脾气来，就会带来台风、风暴潮、赤潮，带来“厄尔尼诺”、“拉尼娜”，使全球灾害迭起，人类不得安宁。

第三章 走进海底世界

探索海底

海洋是地球表面的主体，
陆地是大海上的“岛屿”。
海底地貌崎岖而壮观，
海底蕴藏着丰富资源。
一块尚未开垦的“处女地”，
人类未来生存发展的基础。

海底世界是啥样

尚未开垦的“处女地”

人类长久生活在陆地，勇于攀登珠穆朗玛高峰，敢于闯荡撒哈拉大沙漠，乐于骑马驰骋蒙古大草原，对陆地的地形、地貌、地质及资源情况十分清楚。相对而言，人类对于海洋的了解就十分有限。海洋面积巨大，海水深邃莫测，至今人类涉足的海洋仅仅是“沧海一粟”，而海

深邃的海洋

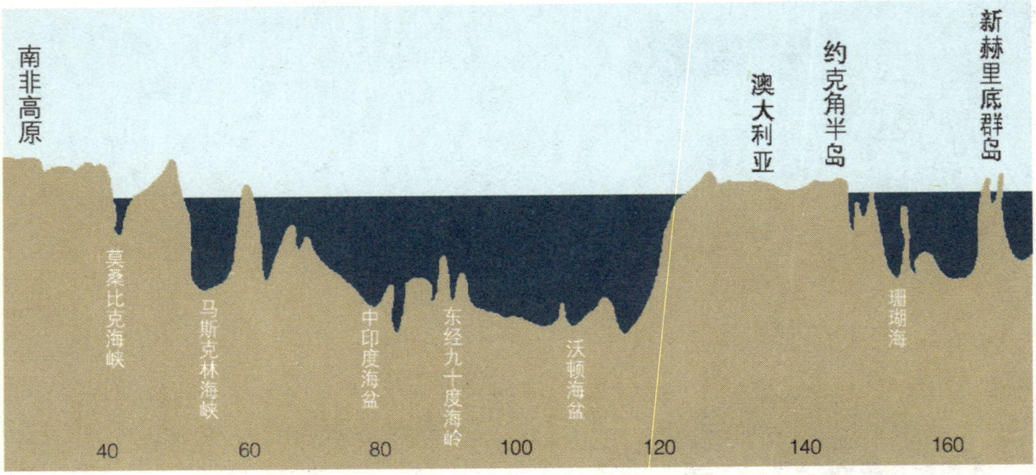

印度洋海底地貌截面图

底则是人类尚未开垦的“处女地”。

科学探测表明，海底世界本是陆地的延伸，也有高山、峻岭、平原和深渊。世界第一大洋太平洋的面积有 1.8 亿平方千米，平均深度有 4 000 米，从形状上看，就像是一个盛满海水的“大盘子”。

大洋海底地貌

海底是个“聚宝盆” 由于承受着巨大的水体重量，又长期经历水下地震、火山喷发和水流冲刷，海底形成了许多陆地上没有的奇特地貌，并蕴藏着丰富的资源，人们从中发现了各种新能源和一些海洋生物的新品种。海底是世界科学家热衷探索的新领域，是人类可持续发展的依托和希望，有望成为人类未来的美好家园。

意义非凡大陆架

地球的整体地貌，大体上由两大部分组成：陆地和大洋盆地。在陆地和大洋盆地之间有一个称为大陆边缘的过渡带，好像是托架整个大陆的坚实基座。根

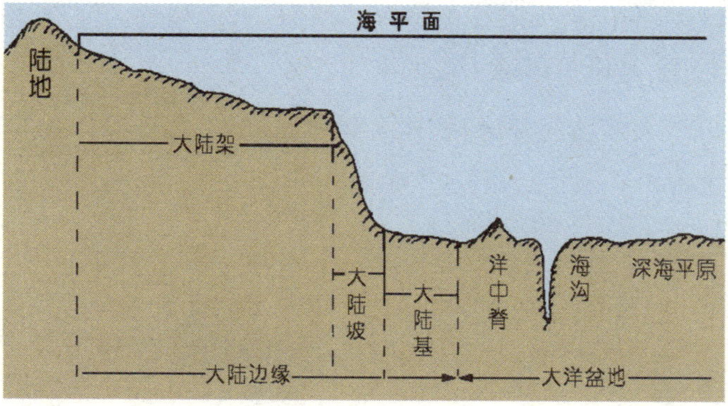

海底结构与名称

据其水深和坡度的不同，大陆边缘又分为大陆架、大陆坡和大陆基三部分，共占整个海底面积的20%。

大陆架 大陆架一般称“支撑陆地的基架”，准确的说法是：“大陆架是分布于陆地四周、被海水淹没的坡度很小的地球高原的一部分，终止于坡度显著增大的转折处。”

大陆架约占海洋总面积的12%，最大宽度可达几千千米，最窄处几乎贴近陆地。大陆架的平均水深为60米，最大深度为548.6米，平均坡度为0.1度，显得较为平坦，很少有坑坑洼洼的地貌。

大陆架是国土的重要组成部分，基本上确定了国家“海洋国土”的大小。大陆架内资源丰富，船舶密集，涉及国家重大利益，也是当今国际海洋权益争议和争夺最复杂的海域。

> 大陆架属于国家管辖海域，根据《联合国海洋法公约》，国家可以取得最大350海里宽的大陆架。

大陆坡 大陆坡是大陆架外侧坡度急剧变化的部分，是地球表面最陡的大斜坡。它的平均坡度为4.3度，最大坡度可达45度；宽度为15～100千米，水深200～3 000米。我国周边的太平洋海域的大陆坡，是地震、火山最活跃的地带，地貌比较复杂，在其外缘往往存在很深的海沟。

大陆坡的位置，决定着一个国家大陆架的宽度。所以，进行精确的海洋测绘，绘出精确的大陆坡地貌图，是维护国家主权的重要任务。

大陆基　大陆基位于大陆坡的外缘，邻接大洋盆地，是由沉积物构成的隆起海底。水深 2 000 ~ 5 000 米，平均深度 3 700 米；坡面较为平坦，平均坡度 0.1 度。

地球最大“聚宝盆”

处于大洋中央的盆地，像一个巨大无比的“大盘子”，承托着海水的主体部分。它的面积达 1.63 亿平方千米，占海洋总面积的 45%。地形较为平坦，其间有深海平原、大洋中脊和海沟三种形态。

深海平原一般水深 4 000 ~ 6 000 米，坡度不到 0.1 度。广阔的深海平原中，也分布着一些丘陵状海山、海峰和深邃的海沟，形成了奇特、壮观的海底世界。

经过现代科学考察，初步揭开了深海之谜。在大洋盆地中，分布着巨大的多金属结核、热液矿床、富钴结壳和天然水化物（可燃冰）等矿藏，是保证人类可持续发展的重要的新资源、新能源，是人类生存与发展的希望。

根据《联合国海洋法公约》，大洋盆地属于国际海底区域，里面的深海资源被确定为“人类的共同继承财产”，任何国家都不能将它的任何部分或其资源占为己有。联合国下属的“国际海底局”代表全人类对大洋盆地进行开发及利益分配，这是人类共同管理、开发和享用海底资源的新型模式。

万米深渊大海沟

在大洋盆地毗连大陆坡的地方，有一种特殊的地貌，海底急剧倾斜，形成不对称“V”字形的狭长深海凹地，称为海沟。海沟长达数千千米，上部宽 10 ~ 100

马里亚纳海沟图像

千米，底部宽 2 000 ~ 4 000 米，平均坡度 5 ~ 7 度。水深一般超过 6 000 米，比周围海底深 2 000 米以上。

最深的海沟在太平洋 太平洋海域共有 29 条海沟，从北到南分布着阿留申海沟、千岛—堪察加海沟、日本海沟、马里亚纳海沟、琉球海沟和菲律宾海沟等。其中千岛—堪察加海沟、马里亚纳海沟和菲律宾海沟都是深达万米的海沟，而马里亚纳海沟为世界最深海沟，深达 11 034 米。

钓鱼岛属于中国 从钓鱼岛海域断面地貌图可以看出，中国大陆南麂列岛最外侧的南麂山岛同钓鱼岛处于同一个大陆架上，而日本八重山列岛中的石垣岛在日本的大陆架上，中间被冲绳海槽相隔。海底地貌充分显示，中、日两国各处于自己的大陆架上，钓鱼岛则在中国的大陆架上，主权属于中国，无可争议。

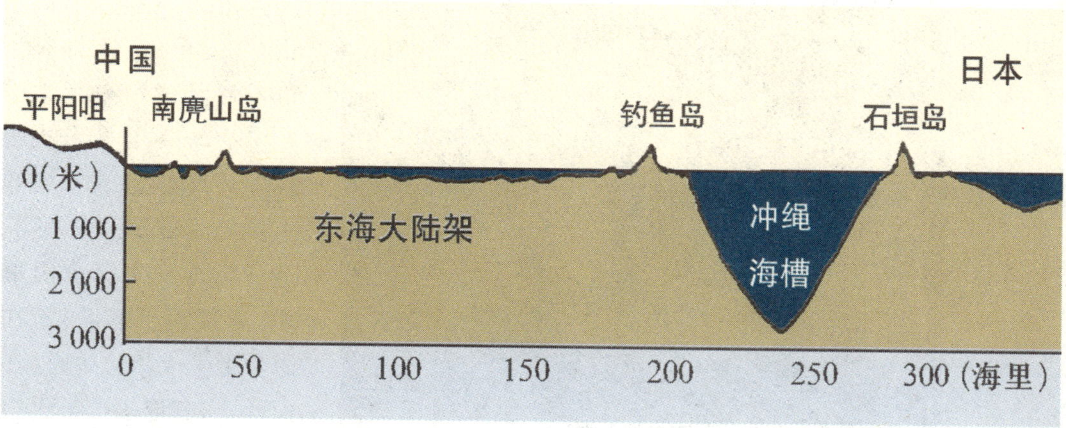

钓鱼岛海域断面地貌图

洋底卧伏“巨海龙”

大洋中脊　在大洋底部，分布着一些巨大山脉，其规模和气势远远超越了陆地上的任何山系，像一条条巨龙卧伏在海底，地形陡峭，起伏急剧，形态十分壮观，宛如大洋的脊梁，故命名为“大洋中脊”，亦叫“中央海岭”。

大洋中脊是一种全球性体系，全球大洋中脊总长达 6.4 万米，可绕地球一圈半；它的面积，相当于地球上陆地的总面积；其基部水深约 5 000 米，顶部水深约 2 500 米，宽约 1 000～2 000 千米。

地壳最薄之处　大洋中脊有一个显著的特征，其脊顶有一条或多条深陷的中央裂谷，将海洋中脊沿中轴分为两半或几部分。中央裂谷底部仅宽 1 000～2 000 米，厚度甚至不足 100 米，是地壳最薄的部分。

壮观的大洋中脊

地震频繁　在地质构造上，大洋中脊属于巨型活动构造带，断裂十分发育，是大洋浅源地震集中活动带，地震和火山喷发频繁发生，常在海洋上掀起巨浪和引发海啸，造成海洋灾害。火山爆发，岩浆喷出水面，常在海洋上生成新的岛屿。在大西洋，有许多这类火山岛至今喷发不止，形成海洋奇观。

第四章

奇特的珊瑚海底

绚烂多彩的海洋乐园

小小海洋珊瑚虫，
改变洋底作用大；
美妙绝伦珊瑚礁，
呼吁人类来呵护。

深海长出的岛礁

珊瑚岛　在南中国海上，分布着我国的东沙、中沙、西沙和南沙四个美丽的群岛和无数的小礁，与我国沿海众多的海岛相比，它们有着十分不同的特征。

1. 它们从千百米深海冒出水面，一般不是孤立的小岛，而是以群岛的形式出现，形成奇特的礁脉，构成海洋奇观；

2. 它们地势低矮，一般只有几米高，多则几十米，岛上郁郁葱葱，树丛茂密，海鸟飞翔，生机勃勃；

3. 从空中鸟瞰，在绿色的小岛岸边镶嵌着一圈白浪，水色向外由浅而深，白色的礁盘在水下忽隐忽现，一直扩散到很远，使人有一种神奇的感觉，美妙无比。

这些群岛似仙境中的出水芙蓉，也像撒落在蓝色海洋中的串串明珠。谁能相信，这些奇特的岛礁竟是一些微小的珊瑚虫建造的呢！

中国是较早用文字记载珊瑚礁的国家，在公元225~230年间，三国时期东吴的《扶南传》中就有关于发现珊瑚礁的描述。

造礁珊瑚 珊瑚虫是一种生存于20℃以上温度环境中的海洋生物，虽然体长只有2~5毫米，但繁殖力极强，以连续出芽的方式增殖，其扩张能力令人惊奇。珊瑚虫有一副坚硬的含钙骨骼，死珊瑚的骨骼石化后，成为珊瑚礁的基础。老一代死亡，新一代继续生长，死珊瑚的骨骼同其他生物残骸混合而成石灰岩地质，经过世世代代锲而不舍地努力，逐渐建筑起了珊瑚礁这样的海底奇观。所以，这类珊瑚虫也称“造礁珊瑚”。

全世界珊瑚虫造礁的总面积达1 000万~3 000万平方千米，比我国整个陆地国土和海洋国土的总面积还要大。珊瑚岛礁主要分布在西印度群岛海域、红海、墨西哥湾、印度洋西部和南太平洋，位于南北纬度30度之间的热带海区内30~40米深的浅水区。当水深超过100米，造礁珊瑚便不能生存。所以，百米以下的珊瑚礁便是地壳下沉的结果。

这些微小的虫子，集体奋力造礁的力量可大呢，不仅改变了海底世界，还“建造”了一些国家。如斐济共和国，由25个环礁组成；瑙鲁共和国，是建立在一个椭圆形环礁上的国家；马绍尔共和国，由29个环礁中的1 190个珊瑚岛礁组成，其中的贾卢伊礁长80千米、宽20千米，面积达1 700平方千米，是世界上最大的环礁。

多姿异态珊瑚礁

珊瑚礁形态各异，称呼也很多，一般依照其形态可称为台礁、塔礁、环礁、层状礁、点礁和马蹄礁等。19世纪30年代，著名的进化论创始人达尔文乘“小猎犬”号船对珊瑚岛进行了系统的考察，著有《论珊瑚的扩展与构造》，他根据礁体与岸线的关系、形成的次序和形态，将珊瑚礁分为三类：岸礁、堡礁、环礁。

岸礁 大陆边缘和岛屿周围形成的较小珊瑚礁。它靠岸近，礁盘低，平日

点　礁

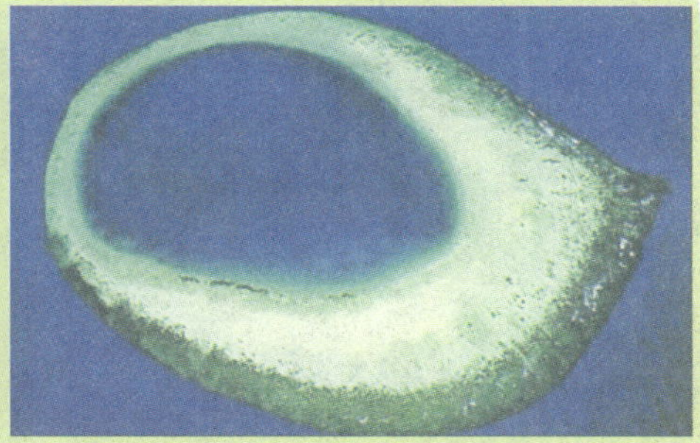

环　礁

星座礁

马蹄礁

形态奇异的珊瑚礁

"护岸神"——岸礁

淹没于海水中，只在低潮时少许顶部露出海面，通常珊瑚礁盘与海岸之间有一条浅水通道隔开。岸礁可以起到保护海岸作用，在我国海南省、台湾省和雷州半岛沿岸均有分布。

堡礁　离陆地较远，体积很大，通常与海岸平行，像一系列守卫着大陆的碉堡，故名堡礁。离海岸几十千米至200千米，露出海面部分较矮，最高可达3米。

堡礁上有许多缺口，潮流自然涌入和退出，堡礁之间形成了一些很深的潟湖，可以开发建成遮蔽风浪的优良港口。

“世界遗产”大堡礁

世界上最著名的堡礁，当数澳大利亚东北部近海处的昆士兰大堡礁。它全长 2 000 千米，宽度达 16～150 千米，距陆地 13～26 千米。这里，绚丽多彩的活珊瑚随着海流摇摆起舞，美妙绝伦；热带鱼类嬉游觅食，争奇斗艳，是世界上最美丽的海洋世界。1982 年，大堡礁被联合国教科文组织列为“世界遗产保护区”。

环礁 位于远海之上，属于大洋岛群。礁体呈环状，有全封闭、半封闭、多开口等形式，其中间通常有直径数百米至几十千米的潟湖，我国古代称之为“石塘”。

环礁主要分布在西太平洋和印度洋的热带海域。世界上已知的环礁有 330 个，其中最著名的环礁分别是马绍尔群岛的贾林环礁和马尔代夫群岛的苏瓦迪瓦环礁，面积均在 1 800 平方千米以上。

开发潟湖筑港

我国西沙群岛上的宣德环礁、永乐环礁和南沙群岛上的郑和环礁等海域，自古以来就是中国航海者和渔民进行航海和捕鱼活动的场所，人们对利用环礁进行生产活动颇有创见。

美妙绝伦活珊瑚

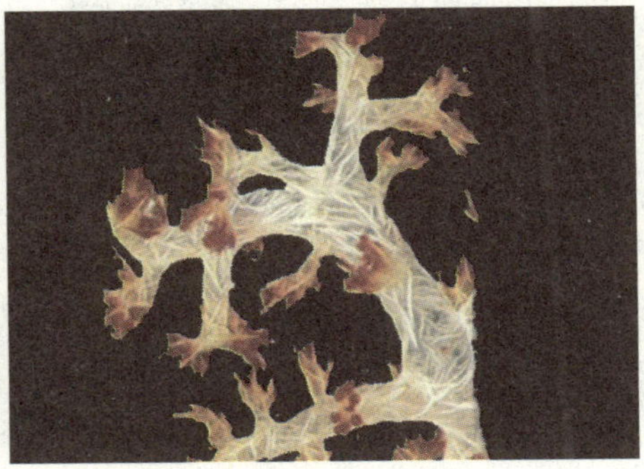

婀娜多姿的活珊瑚

珊瑚的种类较多,形态各异。根据其质地成分、性状特征、颜色以及与其他生物的关系,可有各种各样的称呼。如:钙质型珊瑚、角型珊瑚,红珊瑚、白珊瑚、蓝珊瑚,软珊瑚、柳珊瑚、石珊瑚、苍珊瑚、笙珊瑚等。

活体珊瑚在水中随着海流舞动,婀娜多姿,色彩飘逸,把海底装饰得美不胜收。周围聚集着各种海洋生物,穿梭其间,构成和谐共生的海底乐园。

小小珊瑚贡献大

全球生活着 1 200 多种珊瑚,珊瑚虫巧夺天工建造了类型不同、大小不等的珊瑚礁,扩大了人类的生存环境。

潟湖建港 珊瑚礁里的潟湖,是大洋上绝佳的防风阻浪的天然良港,容易建成现代化港口,建成大洋上航海和航空的重要交通枢纽。岸礁是保护海岸的天然屏障。

奇异生物 珊瑚礁生长着茂盛的灌木、海草,引来了各色飞禽和奇异鱼类、海贝。五彩缤纷的珊瑚海底世界便是人类向往的旅游、探险胜地,使人类生活更加丰富多彩。

珊瑚礁具有生物多样性,约有 3 万种以上的海洋生物依赖珊瑚礁生存或完成生命中的关键阶段,构成海洋中共生繁衍的特有现象。珊瑚礁区域是全球渔产最丰富的海域。

礁形矿藏 珊瑚礁体是一种多孔隙岩类，渗透性能好，有机质含量高，是海洋油气良好的生储层，蕴藏着丰富的矿物资源。礁型矿藏是一种经济价值很高、很有开采前途的海洋经济新成员。

珊瑚礁共生现象

"海洋宝石" 各种珊瑚可以加工成精美的饰物，尤其红珊瑚被称为"海洋宝石"，是人们追逐争购的珍贵收藏品、家居装饰物。

"生理陶瓷" 珊瑚石是珊瑚虫的骨骼，含有大量的钙质，珊瑚含钙量同人骨十分相似，是外科医生理想的接骨代用品。到1991年，法国人已经使用珊瑚体为3万多名骨病患者进行了人骨修补。美国人用珊瑚体加工成一种玻璃纤维，强度很大，能够修补任何地方的骨头，甚至可以"熔接"脊椎和制造假眼，被称为"生理陶瓷"。

抢救珊瑚不容缓

珊瑚礁是海洋的富地和美景，吸引了大量人群来开发和旅游，但人类不加限制的采挖活动，导致珊瑚礁的灾难性破坏，全球珊瑚已处于"高度危险或非常危险"状态。如果再不加以保护，珊瑚世界将会衰亡。

红珊瑚饰品

人类乱采滥挖 由于经济利益的驱动，世界各国都有大量蛙人在潜水作业，大肆挖掘珊瑚。珍贵的红珊瑚，在深海中20年才长一寸，300年才长一千克，素有“千年宝贝”之称。人们用红珊瑚加工成精美的工艺品和装饰物，成为各地旅游景点的热销货，现在红珊瑚价格每克几百到几千块钱不等，一条红珊瑚手链在6 000元左右。2000年的香港佳士得春季拍卖会上，一件大型的清代珊瑚雕夔凤摆件的成交价超过了37万元。

为加工一件珊瑚饰品，就得破坏大片珊瑚。所以，在珊瑚礁区或海岸附近，都堆有小山状的破碎珊瑚，狼藉景象，令人震惊。对珊瑚的乱采滥挖，破坏了海洋生物繁衍生息的场所，许多热带鱼、虾、贝和藻类已不知去向，给海洋生态带来灾难。

残存的珊瑚岸礁

工农业污染 海上石油开采，是主要的海洋污染源；城市工业的废物、废水和农业的农药、化肥污染，沿岸工业采掘活动和基建工程开发，都会造成珊瑚礁体的破坏和导致珊瑚群落的衰亡。

珊瑚岛上的蘑菇云

礁区生态失衡 珊瑚礁区是一个复杂而平衡的生态系统。随着人类海洋开发活动加快进行，大量工农业化学品流入海洋，导致珊瑚礁区的特殊生物链遭到破坏。

美国在太平洋上马绍尔群岛西北部的比基尼岛和埃尼威托克岛进行核武器试验，其破坏性后果十分严重。在比基尼岛上进行了23颗原子弹和氢弹试验，在埃尼威托克岛上爆炸了43颗原子弹和氢弹，使这两个珊瑚礁成为“死亡之岛”。

珊瑚礁上居住着一种荆冠海星，不仅个头较大，可达70厘米，而且胃口很大，每只荆冠海星每月竟能吃掉1立方米的珊瑚虫。在珊瑚礁区生存的一种梭尾螺，特别喜欢啃食荆冠海星，被称为“珊瑚保护神”，但它对放射线和化学药物特别敏感，人群多的地方，梭尾螺便大量减少，荆冠海星便乘机“繁殖爆炸”，严重威胁珊瑚虫的生存。

著名的关岛，是马里亚纳群岛中最大的珊瑚岛，1967年以来，已被荆冠海星啃吃掉98%的珊瑚体，使岸线退缩了38千米，水深增大到65米。据生物学家分析，即使设法消除了荆冠海星灾害，靠剩余的造礁珊瑚自然增殖来恢复，也需要100~200年。

21世纪，世界性的海水温度变暖，使大堡礁的珊瑚面临消失的危险。海洋专家忧虑地指出：如果海洋环境得不到改善，2010年后，多数珊瑚将相继死亡。而且，这种变化趋势是不可逆转的。如果要靠其自然生长，恢复“世界海洋公园”的风采，需要200~500年。

所以，爱护珊瑚就是保护海洋家园，禁止乱采滥挖珊瑚人人有责。

第五章

奔流不息 洋中“河”

海流里的巨浪

陆地有堤岸间的江河，
大海有无边界的洋流。
洋流奔腾，搅动海洋，
影响着全球的气候。

大洋里的大河流

浩瀚的海洋，无时无处不在有规律地运动着。

海水受太阳辐射、热胀冷缩、蒸发、降水及盐度不同等因素影响，形成了密度不同的水团，又受到重力、风压和地球自转偏向力的作用，除产生垂向运动外，还形成了水平方向的运动。

海流 我们把海洋中流速较大、在水平方向有比较固定路线流动的水带称为海流。虽然它没有河岸那样的硬边界，但在大洋里有序流动，在两股海水的界面上，流速相差甚大，好像海流被两边的“软”边界阻拦着，形成了独特的“洋中之河”。

海流的长度从几百千米至几万千米，宽度从几千米至几百千米，深度一般

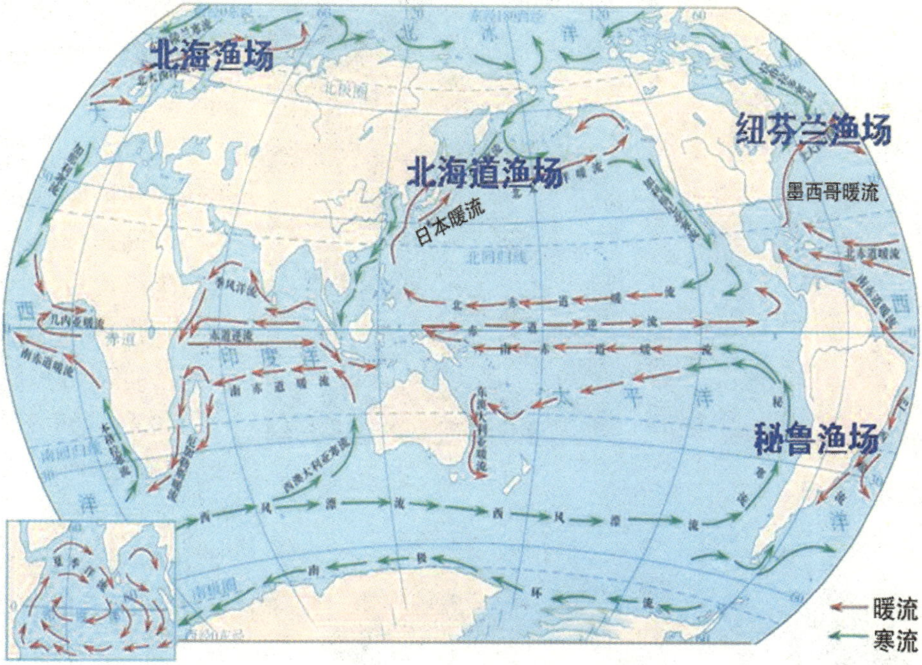

世界洋流分布

不超过千米。海流流速相差较大，慢的在 0.5 节，快的可达 5 节。

大洋中的海流同陆地河流不同，是在海洋中一定区域内“兜圈子”。在海洋运动中流走了海水，必然要有另一股不同方向的海流来补充，便形成了首尾相接的大洋环流。

在北太平洋赤道附近：向东的赤道逆流同向西的赤道暖流构成环流；

在太平洋中部：赤道逆流又同加利福尼亚寒流和北太平洋暖流构成环流；

在太平洋北部：北太平洋暖流又同阿拉斯加暖流、千岛寒流组成环流。

在世界海流中，有两股位于大洋西部的海流对人类影响最大，名声也最响。它们分别是位于美国佛罗里达半岛以东海面的“墨西哥暖流”和日本东南海面的“日本暖流”。

由于暖流带内的海水高温、高盐、含氧少，因此浮游生物少，透明度高，从空中或远处观察，呈现明显的蓝黑色流带，好像“海中巨龙”有规律地蜿蜒游去，其间湍流滚滚，雾气茫茫，夜间荧光闪闪，景象十分壮观。

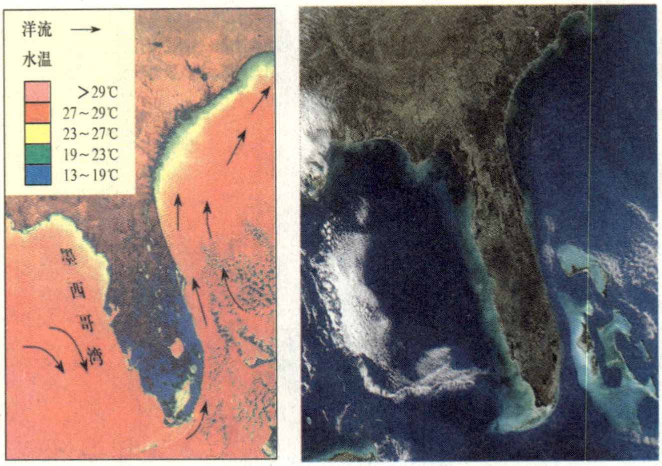

佛罗里达半岛及其海流和水温分布

墨西哥暖流中的“魔鬼鳐”

墨西哥暖流

墨西哥暖流号称“世界第一大流”，它由墨西哥湾流、佛罗里达海峡的暖流和巴哈马群岛东部的几股暖流汇合而成，在美国东部形成向东北方向流动的强大洋流。

墨西哥湾流，由于发源于墨西哥湾而得名，简称“湾流”。暖流主流幅宽约 42 海里，厚度约 700 米，表层最大流速可达 5 节，水温比沿岸水温高 3℃以上。这条巨大的暖流比美洲密西西比河的水流更急更猛，最大输水量为 1.5 万亿立方米 / 秒，相当于世界河流总输水量的 120 倍。

在墨西哥暖流中鳐鱼成群，构成海洋奇观。双吻前口蝠鲼为鳐鱼中的一种，体重可达 3 吨。由于其形象奇特、体形硕大，被视为“怪物”，别名“魔鬼鳐”。当它受到惊扰而挣扎时，可能对小船造成威胁。

日本暖流 源于菲律宾以东的北赤道流，在太平洋西部、菲律宾以东折向北流，其主干流沿东海大陆坡呈东北流向经过日本南部海域，最终在野岛崎以东海面与太平洋流汇合，构成闭合环流。

日本暖流的流带宽 50 ~ 60 海里，厚度为 200 米以上，流速一般为 2 ~ 4 节，个别地方可达 5 节。它的最大输水量相当于全世界所有陆地河流总流量的 20

倍。表层水温较高，夏季达22℃～30℃，冬季为18℃～24℃，年平均是24℃～26℃。在300米水层内，盐度较高，达到34.85℃。

由于日本暖流温度高、盐度大，流带可辨，有时海面伴有雾气升腾，远望呈黑色，像一条黑色巨龙在太平洋西部游舞，故航海界普遍称它为“黑潮”。日本暖流为世界“第二海流”，对太平洋海域的生态环境有很大影响。

黑潮分布示意图

黑潮的主流流经日本南部海域，支流进入东海，一支沿日本九州西岸北上，穿过对马海峡进入日本海，称对马支流；另一支经韩国的济州岛沿朝鲜西海岸北上，称朝鲜支流，对我国气候和生态影响较大。

> 我国是最早发现、研究和利用海流的国家，早在1368年的《元史·外夷·琉球》中就记有“近琉球，谓之落漈。漈者，水趋下而不回也”，精辟地描绘了琉球附近存在着一种海流，流速急而流去不返，有着固定流向的特征。

大洋流造福人类

科学家经过长期精确的测量，较清楚地掌握了海流的规律。人类可以充分利用海流的特性，改善生活和生产环境。

调节气候　这种强大而流向基本固定的暖流，对所流经区域的气候起到良好的调节作用。暖流对沿岸气候有增温增湿作用，寒流对沿岸气候有降温

日本沿海草木郁郁葱葱

减湿作用。

人们常说，海洋是调节全球气候的“热锅炉”，巨大的暖流便是全球调节器的“暖水管”。

如美国东部地区与我国处于相近的纬度区，但在强大的湾流调节下，美国东部的气温要比我国高而且稳定得多，常年风调雨顺，温暖如春。同样，地处西欧的英国，纬度比我国黑龙江省的纬度还高，但在北大西洋暖流影响下，海湾不冻，树林茂密，气候宜人。

黑潮经过的菲律宾、日本、韩国沿海地区都生长着繁茂的热带作物，日本南岸地区气候“四季如春”，韩国济州岛的纬度比上海要高，但气候却比上海暖和得多，成为很有吸引力的滨海旅游地区。

用于航海 强大而固定的洋流处于航道上，当船舶的航向与流向相交时，会造成船舶偏航。如果航向与流向一致时，则可在其主流内航行，以增大航速；相反，航向与流向相反时，则会降低航速，应当避开。所以，在日本南部航行的船舶，自然地形成了“向东航行靠外走、向西航行贴岸行”的习惯航法，可以利用流速节省燃料。

> 我国古代的百越是一个擅长航海的部落，早在5 000年前，百越人就懂得利用北赤道逆流，自西向东，顺流逐岛漂航，经过千百年的艰辛实践，逐渐向东延伸，终于到达了波利尼西亚诸岛。然后，继续向东，完成了横越太平洋壮举，到达美洲西海岸，从海上将中华文化传到了美洲。

利于渔业 海流伴随着剧烈的运动，在大海上形成一道湍动的流带，像一座巨大的海洋“搅拌机”，使海水不断翻滚流动，给鱼、虾等海洋生物带来了丰富的饵料和氧气。在海流带里，尤其在寒暖流交汇的地方，往往也是各种海洋生物聚集的地方。

所以，鱼类的洄游路线、鱼场的位置、鱼汛期的形成都与海流有关。在世界海流的交汇海域，形成了世界四大渔场。我国最大的舟山渔场，也是黑潮同沿岸流交汇海域，一直是我国传统的高产渔区。

利用海流发电

用于发电 巨大的海流奔腾不息，储藏着巨大的能量，如果将它开发利用起来，便是最好的绿色能源，足可缓解世界能源危机，提供人类可持续发展所需要的能源。

据估算，世界大洋中的海流总功率在10亿千瓦以上，其中便于进行现实开发的强海流功率也在500万千瓦以上。随着现代海洋科技的高速发展，各种海流发电的方案陆续形成。驯服海龙，造福人类，大规模海流发电的时代将会到来。

净化环境 海流不停地运动，可以把近海的大量污染物质携带到大洋中去，有利于稀释污染物，起到净化近海环境作用。但要努力防止污染海洋，像图上那样不断向墨西哥湾排放污水，海洋也会不堪重负，人类就要遭受灾害之苦了。

第六章

独特的第五大洋

南大洋波涛汹涌

**人们习惯称“四大洋”，
哪来一个“第五大洋”？
基于环南极海的特殊属性，
新命名的海洋地理概念
——南大洋。**

当你翻开地理教科书，或者一些海洋丛书、工具书，会发现上面都写着世界上有四大洋：

被亚洲、美洲、大洋洲围绕着的太平洋；

位于美洲、欧洲、非洲之间的大西洋；

处于非洲、亚洲之间的印度洋；

被北美洲和欧亚大陆环抱的北冰洋。

然而，你知道吗，1984年我国派遣南极考察队时，还有一个“南大洋考察队”。现在，中国极地考察的对象为“两极两洋”，即南极、北极和南大洋、北冰洋。在国际科学考察活动中，关于南大洋的学术报告日渐增多，“南大洋”成为一个新的海洋地理概念。

南大洋在哪里

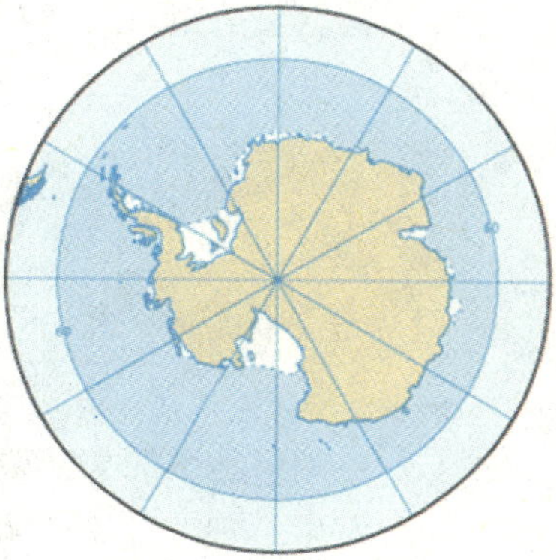

南大洋的地理位置

在很早以前，有关南极洲的一些地图上，就标有南极洋、南极海、南冰洋等不同名称。在2000年，国际水文地理组织将包括南纬60度以上、360度经度以内的所有海域确定为“南大洋”，这是世界上唯一完全环绕地球却没有被大陆分割的大洋。近年来各国科学家较多采用“副热带辐合线”作为其北部的“软边界”。“副热带辐合线”，是一条海水表层水温在12℃～15℃的连续水文线，它环绕南极大陆呈一条近乎封闭的曲线，会随着季节在南纬38度～42度之间变化。因此，南大洋的面积也会随之变化，其平均面积约为7 700万平方千米，占世界大洋总面积的22％。

南大洋，包括环绕南极洲大陆的太平洋、大西洋、印度洋南部的部分海域，加上南极洲周围的威德尔海、罗斯海、阿蒙森海、别林斯高晋海等边缘海组成的海域。显然，这同传统上的“洋”很不一样，通常是大陆包围海洋，而它是海洋环抱陆地。

南大洋环冰区

根据南极科学考察的发展，很有必要将南大洋作为一个独立的海域来进行科学研究和从事海洋开发活动。其理由主要有三点：

1. 围绕南极大陆的水体的物理特性、气候条件十分相似，而与其他大洋不同；

2. 南极海域动物的类型、分布、生物链的构成相同，而与其他大洋很不同；

3. 三大洋汇合成高纬度、寒冷的特殊海洋环境，对世界环境影响巨大。

由于南大洋边界处的生态环境不一样，两侧的浮游生物也很不相同。进入南大洋后，漂浮的冰山便越来越多。

南大洋的特点

南大洋冰山

南极巨鲸

地貌 南极地区的大陆架既窄又深，宽度一般都小于 300 千米，但外缘深度可达 400 米 ~ 800 米，较其他大洋的大陆架要深；大陆坡的坡度较大，坡度可达 5%，深度变深明显；洋底很深，有 3 个巨大的海底山脉和 3 个既大又深的海盆，仅有一条海沟，叫“南桑威奇海沟”，最深达 8 264 米。

海流 南大洋是一个广阔而未被任何陆地隔断的海域，水流畅通无阻，长期在强劲西风作用下，形成环绕南极大陆自西向东的南极“环极流”，主流宽阔深厚，流速较大，沿岸潮差较小。

冰山 南大洋南部终年被冰雪覆盖，有 400 万平方千米的永久冰封区，1 700 万平方千米

太阳光
浮游生物
南极磷虾
蓝鲸
锯齿海豹
阿德利企鹅
飞鸟
小鱼和枪乌贼
贼鸥
帝企鹅
大鱼
威德尔海豹
南极巨海燕
罗斯海豹
豹海豹
虎鲸

南大洋食物链

南极磷虾

的季节性生消冰面。周围冰层平均厚度为2米。随风漂移的冰山一般长达8 000米，水面高度不超过35米。冰山一般寿命为4年，可以漂到大西洋南纬35度、印度洋南纬45度和太平洋南纬50度的海域。

水温 受巨大南极冰架及大量冰山影响，大量冰山在融化过程中消耗了巨大的热量，南大洋的海水具有低温、高密度的特性。

生物链 南极的特殊环境，形成了特殊的生物群落及南大洋食物链。由于南极冬季冰封后，好像盖了一层厚厚的棉被，水温不会降到很低；夏季大量冰雪融化，增大了营养盐类，营造了各种海洋生物繁衍生长的良好环境，南大洋生物资源非常丰富。

南极动物的特点是：耐低温、体积大、生长慢、数量大，如鲸、海豹和巨海燕等。“硅藻—磷虾—鲸类”，构成了南极海域特有的海洋食物链。

南大洋的价值

影响气候 南大洋是太平洋、大西洋、印度洋在南部的连体，中间无陆岸阻挡，形成了一个十分特殊的海洋环境。南大洋的大气中是令人生畏的西风带，水体中是强劲的自西向东流的环极流，它们好像地球南部的一座巨大的“搅拌机”，对全球气候有着重大的影响。

生物资源 南极是地球上的寒极，是海水温度最低的海域，形成了一些特殊的耐低温生物种群，蕴藏着丰富的海洋生物资源，如鲸类、磷虾、企鹅、海豹及多种深水鱼和次深水鱼。

冰山全貌

南大洋不仅保持着海洋生物的多样性，而且也是人类未来重要的食用蛋白资源库。如磷虾，估计储量为10亿~50亿吨，不影响生态的年可捕捞量为1亿吨，相当于目前世界海洋年捕鱼量的总和。南大洋还蕴藏着丰富的石油和多金属结核等海底资源。

淡水资源 漂浮在南大洋的冰山，我们见到的仅是“冰山一角”，其巨大的冰体是优质的淡水资源，利用好冰山融化后的淡水，可能会从根本上解决人类缺水之忧。

战略要地 南大洋水深域宽，水下障碍少，远离陆地军事监控，又直通太平洋、大西洋和印度洋，是海军战略运用的优势环境。随着南极资源的不断发现，南大洋的地位日渐重要，海洋军事角逐将会逐渐增多。

现在世界各国在大力投入南极科学考察的同时，都积极从事对南大洋的科学研究与全面考察活动。南大洋的冰川学、气象学、生物学、环境科学、地质和地球物理学等，均与其他大洋存在根本区别，将南大洋作为一个独立的大洋来对待和研究是符合科学发展需要的。

第七章

令人畏惧的“魔鬼海域”

“西风带”巨浪

西风带，巨浪翻滚“恐怖海”；
“德雷克”，心惊胆寒“鬼门关”。
南极探险，勇闯航海两大“坎”，
历尽艰辛，荣登宝地南极洲。

南极大陆，富饶而神秘，它具有富甲全球的矿物资源和满足人类食用需要的生物资源，又是进行科学研究和解开许多自然之谜的科研圣地，是世界人民关注和向往之地。

远征南极之路，被凶险的大洋阻隔，航海环境极为险恶，只有少数探险家、科考工作者和旅游者有幸登上了南极。所以，南极至今仍是世界上唯一尚未被人类严重污染的“白色大陆”。

狰狞可畏“西风带”

我们从地图上看到，这里太平洋、印度洋、大西洋三洋连通，海域宽阔，没有任何陆地和岛屿阻隔。这种特殊的地理构造，形成了凶险的海洋环境。

第一，在南纬 40 度 ~ 60 度之间的中纬度海域，长年吹着偏西风，形成了强

高大而陡起的"金字塔"浪

航行在"西风带"

劲的西风，航海家称为"咆哮的西风带"。

第二，这里海域开阔，无陆地和岛礁阻挡，水流长年累月向一个方向流动，形成强大的"环极西流"。

这两股方向大致相同的"西风"和"西流"，长期相互作用产生"加强效应"，造就了这一海域风大、浪高、流急和冰山出没的特殊海况。

这里聚集着大自然的各种力，在海面形成10多米高的巨大"金字塔"浪，浪高坡陡，突然骤起，迅速陷落，在剧烈的震荡中，船舶随着巨浪在峰谷中颠簸，十分危险。历史上一些闯南极的探险家就在这儿被大海吞噬，葬身鱼腹。

南极鬼门关“德雷克”

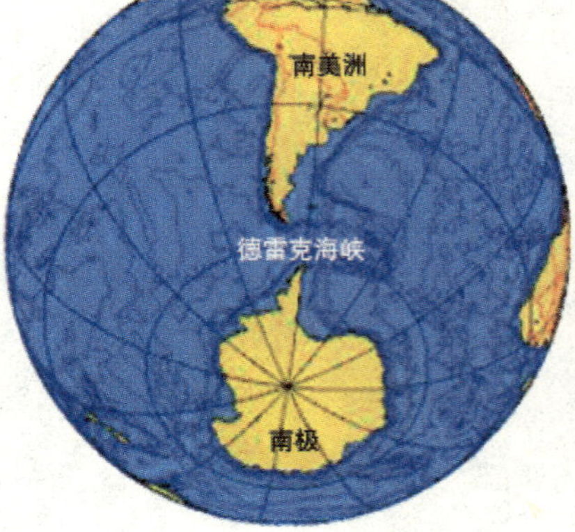

德雷克海峡

现在，各国从海上去南极的最近路线，都是到阿根廷的乌斯怀亚市或智利的蓬塔阿雷纳斯市稍作休整、补给，最后强渡德雷克海峡，到达南极半岛地区。

德雷克海峡位于南美洲的南端与南极洲的南设得兰群岛之间，为纪念英国航海家德雷克在 1578 年驾驶“戈尔登·欣德”号发现该海峡而得名。海峡东西长 164 海里，南北宽 520 多海里，平均水深 3 400 米，最深达 5 480 米，是世界上最宽、最深的海峡。

由于该海峡是太平洋和大西洋的汇合处，处于西风漂流的“瓶颈”，所以终年狂风不断，风速经常在 9 ~ 10 级，最大超过 12 级。太平洋的海流从此流入大西洋，流量为世界之最，是世界著名的急流、风口。海峡南部终年飘浮着巨大的冰山，海员们曾观察到一座平顶冰山长达 180 多海里，宽 50 多海里，既壮观又险恶。所以，德雷克海峡是世界上最危险的海峡，素有“鬼门关”和“航海家坟墓”之称，闯海人“谈峡色变”。

瞬息万变乔治岛

1984 年 12 月 26 日凌晨 2 点，中国首次赴南极考察编队的两艘万吨轮，悄悄地驶进了南极洲的布兰斯菲尔德海峡，在民防湾的乔治岛海域抛下了锚，开始建立“长城”科学考察站，开创了中国南极科学考察的历史。

巨海燕护雏

贼鸥偷蛋

乔治岛是南设得兰群岛的主岛，长86千米、宽30千米，90%的土地终年被坚硬的冰雪所覆盖。由于夏季是漫长的极昼时期，太阳几乎整日高悬空中，岛屿沿海部分冰雪融化，完全袒露在阳光下。虽然这里不长草木，但石头上长满地衣、苔藓等极地低等生物，使银装素裹的冰雪世界变成了色彩斑斓的美丽海滨。数量众多的海鸟、海豹、企鹅和巨鲸云集这里，显得生机勃勃，是南极科学家最佳的考察地域之一，世界各国纷纷选择在乔治岛建立科学考察站。

乔治岛的气象瞬息万变，显露着“极地风暴”的狰狞面目。“长城”站落成典礼后，国家南极委员会武衡主任来到“J121”号船慰问，当时天气晴朗，微风3级，海面平静。但气象台报告：风暴即将来临，慰问团必须立即离开。当把慰问团紧急送走，直升机刚进库还未固定好，便狂风大作，雪粒横飞，巨浪狂啸着扑向轮船，船体发生强烈的抖动，深陷海底的几吨重的铁锚被拔起拉走。巨轮被迫紧急起锚，开到湾外顶风抗浪，整整拼搏了一天。

南极苔藓与地衣

乔治岛的绿洲

风雪乔治岛

下面是1984年12月26日～1985年2月26日，共62天在乔治岛的观测记录：

风：6级以上的大风47天。其中：6～7级大风13天；8～9级大风21天；10～11级13天，阵风达12级。

降水：降雨24天；降雪37天；晴天只有1天。

通过亲身经历，大家真实感受到了极地天气瞬息万变和天寒地冻的特征，体会到同大自然作斗争，“为人类和平利用南极作出贡献”的真正意义。

第八章

神秘的南北“两极”

神秘的南极洲

极地科学考察，是人类探索自然奥秘、探求新的发展条件的重要领域，是一项功在当代、利在千秋的伟大事业。

——胡锦涛

千万年来，人们都愿集中居住在气候宜人、资源丰富、交通便捷和人口密集的温带和亚热带区域，开发资源和进行相互交流活动，以求生存、繁衍和发展。由于南极、北极地区远离繁华城市，冷得使人恐惧，交通极为艰险，所以有幸涉足的人不多，尤其是到过南极的人极少。正因为人们对极地了解甚少，在世人眼中，“两极”一直像蒙着一层神秘的面纱。

南北两极不一样

从地球仪上看南极和北极地区，它们都在经度线集中处、纬度靠近 90 度的地方，好像是两个“孪生兄弟”。但由于地点不同，好像一个在奶奶家，就姓“南”，叫南极；另一个住姥姥家，便姓“北”，称北极。它们的地理特征和生态环境大相径庭。

首先，我们要弄清极地的三个地理概念：

极点 地球上的“极点”，指地球自转轴与地球球面两端的交点，即纬度90度的一个点。在南半球的点叫南极点，在北半球的点叫北极点。这两个点是研究地球构造与地球运动的两个基本点。

极区 1959年12月1日，由12个国家在美国华盛顿签署的《南极条约》（我国于1983年加入）规定：南纬60度以南广阔地域为南极地区，包括南极洲和南大洋，面积约5 200万平方千米。其中，南极洲，包括南极大陆及其周围的岛屿，面积为1 400万平方千米。

所以，人们常说的“南极”和“北极”，就是指以极点为中心、纬度60度以上的南极地区和北极地区，是一个宽广的地域概念，对人类活动和未来人类的生存与发展有着十分重要的影响。

极圈 极圈是一个气候学的概念，指纬度66度34分的一条圆形曲线，是地球上划分寒带与温带的一个界线。在南半球的叫南极圈，在北半球的叫北极圈。极圈并不是区别是否进入了南极、北极的地理标志，只是说明进了极圈，便到达了地球的寒带，距离极点较近，环境更加恶劣了。

中国“长城站”的站址是：南纬62度12分59秒；西经58度57分52秒。虽然尚未进入南极圈，但它明确无误地建在南极洲，是一个地道的南极科学考察站。

两极的共同特征：

它们都是靠近90度的高纬度地区，离大陆最遥远；

两极世界都是冰冻严寒，动植物稀少，只有北极地区有少数土著人；

都有非常奇特的“极昼”、“极夜”现象和绚烂多彩的极光，蒙上了神秘色彩；

都有宽大的大陆架，陆地和海上均蕴藏着丰富的油气资源和多种矿物资源；

奇异的南极极光

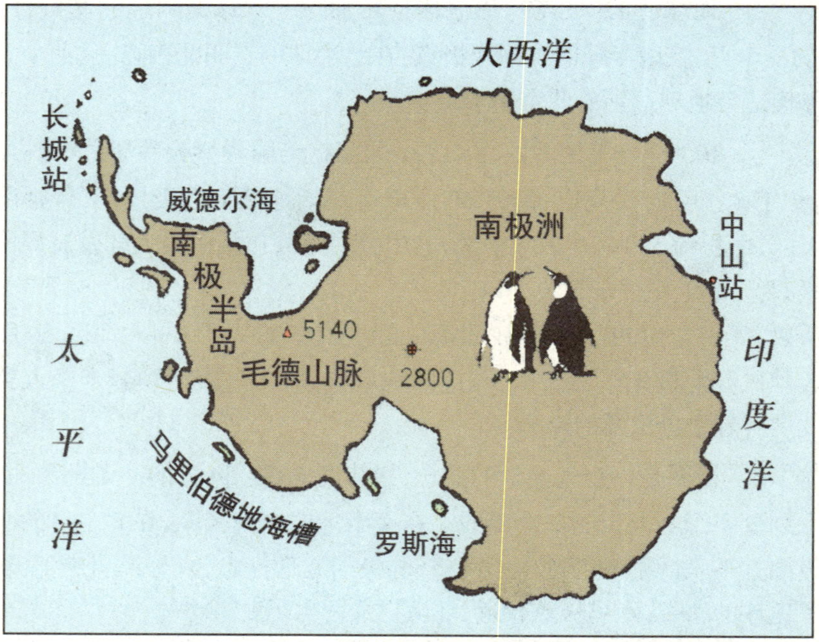
大西洋
长城站
威德尔海
南极半岛
南极洲
中山站
5140
毛德山脉
2800
太平洋
印度洋
乌里伯德地海槽
罗斯海

北美洲
丹麦海峡
格陵兰
冰岛
北冰洋
格陵兰海
欧亚海盆
4359
5449
法兰士约瑟夫地群岛
北地群岛
欧洲
亚洲

南北极的奇妙“对称”

远离人群，存在许多人类尚未涉足的空白，是人们热衷探险和进行科学探索的理想之地。

一些国家觊觎极地资源，提出了各种主权要求，极地开发逐渐国际化。未来的开发活动都将由国际组织在国际条约的框架下进行，以避免冲突和战争在极地发生。

两极的巧妙“对称”：

南极与北极之间存在着一种天工巧合的“对称”关系。

它们的区域形状相似，都呈“蝌蚪”状，面积都在 1 300 万 ~ 1 400 万平方千米；

南极大陆隆起的山脉正好与北冰洋中的深海盆地相对应，南极最高的文森峰海拔为 5 140 米，而北冰洋最深的欧亚海盆深度为 5 449 米，高度、深度相当，而位置对应；

南极最大的海域威德尔海与北极最大的岛屿格陵兰岛处于相对应的位置，南极的罗斯海、马里伯德地海槽与北极的法兰士约瑟夫地群岛、北地群岛对应；

南极的“蝌蚪尾巴”南极半岛正好与北极的格陵兰海、丹麦海峡对应。

甚至在南极的查尔斯王子山上有一个世界级特大铁矿，在北极的科拉半岛上也发现一个世界级的大铁矿，而且又正巧在同一经度线的南、北两个 66 度 ~ 73 度纬度区上。

所以，如果把南极洲搬到北冰洋，以极点相合，转动一定角度，南、北两极正好重合，浑然一体。有人笑谈：“上帝”在地球上猛击一拳，在北边形成了一个凹坑，南边便凸起了一个包，造就了“对称”的北冰洋和南极洲。这种鬼斧神工的“巧合”使人惊叹不已！

两极的明显差别：

（1）地理构造不同

在地理结构上，南极是地球的凸起部分，大洋包围着陆地，陆地面积为 1 400 万平方千米，是面积居世界第 5 位的一个大洲——南极洲。

北极是地球的凹陷部分，主体是被北美洲和欧亚大陆环抱着的海洋，面积只有 1 310 万平方千米，仅是大西洋的 1/7；平均水深 1 200 米，仅为大西洋的 1/3，所以称为世界上最小的大洋——北冰洋。其陆地只是各大洲最北部延伸到

南极特有的巨大平顶冰山

极区的一小部分土地，总面积约 800 万平方千米。

（2）冰盖厚度差别大

南、北两极都被冰雪所覆盖，南极冰盖约占总面积的 97%，平均厚度为 2 000 米，最厚达 4 800 米，从南极洲断裂下来的平顶冰山长达几百千米，厚度达百米以上，形成南极独特的风景。1992 年在南大洋漂移的编号为“B-10A”的冰山长 110 千米，宽 61 千米，它以平均 12 千米 / 天的速度漂移。

北极的冰域面积约占总面积的 70%，冰层平均厚度只有 3 米，虽然也有形状奇特的冰山，但没有南极那样特大的平顶冰山。北冰洋是唯一“可以步行通过的大洋”，每年都有大批旅游者兴奋地踏在北极点上摄影留念。1959 年，美国核潜

奇异的北极冰湾

艇“鳐鱼”号还曾撞破北极点冰盖，成为在北极点浮起的“世界第一潜艇”。

（3）寒冷程度不同

南极是世界上的“寒极”，7月份最冷，南极点的年平均温度为 –49℃，冬季平均温度为 –78℃，最低温度为 –89.6℃。北极点的年平均温度为 –23℃，冬季平均温度为 –34℃，最低温度为 –59℃。南极要比北极冷得多。

（4）资源分布不同

南极洲冰盖下深埋着世界最大的煤矿、铁矿及其他矿物；南大洋拥有巨大的磷虾及其他生物资源，足以供给人类需要的食用蛋白。南极是人类最后一块尚未开发的“处女地”，对于人类未来的发展具有十分重要的意义。

北极的矿物资源也十分丰富，有良好的开发前景。但对人类发展的重要性而言，南极地位要高得多。

（5）对气候影响有差异

南极与北极均处寒带，对全球气候都有巨大影响。但南极是世界最高的大陆，其陆基海拔高度为410米，冰盖平均海拔2 350米，为其他大陆平均高度的3倍，是世界的“高极”，又是具有世界最低温度的“寒极”，南大洋中还有“环极寒流”，对全球气候影响极大，是掌握着揭开地球气候诸多奥秘的钥匙，是气象学家的科研圣地。

（6）居民不同

南极洲除有极少量的科考人员、旅游者和政府安排的象征性“移民”外，无任何土著居民。而在北极陆地上居住着著名的爱斯基摩人和拉普族人。爱斯基摩人系蒙古族后裔，善驾狗橇，以渔猎为生；拉普族人系欧洲近族，善驶鹿橇，以驯鹿为生。他们是世界上最吃苦耐劳、能适应恶劣生存环境的民族。

北极的爱斯基摩人善驾狗橇

（7）战略地位不同

南极洲是一个尚未

开发的孤立大陆，离世界军事热点地区较远，目前尚无军事基地。但它受干扰少，又可用作监测、控制全球的制高点，潜在的战略意义不可忽视。北极是欧、亚、美三大洲的汇合处，穿越北冰洋的航空线和海上航线是联系三大洲的捷径，战略地位十分重要。北冰

北极熊惊见潜艇

南极“绅士”企鹅

可爱的北极白鲸

巨大的座头鲸

融冰威胁北极熊

洋的冰层下是俄、美两国潜艇游弋和角逐的场所。

（8）动植物不同

南极草木不生，只有苔藓、地衣等少量低等植物。但南极集中了全球 90%的海豹，达 3 200 万头；鲸类有 12 种，其中体形最大的蓝鲸就有 20 多万头。代表性的动物是企鹅，共有 1.2 亿只。

北极生活着少量海豹和鲸，特有的动物是北极熊和白鲸。北欧地区，海洋生物的种类和数量较多，有较多的植物资源，动物品种有 2 000 多种。

所以，南极和北极大相径庭，人们将根据它们不同的环境和资源情况进行开发，使之在人类可持续发展中发挥作用。

神奇的白色大陆

世界纪录“五个极”：

南极洲是 18 世纪人类发现的最后一块大陆。随着科学考察的深入，南极大陆层层神秘的面纱被揭开，露出了它的真面目，也产生了一项项令人称奇的世界纪录。

高极 南极是世界上最高的大陆。整个南极洲以横断山为界，分为东西两大部分，东南极是一块完整的大陆，平均海拔 2 500 米，南极平原最高处达 4 000 米以上。西南极主要由群岛组成。

寒极 南极是地球上最冷的地区。南极冰盖中心部分，年平均温度为 -55℃，比北极地区的平均温度约低 20℃，曾测到的最低极限温度达 -89.6℃。

风极 这里是暴风的故乡，常年平均风速为 17～18 米 / 秒（相当于 8 级大风），风速为 40～50 米 / 秒（大于 12 级台风）的阵风经常出现，俄罗斯“东方”科学考察站曾测到的最大风速达 92.5 米 / 秒。

冰极 南极大陆终年被笼罩在巨大的冰盖之下，素有“白色大陆”之称。冰盖平均厚度为 2 000 米，最厚达 4 800 米；冰盖直径为 4 500 千米，面积为 1 200

万平方千米，约占南极大陆面积的98%以上。

旱极 南极降水量少，是地球上最干旱的大陆，素有“白色沙漠”之称。大陆边缘的年平均降水量为200～500毫米，而内陆的年平均降水量只有50毫米。

所以，南极是世界上最寒冷、最干旱、暴风雪最频繁、风力最强的地区，自然环境极不适于人类生存，是世界上唯一没有土著居民的大陆。

矿物资源 随着南极科学考察的进行，人们惊喜地发现，这块神秘的白色大陆是一个“万宝之地”，下面蕴藏着世界上最丰富的矿物资源，是一块尚未开垦的“处女地”。已经查明，南极大陆上蕴藏着220多种矿物资源，包括煤、铁、铜、铝、镍、铅、锌、钼、金、银、金刚石和石油、天然气等，还有钴、钍、钚和铀等重要战略物资。

在查尔斯王子山脉上有一个世界级特大磁铁矿“铁山”，经初步勘察，其长为180多千米，宽为10千米，厚度有70多米，含铁量达38%。据估计，将它开发出来，足够全世界用上200年。

在东南极的维多利亚地区，发现一个世界最大的煤矿，面积达100平方千米，煤层厚度6～9米，总储量达500亿吨。有的地方煤层直接暴露于地面，考察队员可以就地取煤，用来做饭取暖。

在南极大陆边缘、南极半岛和一些岛屿上，陆续发现埋藏着金、银等贵重金属。据美国考察队宣称：南极至少蕴藏着33 500平方千米的金属矿层，厚度在650米以上。

越来越多的调查资料显示，分布在南极大陆架上的沉积盆地中富含石油和天然气，前景十分诱人。据媒体透露，在南极大陆的西部，蕴藏着450亿桶石油和115亿立方米的天然气，是目前世界石油和天然气储量的2～3倍。

动物奇观 南极地区由于气候恶劣，无冰区面积还不到南极大陆的2%，而且仅存在于沿海。整个南极大陆上无草木生长，只分布有少量的藻类、地衣和苔藓等低等植物，也没有陆生脊椎动物等高等动物生存的条件。南极生物的多样性远不如其他大陆，但在特殊的环境中有一些其他大陆所没有的动物群体，形成南极特有的动物奇观。

欢迎中国南极人

南极是“鲸之乐园”，在南大洋栖息着蓝鲸、抹香鲸、露脊鲸、虎鲸等十几种鲸类。每当南极夏季到来，都有很多鲸来这里觅食、嬉戏。科考队员可以经常见到几十头上百头的巨鲸列队在考察船边悠然自得地游弋，景象十分壮观。

鲸之乐园

南极是“海豹之家”，这里生存着 3 200 万头海豹，主要有食蟹海豹、象海豹、豹海豹、罗斯海豹和威德尔海豹等。

海豹之家

南极是“企鹅天堂”，这里栖息着 7 种企鹅，数量巨大，占南极鸟类的 90%以上。南极的帝企鹅以体型高大和风度翩翩而闻名世界，它同阿雷德企鹅同是南极大陆的“土著居民”。

南极是“磷虾故乡”。由于体内长有一个发光器，磷虾散发着蓝绿色的磷光，因而得名。在南大洋，磷虾的蕴藏量达 4 亿～6 亿吨。虾群聚集的海域，平均每立方米海水中可捕获 10 千克～16 千克磷虾。白天，密集的虾群使海水呈现出铁锈色。

前仆后继英雄路

人类是地球的主人。一些探险家不甘心在地球上留下空白，冒险闯荡南极，以揭开被冰雪遮盖着的白色大陆的面纱，他们是征服南极的英雄。

先驱发现时代 18世纪中期到19世纪末，为发现南极岛屿、南极半岛和南极大陆的“先驱发现时代”：

1768年，英国航海家库克船长根据英国海军大臣桑德威治的密令“大英帝国需要更多的土地。那个神秘的南方大陆，到底是个古老的神话，还是确有其地？需要查清那里的资源、居民情况”，驾驶一艘370吨的木帆船“努力”号，在环球航行中闯过咆哮的西风带，穿越险象环生的浮冰区，历经千辛万苦，三次进入南极圈，拉开了南极探险的序幕。

1818年，俄国航海家别林斯高晋中将，受沙皇亚历山大一世的派遣，乘“东方”号和“和平”号帆船，成功地四次进入南极圈，到达南纬69度22分海域。1819年，他先后发现了南极大陆海岸和大陆附近的一个小岛，分别将它们命名为亚历山大一世地和彼德一世岛。而沙皇为了嘉奖这位探险家，将亚历山大一世地附近的海域命名为“别林斯高晋海”，一直沿用至今。

同一年，英国海军军官史密斯驾驶“威廉斯”号，在南乔治亚岛正南海域发现了南设得兰群岛中最南的一个岛屿，航行至南纬64.5度海域，隐隐约约地遥望到南极大陆。随行的航海军官布兰斯费尔德中校，绘制了南设得兰海域的第一张海图。为了纪念这次发现，南设得兰群岛与南极大陆之间的海域，一直被称为“布兰斯费尔德海峡”。

1820年，年仅21岁的美国探险家帕尔默驾驶一艘小帆船，穿过布兰斯费尔德海峡，发现了南极半岛，该半岛后来被命名为“帕尔默半岛”。

英雄探险时代 20世纪初期到30年代，为深入南极大陆探险的“英雄探险时代”：

在英雄探险时代，一些南极探险家争相角逐“第一个到达南极点的人”的桂冠，最有代表性的是英国人斯科特同挪威人阿蒙森之间的竞争。1910年，他们以超人的勇气和智慧，向南极点发起了最早的冲击。

阿蒙森带领一支探险队，乘坐“弗雷姆”号帆船从挪威的家乡起航，向南极洲进发。到达南极大陆后，他们艰难地在冰川地带和南极高原上爬坡，经历了奇寒的天气、呼啸的狂风、深黑的冰缝、极度的疲乏，终于在1911年12月14日到达南极点，在海拔3 360米处的南极点上踏上了人类的第一个足迹。阿蒙森将挪威国旗和“弗雷姆”号的三角旗插上极点，完成了人类征服南极点的伟大壮举。

然而，在另一条路线上几乎同时向南极点发起冲击的斯科特探险队却出师不利，马和狗全部死光，全靠人拉着雪橇在崎岖的雪原上艰难地爬行，几次同死神擦肩而过。他们硬是以难以想象的毅力挺了过来，1912年1月17日，斯科特等5人一起登上了南极点。

在返程途中，由于失去了交通工具，斯科特等人长时间在雪地里爬行，手脚全被严重冻伤，还得拉着装运资料和标本的雪橇挣扎着前进。他们先后雪葬了两名队员，继续寻找着返回基地的生命之路。但一场突然袭来的暴风雪掩埋了帐篷，斯科特等3名南极勇士的生命火花在饥寒中熄灭了。

后来，人们崇敬地看到，斯科特手中还紧紧地攥着一袋沿途采集到的几十斤标本，他的日记中写着：“我们将坚持到最后，但末日已经不远了，这似乎是遗憾的，但我不以为还能再写什么……”

一场确定谁先到达南极点的竞争结束了，虽然到达极点时间上有先有后，但所有人都认为，他们都是人类征服南极的先驱和英雄，都是“冠军”。后来，美国人在南极点建立了世界上最大的科学考察站，以两个英雄的名字命名为“阿蒙森—斯科特”站，来自世界各国的科学家在这里开展南极科学考察事业。

阿蒙森—斯科特科学城

技术应用时代

20世纪30年代末到50年代，开始利用飞机、军舰等进行极地考察，是南极考察取得重大突破的“技术应用时代”。

科学考察时代 20世纪50年代至今，是以1957～1958年“国际地球物理年”为代表的大规模国际合作“科学考察时代”，对地球最后一块未开垦的大陆有了较全面的了解，为即将到来的“科学开发时代”奠定了基础。

在20世纪50年代，先后有阿根廷、澳大利亚、法国、比利时、智利、日本、新西兰、挪威、南非、英国、美国和苏联等12个国家在南极洲建立了科学考察站。

20世纪80年代后，德国、韩国、印度、巴西、中国、乌拉圭、意大利、瑞典、西班牙、秘鲁和芬兰加入了建立南极科学考察站的国家行列。南极越来越为人们所关注，在全世界掀起了科学考察南极的热潮。

1988年，法国医生、极地探险家路易·埃蒂安同美国职业探险家威尔·斯迪戈两人发起并组织“国际徒步横穿南极大陆”活动。中国南极考察委员会派遣著名的极地科学家秦大河，同俄罗斯冰川学家波亚尔斯基、英国探险爱好者萨默尔、日本旅游人士舟津桂三一起参与了这次跨越南极艰险的万里长征，为南极探险史谱写了新的篇章。中国南极“长城”站成为这次活动的物资供应基地。

1989年7月28日，6名队员从南极半岛北端的海豹冰原岛峰出发，驾驶3个狗拉雪橇踏上征途。他们用了4个多月的时间，经受了特大暴风雪和–40℃严寒的考验，闯过了险象丛生的冰盖裂缝，于1989年12月12日登上南极点。全体队员站在当年阿蒙森和斯科特曾经站过的地方，庄严地向全世界宣读“保护南极，拯救人类”的宣言。

中国科学家秦大河

他们在“阿蒙森—斯科特”站做了短暂休整，便继续下半程更加艰险的征途。这里处于南极大陆中央，气象复杂，资料奇缺，天气多变，电信易受干扰，被称为“不可接近的地区”，是步行探险的“禁区”。探险队员们以超人的智慧和勇气与死神周旋，步履艰难地向前挺进。

六国英雄合影南极点

秦大河身兼科考任务，需要边行进、边考察，在冰盖上深挖雪坑采集样品，他在南极冰盖上首次取得完整的雪样，填补了世界冰川研究的一项空白。由于体力透支，他无法跟上其他队员，只得把腰带系在雪橇上，让狗拖着走。全体队员以惊人的意志，克服了意想不到的种种磨难，终于走出了“不可接近的地区”，于1990年1月18日到达俄罗斯的“沃斯托克”(东方)站，受到该站全体人员最热情的欢迎。

1月21日开始，探险队向终点进行最后一程冲刺。1990年3月3日，他们终于走完了5 886千米的艰难路程，胜利到达了俄罗斯的“和平”科学考察站，完成了人类历史上首次步行穿越南极大陆的“万里长征”。

后来，6 名科学探险队员一起应邀访问了他们各自的祖国，受到了国宾级的盛大欢迎和国家领导人的亲切接见。秦大河不仅是南极探险的英雄，还是一位卓越的南极科学家，人们称赞他是“中国人的骄傲”。

“长城”屹立南极岛

1981年5月，我国成立了“国家南极考察委员会”，开始派遣科学家到外国的南极机构和南极站进行科学考察活动。1983年5月中国加入1959年12月1日在美国华盛顿制定的《南极条约》，成为《南极条约》的缔约国。

但是，南极国际条约规定：南极条约“缔约国”可以参加会议，但无表决权；只有南极条约的“协商国”拥有表决权，而取得“协商国”的前提是在南极建有独立工作的科学考察站。中国还没有建立南极科学考察站，尚不具有“协商国”资格，因此，还没有南极事务的表决权，每当表决时，中国代表被请到休息室去“喝咖啡”。

中国首次赴南极考察编队出征仪式

在广泛听取各方面意见基础上，1984年6月25日，国务院批准“我国首次赴南极考察和建立‘长城’科学考察站计划”，并决定派遣“两船”（向阳红10号、J121号）、“两队”（南极、南大洋考察队）组成的南极考察编队远征南极。

1984年11月19日，在上海举行了隆重的欢送南极考察编队大会，国家南极考察委员会主任武衡说，中国两艘万吨巨轮、几百名科学工作者开赴南极进行科学考察，目的就是为了我国成为南极条约“协商国”创造条件，使国家在国际南极事务中具有决策权。中国人有志气、有能力为人类和平利用南极作出贡献。国家重托，使命光荣。

长城站奠基

1984年12月26日4时50分，编队到达菲尔德斯半岛和纳尔逊岛环抱而成的民防湾，在轰鸣声中抛下了中国“南极第一

五星红旗在乔治岛上升起

锚”。编队横渡太平洋与强渡德雷克海峡，总航行时间 29 天 46 分，总航程 11 184.2 海里。在白雪皑皑的群山环抱中，悬挂五星红旗的“向阳红 10”号和飘扬八一军旗的“J121”军舰锚泊在南极洲，分外壮观、美丽。

1985 年 2 月 20 日，中国“长城”南极考察站在乔治岛胜利落成。从此，庄严的五星红旗永远飘扬在南极洲上空，改写了中国在南极洲无科学考察站的历史。1985 年 10 月 7 日，中国被接纳为“南极条约协商国”成员，为确立、提升中国南极科学考察的国际地位奠定了基础。

“中山”傲立南极陆

1989 年 2 月，我国又在南极圈内建立了“中山”科考站。中国两个科学考察站，一个在西南极的岛屿上，一个在东南极的大陆上，遥遥相望，互为补充。

企鹅列队参观中山站

尽管我国南极科考事业起步较晚，但经过近 20 年的努力，通过“长城”、“中山”两站开展了广泛的国际交流，获得了大量科学考察成果，同时培养了一大批极地科学家，步入了南极科学考察的先进行列，为以后系统、深入地开展极地科学研究奠定了良好基础。

“黄河”挺进北极圈

2004年7月28日，中国第一个北极科学考察站——黄河站，在北纬78度55分、东经11度56分的挪威斯匹次卑尔根群岛北极科考基地——新奥尔松胜利落成，“中国北极黄河站”的铜牌在北冰洋的阳光下显得格外耀眼。

黄河站是中国第一个北极科学研究基地，是一个跨学科、多功能、开放式的综合考察研究平台。

胡锦涛总书记代表党中央、国务院发来贺信，向不惧艰险、立志造福于人类的我国极地工作者表示诚挚的问候，指出“中国黄河北极科学考察站的建成，揭开了我国极地科学考察事业的新篇章，为我国科学工作者开展北极科学考察创造了良好的条件”，“相信我国极地科学考察事业一定能够为人类和平与发展的崇高事业作出新的更大的贡献”。

中国北极黄河站

1985年，中国有了第一个南极站；2004年，中国有了第一个北极站。从此，中国在“两极”都有了支撑点，它极大地提高了中国的极地考察能力，促进了中国极地科考事业的发展。

“昆仑”荣登最高极

2009年1月27日，中国在南极内陆的“冰盖之巅”冰穹A地区建成昆仑站。南极科考有四大“必争之点”：极点、寒极、磁极、高极。中国继美国在“极点”

建站、俄罗斯在“寒极”建站、法国在“磁极”建站后，在被称为“人类不可接近之极”——海拔4 093米的南极“高极”建站，这是人类南极科考史上的又一个里程碑。目前昆仑站尚属夏季科考站，可供15至20人进行科学考察。根据规划，3至5年后，昆仑站将逐步升级扩建为满足科考人员越冬需要的常年科考站。

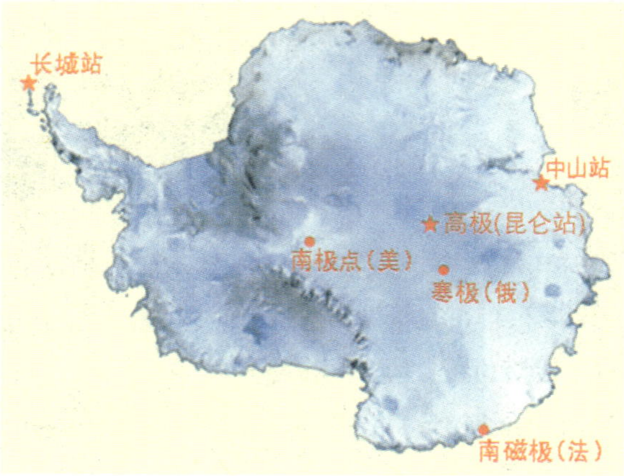

中国荣登南极“高极”

建于“高极”的昆仑站

目前，世界上共有28个国家在南极建立了53个科学考察站，绝大多数都建在南极边缘地区，只有美国、俄罗斯、日本、法国和意大利、德国在南极内陆地区建立了5个内陆科考站。中国“昆仑”站的建成，实现了我国南极考察向南极大陆腹地挺进的历史性跨越。

昆仑站所在地夏季气温为–40℃，冬季气温达到–80℃以上，是地球上自然环境中的最低气温。只要在冰穹上将望远镜架高15米，就可以进入大气湍动很少的平流层进行天文观测，这里是全球最好的天文观测地，对宇宙学研究及宇宙暗物质、暗能量等前沿科学研究具有非常重要的意义。

中国将在南北极这两块科学研究和实验的圣地上，深入研究全球环境变化、经济可持续发展、人类的生存和未来命运等重大课题，为人类作出贡献。

第九章

哪是世界大陆最南端

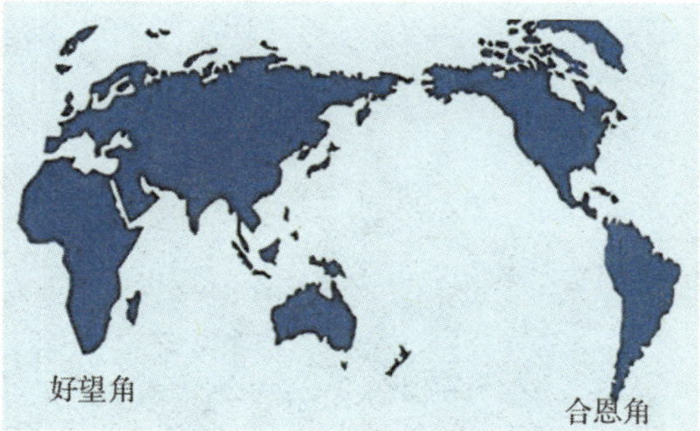

好望角与合恩角

美洲的合恩角，
大陆南端第一角；
非洲的好望角，
喧宾夺主名声高。

打开世界地图，映入眼帘的两个大陆岬角特别醒目，一个是非洲大陆南端的好望角，另一个是南美洲大陆南端的合恩角，它们都由北半球的陆地一直延伸到南半球很远的地方，像两把巨剑刺向大洋，成为把世界海洋分成为大西洋和印度洋、太平洋和大西洋的分水岭。

从地理位置看，美洲的合恩角无疑是世界大陆的最南端，它比非洲的好望角要南伸 20 个纬度之多。但从知名度来说，好望角的名声反而要比合恩角大得多，很多海员对合恩角十分生疏，甚至不知道它在哪里。

这种地理误解是由多种原因造成的。那么，这两个岬角各有什么特点呢？

好望角喧宾夺主

好望角是非洲大陆西南端的一个岬角，从大陆向东南延伸 2.6 海里，西面是大西洋，东临印度洋上南非的法尔斯湾，向北 28.8 海里是非洲南部的重要港口开普敦。

1488年，葡萄牙著名航海家迪亚士为寻找通往印度的航线，率船队从葡萄牙出发，沿非洲西海岸航行。经过一年多的时间，当船队由大西洋转向印度洋时遇到狂风巨浪，风暴把船队刮到岸边，迪亚士死里逃生，登上岬角的南端，便将该岬称为“风暴角”。

风光旖旎好望角

当他返回里斯本，向国王报告航行经过后，国王感到“风暴角”这个名字对航海很不吉利，下令将“风暴角”改称为“好望角”，意为只要绕过此角，就有希望到达富饶的印度。从此，好望角的名字便一直叫到现在。

好望角灯塔

好望角是一个陡峭的悬崖，像一柄利剑直插海洋，任凭强劲的大西洋风暴将它吹得瘦骨嶙峋，海滩上礁石散落。在悬崖脚下的标志牌上，用英文和南非文骄傲地写着“好望角”和它的经纬度。

其实，好望角并不是非洲的最南角，我们从地图上可以清楚地看出，与它相对的福尔斯湾东南角——厄加勒斯角才是非洲真正的最南角。但“好望角是非洲的最南角”的说法流传已久，已被世界航海界认可，这一地理误区也就“习非成是”，无人再去修正了。所以，无论是世界最南角，还是非洲最南角，都轮不上好望角，但它却独享着世界最著名海角的美名。

好望角成为旅游胜地

好望角是世界海运的汇集点，通

向欧、亚、美的交通要道。虽然苏伊士运河通航后，分流了相当一部分船只，但对一些超大型船舶来说，好望角仍然是必经之地。现在每月有千余艘巨轮由此通过，加上这里又是风浪最大的海角，所以，好望角成了世界上最著名的海角。

这里建有 7 750 公顷的自然保护区，无名花草在海风的吹拂下摇晃着，奇异的动物自由地嬉戏觅食，海湾内洁净的白色海滩像插在乌发上的玉梳，风光旖旎，美不胜收。在半山腰上，500 年前航海家建立的灯塔，光芒依旧闪耀，指引航船安全绕过好望角。

合恩角难见尊容

美洲大陆最南端合恩角

南美洲最南端的合恩角具有一种神秘的色彩，因为号称“千岛之国”的智利南部被密密麻麻的岛屿层层包围着，从海上根本无法看到美洲大陆最南端的真面目。

据载，1616 年荷兰航海家 W·C·斯豪腾最早绕过这个美洲大陆最南角，并以他在荷兰的诞生地“合恩”为其命名。合恩角位于南纬 55 度 59 分、西经 67 度 16 分，海拔 395 米，通过合恩角的经度线便是太平洋同大西洋的分界线。

“合恩角”不像好望角那样是一个明显的岬角，而是被一群岛屿遮挡着的“隐君子”。由于交通不便，旅游者难见其风采，本来具有很大旅游价值的世界大陆最南端，便慢慢从世界旅游胜地的名录中消失了，只是默默地指引航船安全地绕过美洲和世界大陆的最南角。

> 1520 年，著名航海家麦哲伦率领船队进行人类首次环球航行。他们航行了 28 天，终于通过了美洲南端一条迂回曲折、深浅不一、海流强劲、地势险要的海峡，这是人类第一次征服连接太平洋和大西洋的海峡，后来便将这条海峡命名为“麦哲伦海峡”。

本是世界大陆最南端的合恩角，是连通太平洋和大西洋的交通要道。但由于北有巴拿马运河，南有麦哲伦海峡，交通分流，航船锐减，人气衰落，经济价值降低，逐渐被人忽视。明明是世界南天第一角，却只能默认好望角抢风头，可真有点委屈了。

第十章

中华国土有多大

中国卫星图像

中华疆域变迁，记载着中华民族团结融合的发展史，印烙着列强侵略瓜分中国的血泪史，展示着国土向海洋延伸的文明史。

国土是母亲的血肉之躯，疆域是国家的生存基础。中华儿女应当珍惜每一块陆地国土，捍卫每一寸海洋国土。

当我们高唱“我们的祖国多么辽阔广大”时，都会激情满怀、充满自豪，但我国面积到底有多大？国土是如何构成的？多数国人难以准确回答。即使今天，许多人还在背诵已经过时的“中国有960万平方千米国土”。

21世纪人类进入了“海洋世纪”，我们对海洋的认识也应与时俱进，从历史渊源和法理上对已经过时的国土观进行更新，建立新的国土观，以适应时代发展的需要。

中国疆域变迁史

中华大地位于亚洲东南部，是人类起源的中心之一，也是中华民族植根、繁衍和发展的原始土地。一般都认为，黄土地滋养着中华民族，黄河孕育了华夏文明，但却忘记了中华民族从未离开过大海的事实。

远在 50 万年前，我们上古先祖“北京人”便在滨海洞穴中生活，开创了海陆交相辉映的中华文化。在五六千年以前，龙山人和百越人通过古航海把中华文化传播到了美洲大陆。被称为“国史之光”的“郑和七下西洋”创立了中华民族最辉煌的海洋时代。在中国人民的血脉里既有黄色血统，又沉淀了众多的蓝色基因。

翻阅历史画卷，即可发现一个重要的历史现象：当年世界上显赫一时的罗马帝国、匈奴帝国、波斯帝国、阿拉伯帝国、突厥帝国和蒙古帝国，在历史上都是昙花一现，现在人们只能在故纸堆中惊叹它们的辉煌。在世界文明古国中，只有中华古国的版图，虽然经历多次变迁，但版图的主体始终稳定在中原大地上，一直延续到今天，这是世界疆域史上的一个奇迹。

追溯历史，中华民族在共同劳动、共同创造、共同斗争中构建了中国版图。

夏朝的建立，是中国疆域史的第一个界碑。依仗“大禹治水”的功德威望和对外战争的胜利，征服和吸纳了许多周边部落，形成了强大的夏族联盟，产生了夏王朝，构筑了控制着黄河中下游地区的原始疆域。经过周、商朝代的扩展，已达长江中下游，直抵苏、皖，东临大海，已经囊括今日中国经济文化的精华区域，面积达到 200 多万平方千米，达到了奴隶社会的顶峰。

处于黄河流域的夏、商、周三大民族，经过千年融合，形成了一个崭新的民族共同体——华夏族，产生了共同的“中国”，为产生中国疆域奠定了坚实的基础。

秦始皇以强力手段实现了“六国并、四海一”，创造了中国历史上第一个统一的封建王朝，将疆界扩展到今天的两广、福建和内蒙古，疆域面积达到了 300 万平方千米。

13 世纪的元朝，蒙古人的狂野剽悍发挥到了极致，不仅征服了汉族，实现蒙、汉融合，废除“蒙古”国号，定名“大元”，建都燕京，建立了中国历史上第一个少数民族统治的国家；而且，扩展了中国历史上最大的疆域，建起了西至乌克兰、地中海，东到太平洋，北起西伯利亚，南至南中国海，横跨欧亚大部分地区，面积达 3 000 多万平方千米，当时世界上最大的帝国。

明代，中国人创造了郑和下西洋的辉煌。但由于国防上消极保守，固守疆土，闭关海禁，导致国防废弛，国力下降，海患日亟，外寇入侵，边疆逐渐萎缩，使许多疆土得而复失，明朝的版图大为缩小。这一时期，人口却有较大的增长，在高峰时期达到 1.97 亿人。

清朝，在秦、汉、隋、唐、元、明各朝的边疆经营基础上，与周边国家签订边境条约，实行“划界分疆”政策，中国历史上第一次以国际法的形式圈定了中国的疆域，中国有了统一、明确、稳定的国家疆界。即北抵阿尔泰山脉、萨彦岭、外兴安岭至鄂霍次克海；西连帕米尔高原；西南接喜马拉雅山脉；东以图们江和鸭绿江为界；东南及南部与海洋相通，南海海域直至曾母暗沙。中国陆地国土面积达 1 300 万平方千米，拥有的海洋一直伸展至曾母暗沙，这是中国疆域史上的繁盛时期，人口达到 4 亿以上。华夏版图连续、完整而丰满，被比喻为一片巨大的桑叶，西枕昆仑，东临大海。

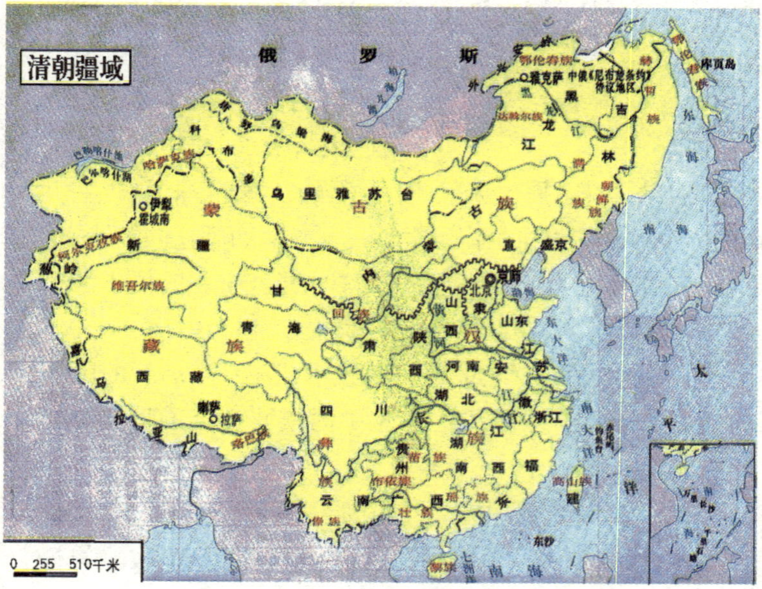

清朝前期的中国疆域

清朝的贡献，除了以国际条约“划界分疆”，肯定中国拥有 1 300 万平方千米陆地疆域外，还明确说明中国东临日本海、渤海、黄海、东海和南海，库页岛、台湾等岛屿是属于中国的固有领土。中国疆域拥有广阔的海洋部分，一直向南延伸至南沙群岛的曾母暗沙。并且,在中国疆域图的右下角特别标明了中国在南海上的海上疆域线,一直保持至今。

19 世纪,资本主义迅速崛起,为争夺海外原料产地和商品市场,西方列强依靠强大的舰队,向世界各地大规模地侵略扩张,地大物博的中国成为各个帝国疯狂争抢的目标。

清末,封建王朝腐败没落,导致海防废弛、国门洞开。在英、法、美、日、俄、德、葡、意、奥、西等大小帝国主义国家的疯狂入侵下,偌大帝国顷刻崩溃,在北起图们江、南至南沙群岛的广大国土上,祖国港湾无不遭受帝国主义铁蹄的践踏。帝国主义 100 多次入侵中国(大规模入侵就有 84 次之多),在炮口的淫威下,清朝与外国签订了 1 100 多个不平等条约,大片国土沦丧,铸成百年悲剧。

1840 年的鸦片战争,大英帝国依仗坚船利炮,轰开了中华帝国脆弱的大门,强迫中国签订《南京条约》,割占了香港,这是中国历史上的第一块国耻碑。

另一个国土面积只有中国国土 1/104 的欧洲殖民者葡萄牙,远道赶来趁火打劫,胁迫清廷签订了《中葡条约》,强占了澳门,在大清帝国海边竖起第二块国耻碑。

贪婪的沙俄帝国,为实现彼得大帝争当海洋大国的梦想,胁迫中国当局先后强签《瑷珲条约》、《北京条约》等一些条约,占领了黑龙江以北、乌苏里江以东共 153 万平方千米的中国领土,使中国一下子失去了相当于近 6 个半英国的国土面积。从此,中国失去了战略地位十分重要的库页岛和海参崴,失去了日本海沿海国的地位,失去了图们江出海口岸,导致一度十分兴盛的中国北方大港珲春衰落至今。

1945 年 2 月,苏、美、英三国,背着中国搞了一个《雅尔塔协定》,使当时属于中国的外蒙古搞“公民投票”宣布独立。

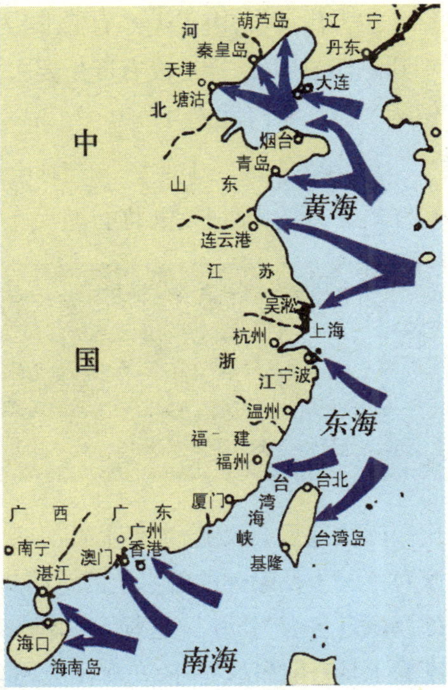

列强百年海上入侵中国图

几千年形成的华夏版图，不到一个世纪，就被蚕食、肢解去了340多万平方千米，相当于9个日本的国土面积。我们华夏民族世世代代用鲜血和汗水积累的土地，就这样剩下了960万平方千米的陆地国土，丰满似桑叶的版图残缺凋零，被比喻为一只“雄鸡”。

“一唱雄鸡天下白”，将中国版图喻为“雄鸡”的说法，反映了中华民族的悔悟与觉醒。一只沉思的“雄鸡”，鸡头（东北地区）望着大海，反思着疏远海洋、废弛海防的沉痛教训，抱着“兴海洋、振中华”的深切愿望，期待着迈进大海，以结束“望洋兴叹”的无奈！

蓝色国土新概念

人类面向着海洋，国土向海洋延伸，这是人类文明、进步的体现。

在古代社会，由于生产力低下，人类的生存空间一直在陆地上，人们还体察不到海洋的用处，谁也没有产生要去占有海洋的欲望。《古罗马法》便把海洋看做是“大家的公有物”。

最早的海洋国土　当社会发展到资本主义初期，西欧一些国家借助远洋航海开始向外扩张，推行殖民主义，直接威胁到沿海国家的经济和安全利益，沿海国家便产生了如何从海上来维护主权的问题，提出国家应当占有沿海一片水域，进行排他性管辖，以维护国家利益。

> 在1609年，有一本很有影响的书——《海洋自由论》，认为海洋浩瀚无边，任何人也无法占有，海洋同空气一样，是大自然提供给所有的人自由使用的。“海洋自由”长期成为人们从事海洋活动遵循的重要原则，以后也就成了制定国际海洋法律的基础。

1930年在海牙召开的第一次国际法编纂会议上，世界上首次建立了“领海”概念，称“缔约各国承认每一国家对其国土及毗连的领水上的空间具有完全的和排他的主权”，并将领海之外的海域定名为“公海”。这样，一个国家的国土，既有陆地部分，也有海洋部分；国家除了具有陆岸边界外，在海洋上还有国家主权海域与公海之间的“软边界”，国土中增添了蔚蓝色，出现了“海洋国土”的新概念。

至于一个国家的领海该有多宽，各国意见很不一致，直至20世纪80年代，《联合国海洋法公约》确定：每个国家有权确定“从基线量起不超过12海里”宽度的领海。

中国早在1899年就有了领海的记载；1931年4月国民党政府颁布过3海里领海制；1958年9月4日，我国发布《中华人民共和国关于领海的声明》，宣告中国的领海宽度为12海里。经测算，拥有12海里领海宽度的中国领水（包括内水和领海）面积为38万平方千米，这是与陆地国土具有相同性质的主权国土。

但这部分“海洋国土”，一直被人们遗忘在国土之外，几乎所有的媒体和课本都把960万平方千米的陆地国土面积当作整个中国国土面积在传播，长期忽视“海洋国土”的存在。

海洋国土在变大 随着文明的进步、科技的发展，人们越来越认识到海洋对于人类发展和国家兴衰的重大影响。当今世界上海洋食物资源90%来自大陆架和邻近的海湾，世界石油总产量的20%来自75个国家沿海200海里的浅海区域。大陆架及浅海区的巨大经济利益，引发各国间的争端和冲突，各国要求维护这一海区经济利益的迫切性已经超过了对领海安全的需要，形成了实现“沿海水域国土化”要求的强大国际潮流。

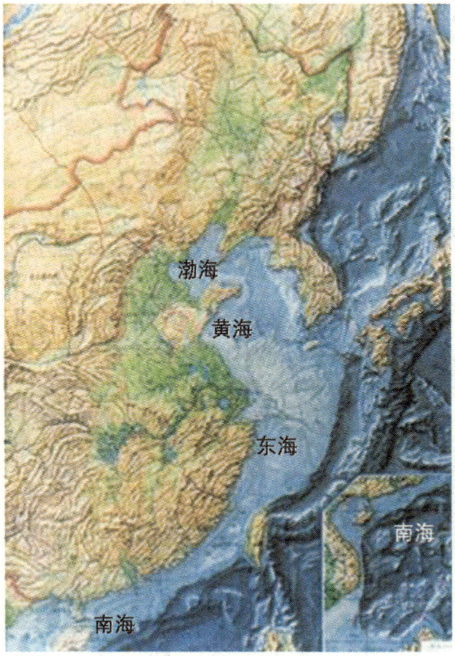

中国毗连海域

1982年通过的《联合国海洋法公约》适应世界各国的普遍要求，确立了“专属经济区”和“大陆架”等新制度，将世界海洋35.8%的面积划归沿海国管辖，称之为“国家管辖海域”。沿岸国家都把这一海域作为国土一样来对待，以国家行为来维护、开发和整治，并承担国际法规定实施“综合管理”的国际义务。

由此，沿岸国家的实际海上疆界已由12海里领海扩大到了200海里～350海里宽度的大陆架和专属经济区的外缘，形成了较宽的海洋疆域。《联合国海洋法公约》促成了世界性的沿海水域国土化进程，这是人类社会走向海洋、国土继续向海洋延伸的重要里程碑。

既然驱动世界各国国土不断向海洋延伸的主要因素是维护沿岸海域中的资源利益，那么，随着公海中具有开发价值的新资源的不断发现，公有资源的再分配将会引发新的矛盾，国家管辖海域将有可能继续向公海延伸。所以，海洋国土具有一定的可变因素，向海洋延伸是社会发展的必然规律，也是人类文明进步的体现。

海洋国土新疆界

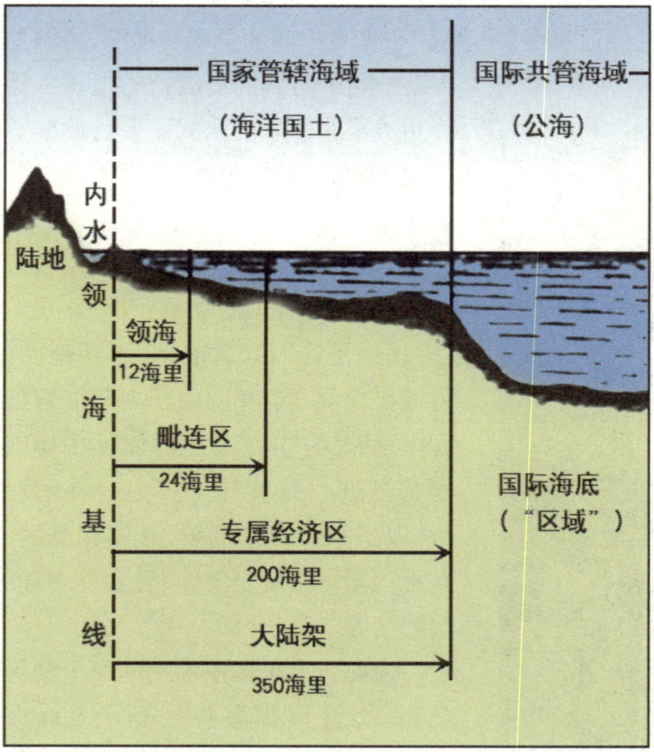

“海洋国土”的构成

1994年11月16日，《联合国海洋法公约》生效，在世界上正式确立了专属经济区和大陆架等新制度。1998年6月26日，江泽民主席签发命令，公布了《中华人民共和国专属经济区和大陆架法》，开创了我国对专属经济区和大陆架行使主权和管辖权的历史。

从法律角度看，专属经济区既不是公海，也不属领海，是国家专属的特殊海域。

（1）国家享有资源权，这里所有的生物与非生物资源均属于我国；

（2）国家拥有管辖权，由我国对海域依法实施排他性管理；

（3）国家具有立法权，制定和执行中国的《专属经济区和大陆架法》；

（4）同公海有着明确的界线，“专属经济区以外为公海”。中国实施 200 海里专属经济区制度，即领海基线 200 海里以内海域由中国管辖，其外为公海。专属经济区的外部界线是国家在海洋上的疆界，构成国防的战略边疆。

这些特征，解决了资源属于谁、由谁来管、范围多大等国土的基本属性问题。所以，将包括领海、专属经济区在内的国家管辖海域称为“海洋国土”，是合情合法的科学结论，也说明“海洋国土”是一个具有多元法律地位的特殊国土，同陆地国土有所区别。由此，采用“海洋国土”与“陆地国土”相对应，既肯定了相同的国土性质，又反映了在法律地位上的差异，更具自明性和科学性。

> 1998 年 5 月，国务院新闻办公室在《中国海洋事业的发展》白皮书中首次使用了“陆地国土”概念，指出中国有 960 万平方千米的陆地国土。加上“陆地”两字，意义十分深远。

树立整体国土观

我们祖国既是一个陆地大国，也是一个海洋大国。如果说，我们国家拥有广阔的陆地国土，大家都会同意；但若说到中国有广袤的“海洋国土”，就会有人感到迷惑不解，不少人头脑中的中国疆域观念尚停留在“从昆仑，到海滨”，将国土终止在海边。“只见土黄色，漠视蔚蓝色”，这是一种国土观念上的“色盲症”，反映了人们国土观念的滞后，很难适应“海洋世纪”的新形势。

一位叫王铁民的山东干部十分痛切地说：“长期以来，人们习惯于‘面朝黄土背朝天’，对苍天厚土甚至贫瘠的不毛之地非常依恋，能做到寸土不让；而对像蓝天一样广阔无垠、比黄土地更肥沃的海洋或视而不见，或见而不识，或识而不用，或用而无序。荒芜一亩地，必须依法追究其责任；而对荒芜百顷海面则无人问津。”

由于专属经济区具有国土的本质属性，我们称它为“海洋国土”。有关部门

保卫海洋国土

经精确测算后公布：根据《联合国海洋法公约》，归属我国的海洋国土面积近300万平方千米。

所以，我国国土面积的完整、准确的表述应是："中国有960万平方千米的陆地国土和300万平方千米的海洋国土。"一个沿海国家的陆地国土和海洋国土的总和构成国家完整的疆域。这是海洋时代所确立的新国土观，是人类海洋观的必然发展。

经济学家王珏和王金柱指出："海洋国土是中华民族未来生存和发展的重要依托和基地。由于历史原因和宣传力度不够，海洋国土概念尚未成为我国上上下下的自觉意识，必将会妨碍我国海洋事业发展中的一系列问题的解决。"著名经济学家于光远强调："我们一定要有海洋国土这种明确和浓厚的观点。"

国土是华夏祖先经历几千年团结融合、血雨腥风和艰辛创业所遗留下的疆域，每一寸土地、每一撮泥土里，都浸透着先人的鲜血和汗水，留给中华民族子孙作为生存和发展的基础。我们这一代人必须热爱和捍卫陆地和海洋上的每一寸国土，保证国土主权完整和不受侵犯。

第十一章

中国三大海峡

ZHONG GUO SAN DA HAI XIA

海峡风光

三大海峡分布南北中，
海峡法律地位不相同。
渤海琼州两峡属内海，
台湾海峡航行较“自由”。

中国海上“三大峡”

从空中鸟瞰海洋，大海的景色壮观而奇特，蔚蓝的海水，曲折的海岸，星罗棋布的海岛，构成了一幅绚烂多彩的海景图画。当两端较为宽阔的海域，被中间两块陆地阻隔形成“瓶颈”状的狭窄通道时，这种地形叫做“海峡”。峡内风大流急，波涛汹涌，万舸云集，穿梭争航。

我国地处亚洲大陆的东南部，圆弧状海岸线凸出于西太平洋，海底大陆架比较平坦，岛屿主要分布在沿岸一带，离岸远而大的岛屿并不多。所以，我国海域只有渤海海峡、台湾海峡和琼州海峡三个较大的海峡，被称为中国海上“三大峡”。在地势上海峡构造形式不同：如渤海海峡在两个半岛之间，台湾海峡处于大陆与一个海岛之间，琼州海峡是在一个半岛与海岛间形成的。而且，根据国际海洋法，不同宽度和历史条件下的海峡具有不同的法律地位。

海峡往往是海上交通的便捷航道，无论在经济和军事上都具有不可替代的重要价值，被称为海洋上的“咽喉”和“黄金水道”。海峡常年繁忙，商船穿梭来往；同时，也是容易爆发冲突和战争的多事之地。

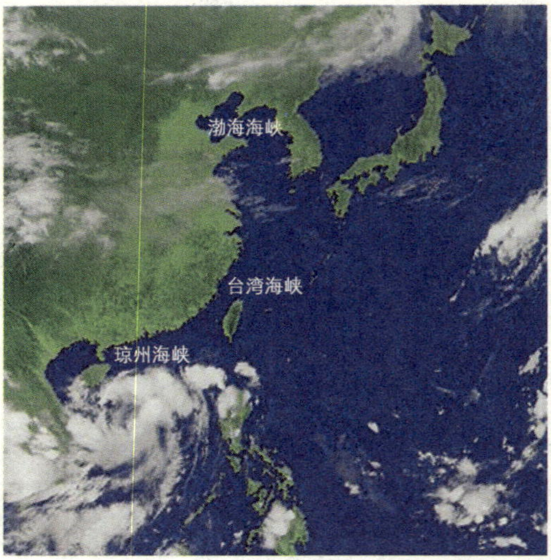

中国三大海峡

京津门户——渤海海峡

在中国海域的北部，山东半岛与辽东半岛像两把利剑直插大海，守护在渤海口，保卫着京畿的安全。

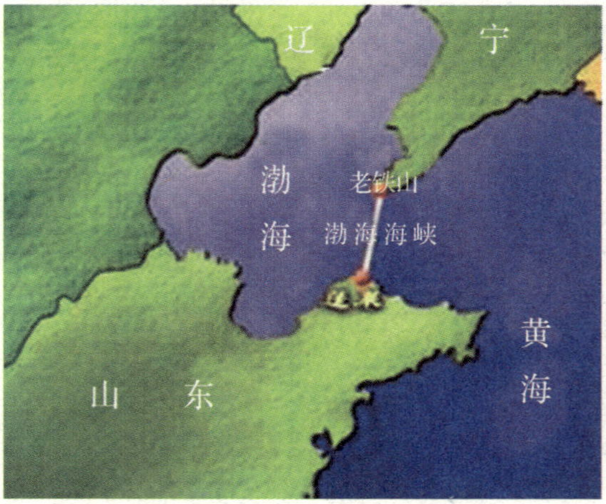

渤海海峡

山东半岛 山东半岛是中国最大的半岛，北边与辽东半岛隔海相望，守卫着渤海；东面与朝鲜相对，是黄海前哨，也是同朝鲜、韩国划分黄海海域的前沿。山东半岛最北端是著名的“蓬莱角”，有保存良好的古建筑群，西侧是蓬莱港，东侧是蓬莱水城遗址，是中国最早的海军训练基地，明代的威继光曾在此训练水师和抗击倭寇入侵。

山东半岛东端的成山头素有“海天一角”和“天尽头”之说。岛端有一段长200米、高60米的山脊，山势非常险要，靠海处竖立着胡耀邦题写的“天尽头”石碑。山脚下怪石嶙峋，巍峨壮观，四块长长的巨石在涌浪中忽隐忽现，宛如4条卧龙护卫着龙头。成山头是山东著名旅游景点之一，旅游者无不感叹这里“东方好望角”的美景。

山东半岛直插黄海，战略地位十分重要，近现代历史上多次遭受列强侵占。1895年，日军从荣成登陆，侵占了威海；1897年，德军登陆青岛，强租胶州湾；1914年日、英联军从龙口、崂山登陆，抢夺了青岛。

辽东半岛 辽东半岛是中国第二大半岛，其北端的鸭绿江口是我国东北部海岸线的起点。半岛南端的旅顺口老铁山，山高险要，丛林茂密，是世界有名的候鸟栖息地，已经采集到240多种鸟类标本，约占中国鸟类总数的25%。老铁山及其附近的蛇岛，都是我国重要的生态自然保护区。

辽东半岛扼守京都，战略地位重要。19世纪末的中日甲午战争，20世纪初的日俄战争，都曾在这里进行。旅顺口是历史上的著名军港，保存着完好的古战场，有不少“伪满洲国”和俄国遗留下来的历史文物，是蜚声海内外的旅游胜地。老铁山灯塔是我国五座最古老的灯塔之一。

渤海海峡 辽东半岛和山东半岛怀抱着渤海，渤海的口子就是京津门户——渤海海峡。渤海海峡北起辽东半岛老铁山的西角，南止山东半岛蓬莱的蓬莱角（登州头），是沟通黄海与渤海的唯一通道。

渤海海峡宽58海里，水深15~80米。海峡内纵向排列着庙岛群岛，上百个岛礁散落在峡口，像一列武士守卫着渤海。岛礁把海峡分割成东西走向的14条水道，对外国船舶开放的航道只有北部的老铁山水道、南部的长山水道（砣矶水道）和登州水道。其中

渤海海峡北岸老铁山

老铁山水道航行条件较好，是海船通行的主要航道。

根据《中华人民共和国领海及毗连区法》，中国采用直基线法划定领海，渤海海峡处在中国辽东半岛和山东半岛之间领海基线的向陆岸一侧，属于国内海峡。所以，外轮通行海峡必须遵守中国有关“内水”的交通安全法。

渤海海峡战略地位十分重要，是扼守“京津门户”的咽喉。1840 年和 1856 年两次鸦片战争，1900 年的“八国联军”侵华和 1937 年的日本侵华战争，侵略者都是从渤海海峡入侵京津地区的。

南北咽喉——台湾海峡

台湾海峡位于我国东南部，处于大陆与台湾岛之间，是中国第一大海峡，不仅是台湾省和福建省的自然分界线，也是东海和南海的连接区。海峡呈东北—西南走向，全长 200 多海里，南端最宽处达 225 海里，最窄处在台湾岛的新竹与福建的海坛岛之间，只有 71 海里，东北部水深 20 ~ 70 米，东南部水深 50 ~ 200 米，南口水深达 1 000 多米，整个台湾海峡处于中国的大陆架上。

由于海峡宽度超过两岸的领海宽度 24 海里，属于非领海海峡；但整个海峡宽度小于 400 海里，完全处于我国的专属经济区内，所以海峡也不属“公海”海域。根据《联合国海洋法公约》和《中华人民共和国领海及毗连区法》，我国拥有对海峡的管辖权和自然资源的主权权利，外国船舶在海峡的

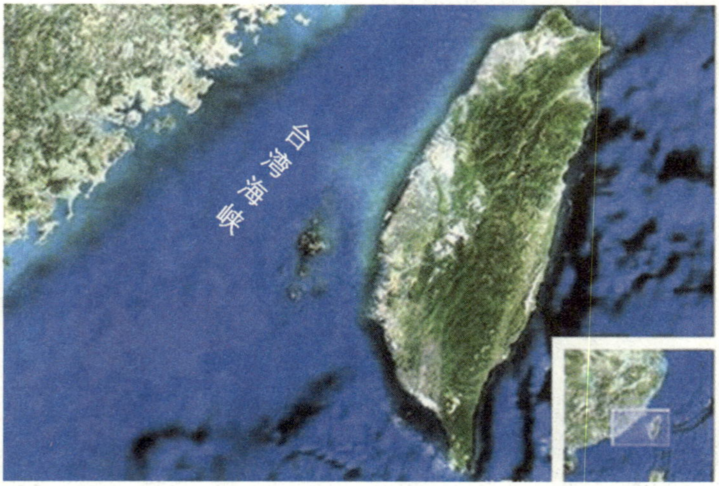

台湾海峡

领海内享有“无害通过权”。由于海峡的非领海性质，在领海以外的中间水域实行船舶自由航行和飞机自由飞越制度，所以，台湾海峡又是一条国际航行海峡。

但是，外国船舶、飞机在台湾海峡内的“航行、飞越自由”不是肆无忌惮的，而是受到国际法和中国法律的约束，在遵守中国主权和管辖权前提下，只限于和平目的的商业互利的海上便捷行为。所以，国家有权对海峡内的一切海洋活动进行连续性的监视和控制。根据相关法律，外国军舰通过专属经济区海域必须经中国当局批准，外国海洋科学研究和水文测量船舶未经准许，不得进行任何研究或测量活动。对峡区内的非法肇事者，以中国法律行使司法诉讼权。

台湾海峡是我国大陆与台湾省之间的纽带，是我国南北航运和走向世界的交通要冲，具有重要的战略意义。1661 年，郑成功率军横渡海峡，打败荷兰侵略军，收复了台湾。1683 年，清政府进军澎湖和台湾，恢复对台湾的统一管辖。现在两岸人民暂时分离，但台湾海峡是华夏国土上流动着的血脉，在祖国统一大业中起着极为重要的作用。

东西走廊——琼州海峡

琼州海峡

琼州海峡又称海南海峡，是大陆断陷而成，以琼崖（海南岛）州府琼州得名。海峡位于雷州半岛和海南岛之间，呈东西走向，东连南海。

海峡全长 71 海里，其最窄处约 10 海里，水深 20～50 米，中部海底平坦，最深达 120 米。该海峡是我国南部的重要航道，我国粤、闽地区和东北亚各国海船进入北部湾和越南海口的交通捷径。现在，每年通过海峡的海船达 11 万艘次，其中外轮 2 000 多艘次，通航密度很大，被称为南中国海的“黄金水道”。

根据《中华人民共和国领海及毗连区法》，整个琼州海峡处于我国领海基线向岸一侧，属于中国的内海海峡，而不是国际航行海峡。为了维护国家的管辖权和海峡内的良好秩序，我国在 1964 年 6 月 5 日颁布了《中华人民共和国对外籍非军用船舶通过琼州海峡管理规则》，明确规定：“琼州海峡是中国的内海，一切外国籍军用船舶不得通过。一切外国籍非军用船舶如需通过，必须按规定申请批准。”对未经批准擅自进入海峡的外轮一律按照法律进行查处。

1998 年 8 月，国家决定投资 45 亿元兴建粤（广东）海（海南岛）铁路，由湛（湛江）海（海安）线、琼州海峡铁路轮渡和海南岛西环路三部分组成，全长 542.6 千米。2003 年 1 月 7 日粤海铁路正式通车，实现了海南铁路同全国铁路连线，完善了海南岛同雷州半岛的综合运输体系，对加快南海海区海洋经济发展具有重要意义。

第十二章

南海四大群岛

NAN HAI SI DA QUN DAO

美丽的西沙海滩

南海上有一个“黄金口袋”，装着四串璀璨夺目的明珠。这是必须保卫的主权海域，是华夏子孙可持续发展的财富。

“黄金口袋”的由来

我们翻阅任何一幅中国地图，都会发现：主幅是中国广阔的陆地国土及其毗连的太平洋的边缘海，在其下角都有一张附图，鲜明地用9个线段围成了一个“U形线”，环抱着里面的东沙群岛、西沙群岛、中沙群岛和南沙群岛，很像一个大口袋，盛装着祖国的主权海域和神圣宝岛。所以，国人亦称它为中国在南海上的“黄金口袋”。这9条短线段的意义可不寻常，通常称为“断续国界线”或“传统疆域线”，它的功能相当于国界线，以形象直观、见图明意的方式表示其中的群岛及其周围水域属于中国。早在明、清的疆域图上就画有标志“千里石塘”、

“万里长沙”属于中国的“U”线。在20世纪30年代，经测量、审定，以国家名义正式颁布，用来标志南海诸岛属于中国版图，主权属于中国。

1933年，法国入侵南沙群岛的9个小岛，是对中国海洋主权的严重挑战，引发了“九小岛事件”，南海诸岛的安全引起国人的警觉和政府的关注。为表示中国对南海诸岛的实际管辖，遂将东沙群岛、西沙群岛、中沙群岛和南沙群岛均用“断续国界线”围了起来，表明中国拥有的主权和实际上进行管辖的范围。

1947年上半年，中国由参谋本部、内政部、外交部、海军部、教育部和蒙藏委员会六部门联合组成“水陆地图审查委员会”负责审定，内政部方域司和国防部测量局绘制成《南海诸岛位置图》，除了标志出四个群岛的位置及名称外，用11条短线段（后来改为9条）表示中国在南海上的国界范围，最南端在北纬4度附近的曾母暗沙南侧。

南海“黄金口袋”

1948年2月，中国以内政部名义公开发行《中华民国行政区域图》，向国际社会正式宣布了中国政府对南海诸岛及其附近海域的主权和管辖权范围。

用断续国界线来表示，是有其重要内涵、法律依据和国际惯例精神的。

线段采用与国界线相同的图式和颜色，表示同陆地国界线性质相同。

线段的走向及范围，采用了4个群岛的边缘岛礁与邻国海岸线之间的等距离，是公平的国际划界惯例。

图上不采用连续线，而用未定国界线形式，表示“未定”性质，有待今后可能同相邻国家协商最后划定。并且，充分考虑了海洋的连通性和南海是国际海域和太平洋交通要道的特点。

所以，采用“断续国界线”的形式，既申明了中国的主权范围，又考虑到了国际环境，是十分周到和合理的。值得指出的是：自从 1948 年中国正式公布对南海诸岛及其附近海域的主权和管辖权范围后的较长时间内，包括越南在内的周边国家均未提出过任何异议。随后美国、英国、法国、苏联、日本等国家正式出版的地图，都清楚地标绘了这条“断续国界线”，受到了国际社会的普遍认同。直到 20 世纪 60 年代后，南海地区发现了石油，引发了“石油政治”的利益冲突，一些国家才对我国南海“断续国界线”标志的主权提出了异议。

> 1992 年，中国政府颁布了《中华人民共和国领海及毗连区法》，其第 2 条规定：“中华人民共和国的陆地领土包括中华人民共和国大陆及其沿海岛屿、台湾及其包括钓鱼岛在内的附属各岛，澎湖列岛、东沙群岛、西沙群岛、中沙群岛、南沙群岛及其他一切属于中华人民共和国的岛屿。中华人民共和国领海基线向陆地一侧的水域为中华人民共和国的内水。”再次肯定了南海诸岛的主权属于中国。

由于“断续国界线”内岛屿及水域不仅是中国最早发现、最早开发与管辖，而且是中国明确的、有效的、连续的、长期行使着主权权利和管辖权的、传统的“历史性水域”，长期被国际社会所承认，也尚无比中国地图更早并得到国际社会承认的地图，所以，中国地图用断续国界线来标志中国在南海上的历史性所有权，具有历史性和国际法的充分依据，是无可非议的。

寂寞寡闻的东沙

位置 东沙群岛是南海诸岛中位置最北的群岛，离南海中心海域很远，而距大陆很近，倒不如叫它“北沙群岛”更合适。它的地理位置非常重要，大体上处于台湾岛和海南岛间连线的中部，距东北方向的高雄市 220 海里，离西北方向

东沙群岛卫星图像

的海口市270海里，位于汕头市正南方168海里、香港东南方169海里处。它背靠祖国大陆，好像被台湾和海南两个兄长紧紧搂在母亲怀抱的婴儿，始终受到母亲的精心呵护，没有外人敢侵犯它。

形态 东沙群岛是一个很典型的珊瑚环礁，散布在长约111千米、宽约26千米的海域中，主要由东沙岛、东沙礁、南卫礁、北卫礁等珊瑚礁构成。其中东沙岛是唯一露出水面的主岛，扼守在环礁的西口中央，东西长2 800米，宽865米，最高点12米，总面积1.8平方千米，是南海诸岛中仅次于西沙群岛中永兴岛的第二大岛。

东沙礁的礁盘是十分标准的环礁，呈弯月形与东沙岛相对，环礁弧长46千米，宽2 000米，中间是一个直径达22千米的潟湖，水深在0.6～18米，可以停泊舰船，是优良的避风港。但礁盘地貌十分复杂，珊瑚礁群崎岖起落，暗礁密布，水流迂回，加上气候恶劣，周围沉船甚多。

气候 东沙群岛属于热带海洋性气候，年平均气温25℃，夏秋之交，最高气温可达36℃～41℃，冬季最低气温可降至11℃。常年受东北季风影响，经常刮6～9级大风，强劲海风可以缓解炎夏酷暑。

资源 由于气候适宜，雨量充沛，岛上植物丛生，野菠萝、麻枫桐遍野，椰子树伫立在仙人掌丛中，一派南国风光。东沙岛西北部向海延伸着一个大沙滩，细沙洁白松软，是个理想的天然浴场。群岛水域蕴藏着丰富的石油资源，具有良好的开发前景。这里有石斑鱼、鲍鱼、海龟等水产资源，还是北半球著名的药用特产——海人草的主要产地，数量多，质量好。

> 在公元4世纪，晋代的《广州记》就把东沙群岛记载为“珊瑚州”。清代称为“南澳气”和“沙头”，大陆上的潮汕渔民根据其地形称之为“月牙岛”。

历史 东沙群岛自古以来就是中国的神圣领土。从唐、宋朝代起，中国一直对东沙群岛实施行政管辖，中国渔民世代在此捕捞为生，进行开发作业。1935年中国政府将该岛正式定名为“东沙岛”，并在岛上建立了灯塔、气象台和电台。现在，东沙岛由中国台湾当局军队驻守，岛上建有飞机场和码头，对外联系畅通。东沙群岛是通往台湾海峡、巴士海峡、巴林塘海峡等国际航线的必经之地，是扼守东北亚航运和西太平洋“石油生命线”的要冲，具有重要的战略地位。

今日东沙岛

武力收回的西沙

位置 西沙群岛位于南海西北部，北起北礁，南到先驱滩，东自西渡滩，西至中建岛，散布在南北长约240千米、东西宽160千米的海域内，整个群岛由宣德群岛、永乐群岛两个主要群岛及其他岛屿、沙洲和浅滩组成，已经命名的岛礁有40多个，岛屿总面积约8平方千米。西北方向距海南岛约200海里，东、西分别与菲律宾和越南隔海相望，是南海各航道的必经之路，战略地位非常重要。

西沙群岛北部的宣德群岛，主要岛屿有永兴岛、东岛、石岛、赵述岛、北岛、中岛和南岛7个小岛，称为“东七岛”或“七连屿”，各岛独立于珊瑚礁上，只有永兴岛和石岛间有一条长900米、宽3米、高1.8米的海堤公路连接，可通行汽车。

西部的永乐群岛由金银岛、全富岛、甘泉岛、珊瑚岛、晋卿岛、琛航岛、广金岛和中建岛等8个主要岛屿组成，称为“西八岛”。所以，当地渔民用“东七、西八、十五岛”的传统习惯来称呼西沙群岛。

永兴岛 永兴岛是西沙群岛的主岛，也是南海诸岛中最大的岛，礁盘很大，东西长3 500米、南北宽2 600米；岛屿长1 680米、宽约1 100米，面积为

西沙永兴岛

1.85平方千米。永兴岛是南海诸岛的政治、经济中心和重要的海军舰艇驻泊地和优良渔港。永兴岛上生长着10余万棵树的“将军林”，树丛茂密，枝繁叶茂，硕果累累，是西沙一道独特的风景线。

“鲣鸟王国” 东岛是西沙群岛的第二大岛，面积1.66平方千米，是著名的“鲣鸟王国”，又称“鸟岛”。东岛的麻枫桐树上栖息着5万多只鲣鸟，它们追逐嬉戏，竞唱争鸣，调情示爱，哺育雏鸟，这里真是鸟的乐园。现在东岛上已知鸟类达40多种，各种鸟类自由自在，毫不惧人，而西沙人则以爱鸟、护鸟出名，被誉为鸟类的“保护神”。

历史 西沙群岛是我国渔民最早开发的传统捕鱼海域和中国通过海洋走向世界的主要航线，古代西沙就有“七洲洋”、“千里长沙”、“万里石塘”等称呼。汉代的伏波将军马援曾南征到西沙，进行了开发活动，并命名有“马援礁”。唐代已有“西沙”的记载。郑和七下西洋的航线都是经过西沙群岛南下，

“鲣鸟王国”东岛

尔后再向西航行。“永乐群岛”和“宣德群岛”均系郑和航海时代留下的名字。1909年，清朝水师提督李准率领“伏波”、“琛航”、“广金”等军舰巡视西沙，进行测量、绘图和建立纪念碑，并将永乐群岛中的几个小岛命名为“琛航岛”、“广金岛”等。

抗战胜利后，1946年，中国派遣海军接收西沙群岛，划归广东省管辖，又以执行接收任务的两艘军舰的名字为西沙群岛中两个大岛命名，称为“永兴岛”和“中建岛”。从群岛和主要岛屿的名称即可印证中国不仅最早发现了西沙群岛，而且，也是最早开发和持续管辖西沙群岛的国家。

西沙群岛离海南岛和越南较近，处于南海海域海、空的交通要道，同时水产资源十分丰富，是我国优良的渔场之一。因此，它一直是外国染指、入侵的主要海域。1800年，英国曾派遣“孟买”号军舰入侵西沙海域。后来西沙多次遭到德国、法国、日本等国的侵占。

西沙之战 1974年初，南越当局多次派军舰入侵永乐群岛，撞毁渔船，抓我渔民，炮击岛屿。1974年1月17日，南越聚集驱逐舰三艘、炮舰一艘输送士兵登陆金银岛和甘泉岛，取下中国国旗，故意撞坏中国渔船“407”号。1月19日，越舰又向中国军舰挑衅，撞坏我军“389”号军舰。随后，南越四舰突然同时向中国海军编队开火，中国舰艇接连中弹，造成人员伤亡。我军被迫自卫，以猛烈炮火还击，重创敌三舰，击沉敌炮舰，俘敌49人。我军一艘扫雷舰重伤、两艘猎潜艇轻伤，18名海军官兵在战斗中英

西沙烈士碑

> 1991 年 5 月 11 日，中国海军在永兴岛隆重举行“海南诸岛工程纪念碑”揭幕仪式，一块刻有“南海诸岛沧桑千年，炎黄后代创业今朝”的巨碑，将永志南海，昭示千秋。

勇牺牲。20 日，乘着海战胜利之势，我海军、陆军及民兵协同配合，向越军发起攻击，一举收复被南越军队侵占的甘泉岛、金银岛和珊瑚岛，捍卫了西沙群岛。

隐伏海底的中沙

中沙群岛是一群隐没在海水中的珊瑚礁，从几千米深水中凸起上升至离水面十几米，海底地貌十分壮观，从空中鸟瞰，酷似一条巨龙盘卧海中。至今对大多数人来说，它还是一个“谜”。

位置 中沙群岛处于南海的中部，是南海中央航线的必经海域，距菲律宾苏比克湾 220 千米，战略地位十分重要。群岛海域水产资源非常丰富，还可能有石油资源。并且，随着海盆下降速度和珊瑚生长情况的变化，有朝一日“芙蓉出水”，南海中部可能出现一群新的岛屿与礁石。所以，国际上现在就有人虎视眈眈，企图染指中沙群岛主权，尤其对群岛中唯一露出水面的黄岩岛，菲律宾已经同我国发生主权争议。

中沙群岛是南海中最大的珊瑚环礁，位于西沙群岛的永兴岛东南方向 200 千米海域，主要是暗礁，由中沙大环礁和 20 多个暗浅滩和珊瑚礁等组成。中沙群岛唯一的岛屿是群礁东面的黄岩岛。

大环礁 中沙大环礁是群岛的主体，自东向西伸展，长约 140 千米、宽约 60 千米。环礁上分布有 20 多座暗沙、浅滩和礁石，最小水深 12 米。环礁内形成巨大的潟湖，水深在 60 ~ 80 米，西南部最深处

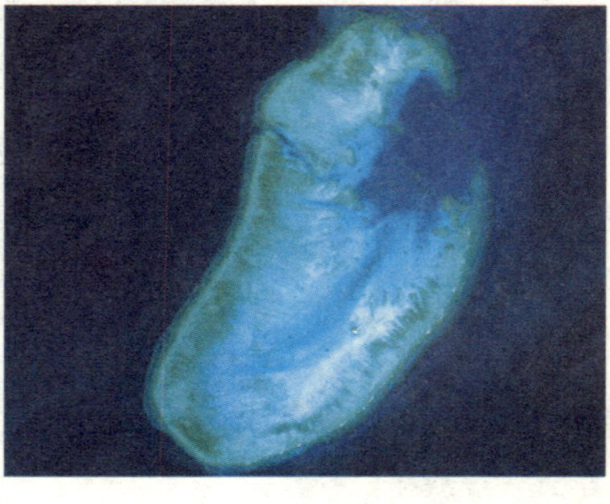

水下的中沙群岛

达 109 米，但暗沙、浅滩多，天气恶劣时，湖内波涛汹涌，浪花飞溅。环礁有许多缺口，形成内外通行的水道，但不熟悉地形的船舶难于航行。

中国在黄岩岛举办国际无线电活动

黄岩岛 黄岩岛是一个近似等腰三角形状的环礁，礁盘总长 55 千米，顶宽 1 ~ 2 千米，水深 0.5 ~ 3.5 米。有数百个礁块露出水面，其中，西北端的北岩和东南端的南岩最大，海拔 2 米，面积都在几十平方米。低潮时礁盘水深只有 0.5 米左右，行人可以蹚水而过。黄岩岛礁盘环抱的潟湖，面积达 130 平方千米，水深 10 ~ 20 米，湖中没有暗礁、浅滩等障碍物，南岩附近有一条 400 米长的通海水道。海上浪涛滚滚，湖内则波平如镜，是船舶避风的好地方。

20 世纪 50 年代，美国军队在黄岩岛设置靶场，使中国对该海域和岛礁的开发受到影响。70 年代以来，中国多次派舰船到该海域巡视和科学考察，以宣示中国拥有的主权。由于受干扰少，黄岩岛是开展无线电活动的理想地点，我国有关部门近几年已先后批准许多国家在黄岩岛举办业余无线电探险活动。

“海鸟乐园”中沙

历史 中沙群岛虽然隐没水下，但中国地理史料和海图的中文地名均可佐证，中沙群岛是中国最早发现和开发的，是中国渔民的传统捕捞海域。这里的水产资源非常丰富，盛产各种珊瑚鱼种和大洋性鱼类，是中国在南海的重要经济渔场。在清朝雍正年间的《海国闻见录》中，已经把中沙群岛记为“沙头”，列为南海四大群岛之一；乾隆年间绘制的《大清万年一统天下全图》，把西沙、中沙统称为“万里长沙”，标属中国版图。

1935 年，中国政府“水陆地图审查委员会”编印的《中国南海各岛屿图》明确标绘了黄岩岛等岛礁的名称和位置；1947 年，中国政府公布“中沙群岛”地名，将黄岩岛定名为“民主礁”；1948 年，中国政府正式出版的地图上，再次完整地标绘了中国南海诸岛的海上国界；1983 年，“中国地名委员会”公布了海南省地名，一并公布了中沙群岛及其所属的 33 个岛礁地名。

这些充分说明，数百年来中国对中沙群岛的开发和管辖从未间断。

坚守南疆的南沙

位置 南沙群岛是中国南海诸岛中位置最南、岛礁最多、分布最广的群岛，由 230 个岛、洲、沙、滩组成，其中 180 多个已定名，分布在南北长约 960 千米、东西宽 930 千米的海域内，西起万安滩，东至海马滩，北自雄南滩，一直伸展至南纬 4 度附近的曾母暗沙。

南沙群岛露出海面的岛屿有 25 个，有明暗礁 128 个，明暗浅滩 77 个。面积最大的岛屿是太平岛，岛形如梭，东西长约 1 380 米、南北宽约 410 米，面积 0.432 平方千米，地势东高西低，平均海拔 3.8 米，最高点 4.18 米。太平岛北距广州 764 海里，西南离新加坡 860 海里，现在由台湾当局派兵驻守和实行管辖。

现在，我国驻军守卫着赤瓜礁、永暑礁、华阳礁、东门礁、渚碧礁和南熏礁 6 个礁，我国渔民居住、守护着美济礁，太平岛由中国台湾当局驻守，而大多数岛礁分别被菲律宾、越南、马来西亚等国非法侵占。

南沙群岛地处中国南哨，扼守太平洋、印度洋航道要冲，为东南亚的心脏地带。目前，西方国家 80%的战略物资、50%的石油运输要经过南沙海域，我国外贸货运的 75%要经过南海航道。据统计，这片海域通航船舶密度为每年 10 万艘次，平均每天近 300 艘。这里水产资源十分丰富，是中国最大的热带鱼场和磷肥产地。更为引人注目的是，这里蕴藏着丰富的石油和天然气资源，分布着10个油气沉积盆地，估计储油量达300亿吨，尤其在曾母盆地，油层沉积巨厚。有人预测，南沙海域有可能成为第二个“波斯湾”。

南疆卫士

历史　南沙群岛自古以来就是中国的领土。公元前2世纪的汉武帝时代，中国人就发现了南沙群岛，并世代在这里进行航行、捕鱼等开发活动。当时对南海群岛的特征有着清楚的记载：“涨海崎头水浅而多磁石。”古人所说的“涨海”就是南海，“磁石”即珊瑚礁。近几十年在南沙群岛上陆续采集到了相当多的陶器、铁刀、铁锅等生活用具，发掘出中国清代窖藏、水井、庙宇、坟墓等历史文物。

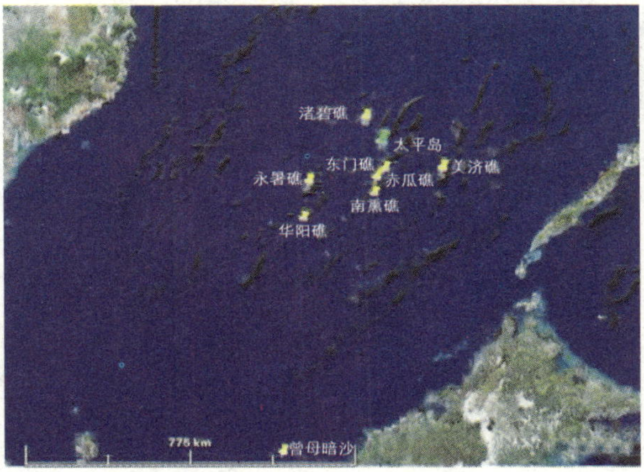

我国驻军和渔民守护的南沙岛礁

中国在三国时代便开始对南沙进行测绘活动，并将群岛的地貌特征写入了《扶南传》一书。唐、宋时期将南沙群岛划归琼州都督府管辖。郑和下西洋使用的《郑和航海图》，明确地把包括南沙群岛在内的南海诸岛绘入中国版图。清康熙年间（公元1716年）经实测编绘的《大清中外天下全图》将西沙群岛和南沙群岛分别标绘为“万里长沙”和“万里石塘”，列入了中国版图。

守礁钢铁堡垒

中国官方出版的大量史志和地图，一直持久、连续地将南沙群岛列入中国版图。1935年、1947年和1983年中国政府曾三次进行调查、审定和公布包括南沙群岛在内的南海诸岛的地名，充分体现中国是南沙群岛的最早发现者、居住者、经营开发者和行政管辖者。中国政府一直在为捍卫南沙主权进行着不懈的斗争，对德、法、日等国的非法测量活动、侵略行径进行了坚决的斗争。

1945年日本投降，根据《开罗宣言》和《波茨坦公告》等国际法，台湾和南海诸岛均应归还中国，我国政府即将南海诸岛划归广东省管辖。1946年，中国派遣“太平”、“中业”和“永兴”、“中建”四艘军舰组成“进驻西沙、南沙舰队”，由林遵和姚汝钰率领，分别接收了南沙群岛和西沙群岛，并以四艘舰名命名了两个群岛中的四个主岛，一直沿用至今。舰队登上太平岛后，首先炸毁了日本修建的“纪念”碑，然后，在原处和岛的东端日出方向分别重建了我国的碑石，正面写着“太平岛”三字，背面为“中华民国三十五年十二月十二日立”。在碑石竣工时举行了隆重的接收南沙群岛的升旗仪式，庆祝南沙群岛回到祖国怀抱。

南沙群岛的地名，有纪念中国古代名人的，如孔明礁、李白礁和东坡礁等；有纪念中国明代郑和下西洋时期历史人物的，如郑和群岛、道明群礁、费信岛、景宏岛、巩珍礁和杨信沙洲等；有纪念清代巡视南海的官员、军舰的，如伏波礁、人骏滩和李准滩等；有用中国海军在1946年接收南沙的军舰和舰长名字命名的，如太平岛、中业岛、敦谦洲和鸿庥岛等。这些地名印证着中国政府管辖南沙群岛的历史。

1956年，当有的国家声称对南沙拥有主权时，当年担任“进驻西沙、南沙群岛舰队”副指挥的姚汝钰先生再次率台湾当局的舰队进驻南沙，制止了入侵，使太平岛一直处于中国的有效控制之下。

南疆巡航

在20世纪70年代前外国出版的一些权威性的地图，如日本、英国、法国、西班牙、德国、波兰以及越南的地图均正确无误地标明："南沙群岛属于中国"。

20世纪70年代发生世界性的石油危机，而南海丰富的石油资源被不断发现，更提高了南海的战略地位，使它成为周边国家染指的目标。越南、菲律宾和马来西亚等国，乘中国忙于"文革"等国内事务之际，趁火打劫，对南沙群岛提出了主权要求，并武装侵占了南沙30多座岛礁。

1988年3月，越南海军派遣两艘军舰侵入赤瓜礁海域，并输送武装人员登陆。越军不顾我礁上考察人员劝阻，竟开枪伤我人员，我海军舰艇和陆上人员被迫自卫还击，激战一小时，击沉越军运输舰两艘、重创登陆舰一艘，赶走了侵略者，取得了我军在南沙海域第一次海战的胜利。

我国政府从维护南海的和平与稳定大局出发，善意地提出了"主权归我，搁置争议，共同开发"，以和平方式解决南沙争端的主张。

2002年11月4日，中国和东盟各国领导人在柬埔寨首都金边共同签署了《南海各方行为宣言》，各方承诺保持克制，不采取使争议复杂化和扩大化的行动。这一文件对保持南海地区的和平稳定具有重要的积极意义。

历史不能篡改，原则不容践踏，南沙群岛是中国不可分割的神圣领土，中国对南沙拥有无可争辩的主权。捍卫南沙主权和海洋权益是中国人民的神圣使命，任何针对南沙的侵略行径理应受到世界人民和中国人民的强烈谴责。

第十三章

"独子"渤海明珠

"DU ZI" BO HAI MING ZHU

滨海新区

在环绕中国大陆的太平洋边缘海域中，黄海、东海、南海为多国共有，唯独渤海完全属于中国。

"四大领海"之误

我们祖国位于世界最大的大陆——欧亚大陆的东南部，毗连世界最大的大洋——太平洋，太平洋西部的四大边缘海——渤海、黄海、东海和南海呈弧形环绕着中国大陆，而辽东半岛和山东半岛像两个臂膀拥抱着渤海。

中国海区东西横越约 32 个经度，南北纵跨 37 个纬度，总面积达 470 多万平方千米。在中国 5 000 年文明史中，"四海"与中华民族唇齿相依、血肉相连，人们往往将它们称为"我们的海"。在一些专著和文章中写着"渤海、黄海、东海、南海是中国的领海"，"我国海军水兵服披肩上的四道白杠代表着中国的四个海"等，其实，这些说法并不确切。

中国毗连太平洋，大陆与四个太平洋的边缘海相连接，所以，通常讲中国人“以四海为家”并没有错。但如果将“四海”当做属于中国的领海就不对了。因为黄海、东海和南海的另一边毗连着另外一些国家，这些海便属于“大家共有”；只有渤海是属于中国的内海，可以明确地说“渤海是中国的”。

黄海是同属中国、朝鲜和韩国的边缘海；东海为中国、日本共有的边缘海；南海则分属中国、菲律宾、越南、马来西亚和印度尼西亚等国。

台湾省处于东海、南海和太平洋之间，其西部和北部接东海，东部连太平洋，南部通南海，所属的火烧岛、兰屿和七星岩等不在东海，而是坐落在台湾东南的太平洋上。

根据《联合国海洋法公约》，各国可以拥有 200 海里宽度的专属经济区，这样，在一些相邻国家中各自主张的海域会发生重叠，引起主权争议。

根据《联合国海洋法公约》，各国承诺“以和平方法解决任何争端”，举行双边或多边谈判，是解决争端的明智和有效之举。对于难以解决的争端可采取冻结现状、暂搁争议方式以缓解紧张局面。如我国提出了“搁置争议，共同开发”的主张。但搁置必须平等地维持现状，双方不采取任何扩大占有行为，不使紧张局面加剧。从国家长远利益考虑，共创周边的和平环境，在平等、互利原则下共同开发海洋资源。

拱卫京畿的内海

渤海是我国固有的内海。1958 年，《中华人民共和国政府关于领海的声明》明确指出：“渤海是中国的内海。”渤海是中国唯一的海洋“独子”，我国拥有渤海主权具有十分充分的法律依据和历史渊源。

1. 我国在 1958 年《中华人民共和国政府关于领海的声明》和 1992 年《中华人民共和国领海及毗连区法》中都郑重声明：中国采用直基线法来划定领海。渤海完全处于“领海基线向陆地一侧的水域”，根据上述法律和《联合国海洋法公约》，渤海构成国家内水的一部分。

2. 渤海口的距离虽然宽达 58 海里，但中间排列着庙岛群岛，其间分布多个

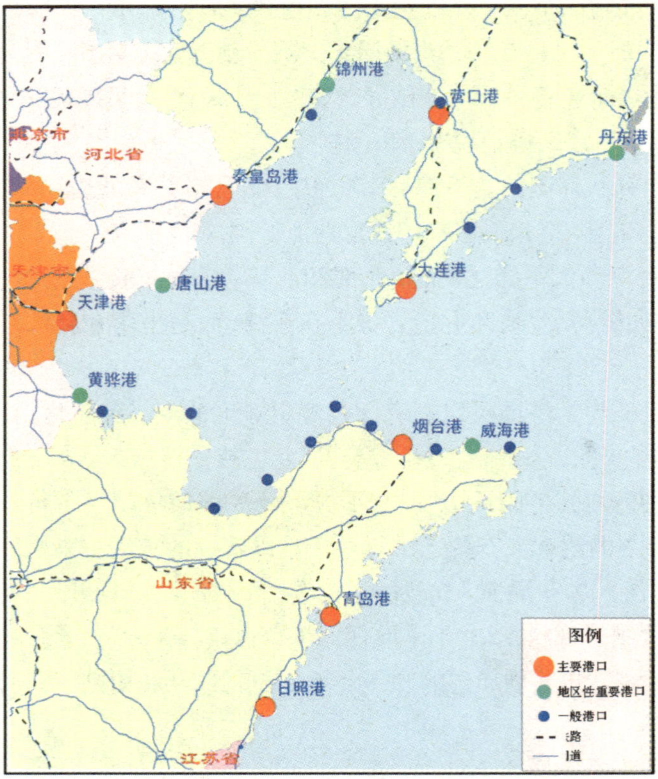

环渤海港口布局

水道，北面最大的老铁山水道的入口宽度只有 22.5 海里，小于 24 海里，根据《联合国海洋法公约》，渤海水域“应视为内水”。

3. 根据国际法承认“历史性海湾”的实践。渤海几千年来一直在我国公开的、不间断的有效管辖之下，并被外国政府所公认。如 1864 年，中国清朝政府曾依据渤海系“中国专辖中内洋”，有效地处理了普鲁士军舰非法在我内海内拿捕丹麦商船的国际事件。法国、挪威、加拿大和俄罗斯都有宽度大于 24 海里的历史性海湾，一直被国际社会所确认。

4. 渤海是“京津门户”，是对我国经济和国防有着“极端重要性”的海域，根据国际惯例，也可以作为内水。

所以，关于我国海域的正确表述是：中国大陆毗连西太平洋的四个边缘海——渤海、黄海、东海和南海，其中渤海是中国的内海。黄海、东海和南海是中国与周边国家共同的边缘海，中国在这三个海域中拥有领海、专属经济区和大陆架。中国管辖海域的面积近 300 万平方千米。

碧海行动救渤海

渤海难见碧海

渤海是一个典型的半闭海，位于环渤海经济区的中心，在我国经济发展中占有重要的地位，四周城市密布，工农业发展迅速。海港条件优越，占有全国14个开放城市中的5个，港口密集度为全国第一，海湾港口总吞吐量占全国吞吐量的45%。

渤海面积为77 284平方千米，沿海滩涂面积900多万亩，占全国沿海滩涂面积的1/3。10米水深以内的浅海面积15 800平方千米，约占渤海面积的20%，10米~20米水深约26 000平方千米，占渤海面积的33%。湾内主要分布着渤海湾、莱州湾和辽东湾三个大海湾，湾内深度较浅、地势平坦，平均水深为18米。

昔日渤海鱼仓

昔日水清物丰 昔日渤海，水清、景美、物丰，海面平稳、温度适宜，是经济鱼虾理想的产卵场、索饵场、育肥场和洄游通道，故有“天然养鱼池”和“海上盐仓”之称。海湾内盛产驰名中外的中国对虾和渤海特有的铁钳蟹，比目鱼、小黄花、带鱼、河豚、毛虾、鲈鱼、鳓鱼、真鲷、梭鱼、银鱼、海参及鲍鱼等海珍品资源都十分丰富，主要经济贝类毛蚶、文蛤、四角蛤蜊、牡蛎也闻名遐迩。

污水不断流进海湾

目前污染严重 目前渤海环境污染日益严重，鱼虾产量逐年下降。渤海的污染源主要来自辽东湾、渤海湾和莱州湾，它们附近分布着近百条大小河流，形成了整个环渤海地区的排水网络。据2004年统计，渤海周边40多条主要河流排放着占全国总量32%的工业、生活废水，污染物占全国的48%，陆源污染占渤海污染总量的80%以上。大量污水、污物源源不断流进渤海，造成严重污染。

辽东湾及其附近分布着秦皇岛、锦州、营口和大连等工业城市。秦皇岛市每年有9 000吨有机物和13.4吨铬、砷、汞、铅等重金属排入渤海。锦州湾内的重金属污染物几十年来累计达4万多吨，其污染深度、浓度在国内外均属罕见。

渤海湾是北京、天津和唐山市的出海口，单是天津市每年排放的工业污水就有约3亿吨，排放生活污水约1亿吨。据统计，每年排入渤海湾耗氧有机物29.7万吨、石油1.04万吨、磷酸盐638吨、酚241吨、氰15吨、砷26吨、汞0.2吨、铬43吨、铅4吨、镉0.4吨和六六六农药106吨。

据近几年统计，渤海每年接纳着各种途径流入的工业和生活废水达40亿吨，污染物近100万吨。1992年污染面积为25%，1997年达到了56%，导致生态环境系统退化，生物资源衰竭，海洋灾害频繁，局部功能丧失，危害触目惊心。

1998年渤海大面积赤潮

昔日美丽富饶的渤海，今天已经面目全非，湾内沿岸217个排污口，日夜不停地排放着污水。站在岸边看海，只见浑浊的海浪卷起灰色的泡沫，冲击着狼藉的漂浮物，散发着难闻的臭气，令人反胃。

据资料分析，现在渤海底层的水产资源只有20世纪50年代的1/10，局部海域已成“死海”，赤潮频繁发生，范围越来越大，鱼虾污染危及人类，渔民的发病率也比农民高。

濒临“死海”

碧海行动计划 2001年，在国务院、沿渤海四省市政府和人民的关心、支持下，国家环境保护总局联合国家海洋局、交通部、农业部和海军，制订了“渤海碧海行动计划”，国家总投资555亿元，实施427个项目，涉及河北、天津、辽宁、山东辖区内13个沿海城市和渤海海域，是中国最大的海洋环保工程，要给子孙后代留下一个美丽、繁荣、健康的渤海。

海洋监测专家指出，渤海环境污染程度已经达到临界点，如不坚决采取措施遏制继续污染，10年后渤海将成为地球上第二个“死海”。即使从现在起不再向渤海排进一滴污水，单靠其自净自然恢复生态，至少需要200年才能够“水清鱼归”，这是多么巨大的代价呀！

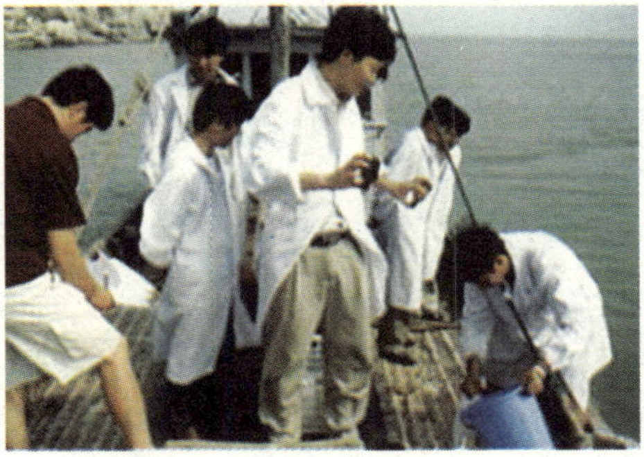

检测水质

“碧海行动”实施后，经连续监测表明：渤海陆源污染排放总量有所下降，化学需要量（有机物污染的指标）、磷和石油类的排放量均有所下降，赤潮次数明显下降。但渤海的海洋污染情况依然严峻，需要大家继续努力，“拯救渤海”行动任重道远！

第十四章

哪是中国最北大港

NA SHI ZHONG GUO ZUI BEI DA GANG

图们江

“金鸡、金嘴、金三角，
珲春你好。
你是东北亚的好望角，
你是图们江的金哨哨。”

中国历史上曾是日本海的沿岸国，后来沙俄强迫中国签订不平等条约，夺取了中国黑龙江以北、乌苏里江以东100多万平方千米的国土，使中国丧失了库页岛和良港海参崴，也失去了图们江的出海口，使中国的海岸线北起点大幅度地南移至鸭绿江口。

但不要忘记，图们江属于“国际河流”，中国拥有通海航行权。图们江畔的珲春市，当年曾是年通千艘轮船的中国最北方的大港。

现在世界进入了“海洋世纪”，海洋及通海江河都是国家经济发展的重要资源。应该明确：吉林省的图们江才是我国最北的出海口。图们江将会在中国东北地区和整个东北亚地区的经济发展中发挥积极作用。

中国痛失日本海

古代中国的版图像一片丰满的桑叶，东北部一直拥有着黑龙江——乌苏里江流域的广大国土，毗连鄂霍次克海和日本海，拥有漫长的北方海岸线和库页岛。

清朝乾隆皇帝本着"开边黩武，朕所不为，而祖宗所有疆宇，不敢少亏尺寸"的筹边政策，想通过外交努力，实现"画界分疆"以稳定疆域。清政府与邻国签订的第一个边界条约就是1689年的《中俄尼布楚条约》，确定外兴安岭为"中俄永久边界"，黑龙江是中国的内河，日本海的西北沿岸陆地有广阔的中国领土和漫长的海岸线。

当时，沙俄虽然是世界上国土面积最大的国家，但它北部濒临北冰洋，冰雪严寒，难于活动；南部海域均被群岛遏制，进出受控。为打破不能直接通向大洋的地理限制，俄国统治者竭力寻找通向太平洋的出海口，为其扩张政策服务。建设强大舰队，寻找优良军港，打通出海通道，建立强大帝国，是俄国的既定战略。东方中国广阔国土，是其觊觎的侵略目标。

1858年春，俄国人趁英法联军进攻天津、威胁北京之际，来了个"背后插刀"。东西伯利亚总督穆拉维约夫率领70多艘军舰，官兵万余人，闯过中俄边界，大举入侵黑龙江流域，武力胁迫中方重新谈判划界，迫使清政府草签了非法的《瑷珲条约》，强占了黑龙江北岸60万平方千米的国土。接着又强占了黑龙江与乌苏里江交汇处的重镇伯力，改名为哈巴罗夫斯克。1860年6月，又非法强占了中国北方滨海城市海参崴，改名为符拉迪沃斯托克，意为"控制东方"。

俄国侵占的海参崴，成为俄国远东地区最大的港口、西伯利亚大铁路的终点站，是俄国东方最重要的海军基地和北方航运的重要转运港，直至今天，海参崴依然是俄罗斯太平洋舰队和航空兵司令部的所在地，具有重要的战略地位。

1860年，俄方使用卑鄙伎俩，逼迫清政府秘密签订了《中俄北京条约》，不仅将《瑷珲条约》中黑龙江以北60万平方千米国土正式划归俄国，还吞并了乌苏里江东岸、连同库页岛在内的40万平方千米中国国土，并阴险地将图们江的出海口随手划到了"距江口20华里"处，使我国失去了日本海沿岸的最后一块国土和

中国痛失图们江出海口

图们江的出海口。

尔后，俄国在已经军事占领的现实下，又强迫清政府签订了《中俄勘分西北界约记》，夺取了中国境内的巴尔喀什湖等三个大湖及其周围44万平方千米的沃土。再加上明抢暗偷，又抢夺了中国9万平方千米土地。

就这样，在不到半个世纪时间内，通过三个不平等条约，沙俄抢夺了中国153万平方千米、相当于四个日本面积或六个多英国面积的国土，窃取了中国最北方的出海口，将中国挤出了日本海和鄂霍次克海。

2004年10月，中俄两国根据1990年签署的《中苏国界东段协定》，又签订了《中俄国界东段协定补充协定》，两国最终确立了中俄两国东部国界，达到了“政治互赢，均衡合理”，以往的边界争议已成为历史。

图们享有出海权

由于清政府的腐败无能，中国痛失大片日本海沿岸国土和图们江的出海口。但广大爱国人士为维护国家权益而进行着艰苦卓绝的斗争，当时的中方勘界使臣、清政府北洋事宜大臣吴大澂便是一个杰出的代表。他“一寸土地尽寸心”，“不惮烦而斤斤与俄官争尺寸之土”，对俄使“按刀而入”、“胁之以兵”的蛮横狡诈行为，毫无惧色，“俄方带兵几名，我亦带兵几名”，进行了针锋相对的斗争。在谈判中，吴大澂首先力争俄国归还图们江口北岸地区，以恢复中国在图们江上的出海口；俄使蛮横拒不接受，吴大澂便力主保证中国在江上的出海通行

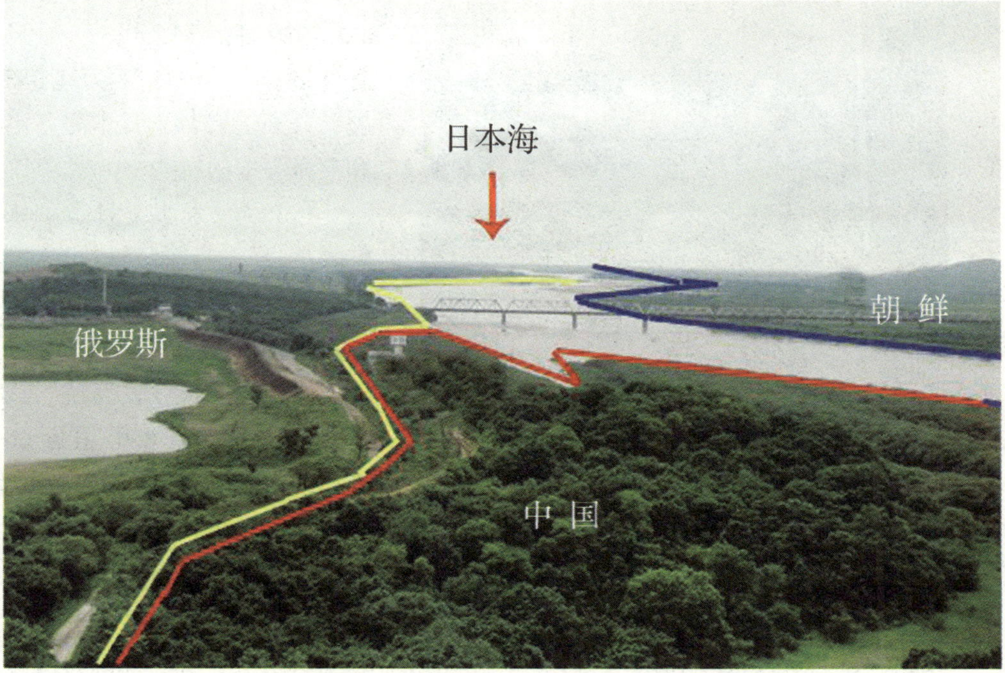

图们江边“一眼望三国”

权。他亲自主持勘界，发现俄方偷偷将界碑立于距江口46华里处。经过艰难的交涉，迫使俄方将界碑向海口方向退出了16华里，立于距出海口30华里处，收回了部分失土。中方全长520千米的图们江在中、朝边境流过505千米后，最后15千米成了俄、朝的边界，中国痛失图们江的出海口。

为争得图们江的出海航行权，吴大澂与俄使“费尽唇舌，竭数月之力”周旋，终于在1886年达成协议：俄国承诺在图们江下游30华里之江面海口，“如有中国船只由图们江出入者，不可拦阻”。吴大澂感到，在“吉林海口均已归入俄界的情况下，能得此转机，虽不能作中俄公共海口，而珲春本地商船、渔船可以出入自由，不必向俄官领照，较我方便”。

根据现代国际法：流经数个国家领土的通海河流，为便于国际贸易，一律实行国际化，对外国船舶开放航行。所以，我国在图们江上拥有无可非议的通海航行权。

中国政府一直在维护和使用着图们江上的航行权，《清史稿》中就有“吉林浚图们江航路通于海”的记载。当年的珲春是一个十分繁忙的港城，有不少海运公司，密布沿江码头。据记

图们江"俄朝大桥"

载，1929 年出入珲春的船只有 1 500 艘，1931 年为 1 383 艘，开通了吉林到日本海各港和上海等地的航线。

1938 年，发生了日、苏"张鼓峰战役"，日军竖桩封江，我国行使了 52 年的通航权被迫中止。1952 年，苏联和朝鲜在封江处建造了"苏朝铁路桥"，该桥全长 530 米，有 8 孔，孔距 60 米，水面至桥底高度 9.6 米，左起 2 至 4 孔为通航孔。这就进一步限制了中国在图们江上的航行权。

直至 1990 年 5 月 28 日，中国政府通过外交途径，得到俄、朝两国政府支持，中国一支船队由防川出发，出图们江驶入日本海，宣告中断了 52 年的中国在图们江上航行权的恢复。1992 年 3 月《中俄东段边界协定》生效，我国自由出入图们江的通海权正式恢复。

开发图们好机遇

图们江是中、朝、俄三国的界河，有"一眼望三国"的优越地势，素有"鸡鸣闻三国，犬吠惊三疆"之说。珲春濒江临海，雄山托绿水，林海藏珍奇，是少有的国际经济潜在发展地区。

1991 年 10 月 24 日，联合国开发计划署宣布：用 20 年时间，投资 300 亿美元，将图们江地区建成一个可与鹿特丹、香港媲美，与庞大工业发展计划相联系的全球物流、金融中心。1991 年 11 月 18 日，国务院批准珲春为与深圳、珠海比肩的甲级开放城市。好消息如雷贯耳，振奋了吉林人，鼓舞了中国人。

时任国务委员的宋健曾比喻："我参观过比利时的安特卫普港，那是一个距离海岸 100 多千米的内陆港，港区全是内陆挖出来的。比利时人挖了 100 年，挖通了经过荷兰的出海口，1997 年便建设成了一个亿吨吞吐量、仅次于鹿特丹的世界级大港。中国的图们江段只离日本海 15 千米，研究图们江通航，力争利用百年难逢的机会，取得对后代有利的结果，则中华民族幸甚。”

“图们江”越来越受到重视

国际性开发，决定于各国的利益和兴趣。东北亚区域的经济总量约占全球经济总量的五分之一，开发图们江流域，对推进经济一体化有不可估量的作用。中、俄、朝三国有着客观的共识：开拓、疏浚河床，挖掘图们江的通航潜力，共同开发图们江流域，图们江可以成为促进三国经济发展的“黄金水道”。应进一步把中国东北地区、俄罗斯远东地区、日本列岛和朝鲜半岛构成环日本海经济区，使之成为推动整个东北亚经济高速发展的“金三角”。

但是，由于图们江周边国家社会制度不同、经济发展水平不同、市场化程度不同，甚至有些意识形态不同，因此对共同开发有着各自不同的利益和观点，这在实施具体项目上会产生一些分歧。于是图们江开发“光打雷不下雨”，十几年过去了，深圳、珠海已发展为世界知名的新兴城市，图们江开发还是湍流着“泡沫”。

2003 年 10 月，中国国务院总理温家宝、日本首相小泉纯一郎、韩国总统卢武铉在印度尼西亚巴厘岛发表《中日韩推进三方合作联合宣言》，其中对发展图们江下游国际经济合作，建设好东北亚金三角，达成了共识。现在，中、朝、俄、韩、蒙五国已经签署了开发图们江地区的多个国际协定，开始政府间的经济合作，一个以图们江为中心的新经济区将出现在东北亚。

“创造好环境，引得凤凰来。”从我国提出图们江国际合作开发到现在，从中央到地方累计投资已达 50 亿元人民币。经过 18 年的不懈努力，图们江地区的基础设施得到了很大的改善。吉林省珲春市由过去一个名不见经传的小城镇变成了一个经济繁荣的口岸城市，已经成为开展边境贸易、劳务输出、共同开发、共同发展的经济合作区。

现在，全球经济交流融合步伐不断加快，深化东北亚区域合作的时机和条件已经具备。我国将同相关国家共同努力，开创图们江地区国际经济合作的新篇章。

著名歌唱家李玲玉纵情歌唱："金鸡、金嘴、金三角，珲春你好，你是东北亚的好望角，你是图们江的金哨哨。"我们相信，在 21 世纪，一个"东方的安特卫普港"将出现在中国和世界的地图上。

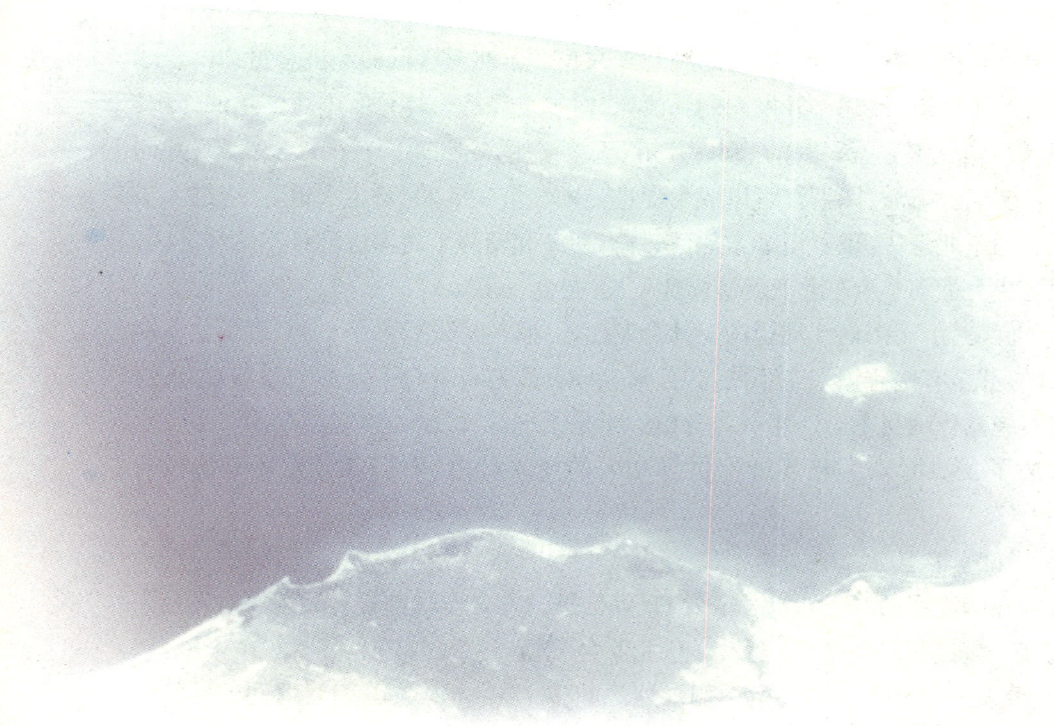

第十五章

“南天”海洋观测站

保卫永暑礁主权

1988 年，中国应联合国教科文组织要求，在南沙群岛永暑礁建立了海洋观测站。此举既利于和平利用海洋，又维护了国家海洋主权。

南海观测第一站

我国南沙群岛地区水域广阔，岛礁密布，船只往来频繁，是太平洋上重要的国际航道。这里热带风暴和台风活跃，掌握该区域的水文、气象资料，对保障船舶航行安全，加强国际水文、气象资料交流，具有重要意义。

1987 年 4 月，联合国教科文组织政府间海洋委员会第 14 届年会在法国举行，决定建立“全球海平面观测网络”，根据合理的网络地域分布，要求中国建立 5 个海洋观测站，其中，在中国海域中的西沙群岛和南沙群岛上各建一个，由中国管辖和观测，所获观测资料国际共享。

1987 年 5 月 15 日，中国海洋科学调查船“向阳红 5 号”奔赴南沙海域，进行

最初的守礁“高脚屋”

选点勘察工作。考察队对南沙进行了地形、水文、气象、化学和生物等方面的仔细勘探，最后决定在永暑礁上建立南沙群岛第一个海洋观测站，也是中国南天国门的第一个观象台。

站址选定后，考察队在永暑礁立下了主权碑，上面镌刻着：“中国国家海洋局南沙考察队考察南沙永暑礁　一九八七年五月二十五日立”。

海底崛起科学城

永暑礁位于南沙群岛的中部，东经 112 度 53 分、北纬 9 度 32 分处，北距海南岛的榆林港 565 海里，东北距太平岛 102 海里，西北距越南金兰湾约 250 海里，周围海区空旷，不受陆地影响，是南沙群岛设立海洋观测站的最佳位置。该礁呈长椭圆形，长约 27 千米，宽约 8 千米，是一个珊瑚环礁，中间有一个水深 20 米的潟湖，有十几个几平方米大的礁石露出水面，礁盘比较平

永暑礁海洋观测站

坦，高潮时多淹没在0.5～1米水深以下，水面上只能见到一块4平方米的礁石。礁区环境极为险恶，不时承受狂风巨浪侵袭。

要想在这样的条件下建起一座现代化的、符合国际要求的海洋观测站是相当困难的，需要在坚硬的珊瑚岩礁上开凿挖通航道，在潟湖上填筑人造陆地，修建港池码头，建设观测站、实验室、直升机平台和住房。

1988年1月，广州港汽笛长鸣，中国人民解放军海军编队，在永暑礁海洋观测站建设工程海上指挥员徐振中将军率领下，浩浩荡荡驶向南沙群岛永暑礁。

经过半年的艰苦奋斗，建站人员终于在水中建起了一座面积为8 080平方米的白色人工岛，盖起了一幢1 000平方米的两层楼房，用作海洋观测站，楼顶平台上装置着卫星云图接收天线、气象雷达天线和气象百叶箱等观察设备，人工岛的东侧建有可以停靠千吨级舰船的深水码头，防浪堤环绕着平静的港池。

一直在永暑礁建站第一线指挥的徐振中将军深情地说："南沙是祖国最远的海洋国土，能在这里干一点事业，有益于国家和子孙，算我一生中最有意义的事业了。"

1988年8月2日，举行了永暑礁海洋观测站落成典礼，大楼顶上五星红旗高高飘扬，大幅标语牌上写着：今朝立业南沙，千秋有功国家。

历史作证，在半年时间内，一座设备俱全的海洋"科学城"从海中崛起，永暑礁的建设者创立的南沙千秋大业，人民不会忘记。

辛勤观测

海洋信息播天下

现在，中国南沙永暑礁海洋观测站成为"全球海平面观测网络"的重要站点之一，也是中国在南海上最重要、最先进的海洋观测站。它装备有先进的自动化观测系统，可以进行连续的潮汐、波浪、水温、盐度、风速、风向、温度和湿度以及其他海洋气象要素的观测，定时将全天候的观测报告通过无线电波传向联合国有关机构，传向太平洋平均海面组织，传向全世界，填补了南海地区海洋资料的空白。

永暑礁海洋观测站的建成和使用，是中国政府在中国的国土上为联合国及全人类作出的贡献，为太平洋上最繁忙、最复杂的南海地区新增了航海、航空的导航站和南海捕鱼、国际救助的避风港。永暑礁又是中国在南沙行使主权的体现和国防的前哨。永暑礁上的居民，既是海洋气象科技工作者，又是守卫祖国南大门的卫士，他们在环境恶劣的海岛上艰苦地工作，为祖国和世界和平利用海洋事业默默地奉献着。

第十六章

太平洋上的“中国地”

大洋之美

中国“大洋协会”在北京发布消息：根据《联合国海洋法公约》，中国正式拥有一块深海“矿区”。

时间：1991 年 3 月 5 日

地点：美国夏威夷岛东南方向

面积：7.5 万平方千米

开发大洋的“奖品”

世界正朝着和平与发展的方向前进，但却受到人类发展自身带来的人口增长、资源短缺和环境污染问题所困。“向海洋进军”，则是摆脱发展中的困境和实现人类可持续发展的有效途径。海洋问题的核心是经济，而海洋经济的源头是资源。由于人类无节制地开发陆地资源，地球已不堪重负，亮出了“黄牌”，一些人类发展必需的资源即将枯竭，在这种情况下，人们把眼光转向了海洋。

发现深海宝藏 21 世纪是“海洋世纪”，是人类全面认识、开发利用和保护海洋的新世纪。经过全世界海洋科技人员几十年的辛勤探索，人们惊喜地

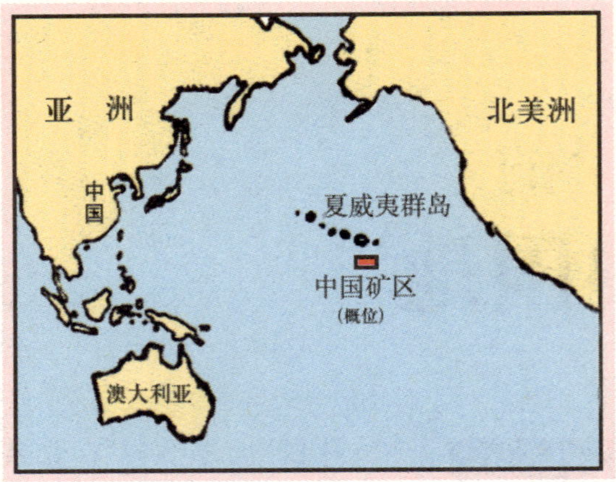

太平洋中的"中国地"

发现，大洋中的千米深海，是人类尚未开垦的"处女地"，是富甲全球的"聚宝盆"，仅太平洋海底蕴藏的多金属结核就达1.7万亿吨。这些并不显眼的"海底土豆"——多金属结核，便是可以满足人类可持续发展的新资源，足够开发千百年。

占世界海洋面积65%的大洋海底矿产资源，其中多金属结核、富钴结核、"可燃冰"等深海矿产资源，可望在21世纪30年代后进入商业性开采，以替代或补充日益枯竭的陆地资源，成为人类可持续发展的重要物质基础。

然而，深海矿物资源隐藏在大洋海底，水深一般在5 000米左右，环境复杂，海况多变，开采难度极大，需要造船、运输、导航、电子、遥测、自控、水声、水力、光学、物化和环保各领域高技术的综合运用。

鼓励各国开发　联合国为解决人类资源短缺的后顾之忧，在《联合国海洋法公约》中建立了一种鼓励制度，动员各国开发深海资源。规定谁先在大洋里选择、勘探两块15万平方千米的矿区，查清楚海底资源的分布情况，提供给联合国设立的"国际海底管理局"，谁就可以获得"先驱投资者"资格。管理局将其中一块矿区分配给"先驱投资者"作为"开辟区"，再经过8年的开辟活动，将分配区域的50%面积交还给联合国，作为"人类的共同继承财产"，其余50%面积的矿区"奖励"给"先驱投资者"。也就是说，"先驱投资者"国家可以获得其中7.5平方千米海域的排他性开采权。

喜获"中国地"　中国从1976年开始，便正式派遣海洋调查船对太平洋赤道附近的海底区域进行深海资源勘探，并多次在4 214～5 443米处采集了多金属结核。1990年，中国大洋矿产资源研究开发协会成立，负责组织、协调全国对国际海底区域的研究开发活动，并向联合国海底筹委会申请矿区登记。1991年3月5日，申请获得批准，中国成为继法、日、俄、印之后的第5位"先驱投资者”。

中国以“先驱投资者”资格获得了深海矿物资源十分丰富的7.5万平方千米面积的矿区，进行专属勘探和优先开采，在太平洋上获得了一块“中国地”。矿区地址：北太平洋克拉里昂－克林帕顿断裂带，在夏威夷岛的东南方向，西经138～157度、北纬7～14度海域。这是中国走向大洋深海，向海洋强国迈出的坚实一步。

高新科技是基础

深海资源开发是一项用高投入、高科技、高风险来获取高效益的新型产业，高科技是开发深海资源的基础。1990年，中国国务院决定将大洋多金属结核资源勘探开发作为国家长远发展项目，给予专项投资。

现在，我国拥有现代化的“大洋一号”、“大洋二号”远洋科学考察船，装备着先进的多波束测深系统，由侧扫声呐、浅地层剖面仪、测深测高声呐、深海摄像机等设备组成的6 000米深海拖曳观测系统，又研制了6 000米、7 000米自治水下机器人，并在深海试验中获得成功，还发射了两颗海洋卫星。我国具备了对海沟以外占世界海洋面积97%的大洋海底进行精确、高效、全覆盖观察、测量的能力，并能精确绘制深海矿区的两维、三维海底地形地貌图。

功勋卓著的“大洋一号”

目前，我国已完成由资源库、环境库和文件库组成的“大洋矿产资源研究开发数据库”建设，能及时掌握和交流世界大洋地质、资源和环境资料，推动了中国海洋科技的发展，缩短了与海洋先进国家间的差距，为进一步开发大洋资源奠定了强有力的技术基础。

千秋大业振中华

虽然大洋海底资源目前还是一种潜在资源，但在2.3亿平方千米的广阔海域中，蕴藏着数量巨大、矿石品位很高、并可缓慢增长的新矿种，对于人类可持续发展具有非常重要的意义。大洋海底一旦进入大规模商业开采，必然成为下一轮世界海洋激烈争夺的新领域。

中国向深海进军，成为深海资源开发的“先驱投资者”，具有极为重大的意义。中国进入国际海底管理局理事会和国际海洋法庭，为开发利用国际海底资源作出了贡献，也有利于维护中国开发国际海底资源的应有权益和民族利益。

1991年8月28日，联合国总部举行隆重仪式，秘书长亲自向中国驻联合国大使李道豫和中国政府代表团团长陈炳鑫签发了“先驱投资者”证书。当年，李道豫的爷爷李鸿章噙着眼泪，以颤抖的手，每签一次字，便丧失一片国土。今天在联合国大厦，众人向中国祝贺在太平洋拥有一块“中国地”，意味着历史的改写，每个中国人都会和李大使一样为中国翻天覆地的变化而感慨万分。

联合国秘书长向中国签发“先驱投资者”证书

当年，国土丧失，资源被掠；今日，开发海洋，富民强国。国人不会忘记那些执行深海考察任务，在大洋上拼搏几十年，甚至牺牲了生命的现代“海洋人”，他们为中国的海洋事业所作的贡献，功在今朝，利在千秋。

第十七章

中越“海上第一界”

ZHONG YUE “HAI SHANG DI YI JIE”

宁静的北部湾

海上划界涉及国家主权，
是当今世界的复杂难题。
中越划定“海上第一界”，
为处理海洋事务树立典范。

2004年6月30日，在越南首都河内，“中越边界谈判”中国政府代表团团长、中国外交部副部长王毅与越南政府代表团团长、越南外交部副部长武勇分别代表本国政府，互换了《中华人民共和国和越南社会主义共和国关于两国在北部湾领海、专属经济区和大陆架划界协定》批准书。同时，两国外交部就《中华人民共和国和越南社会主义共和国政府北部湾渔业合作协定》生效事宜交换了照会。至此，中、越两国政府划定的北部湾海上边界正式生效。

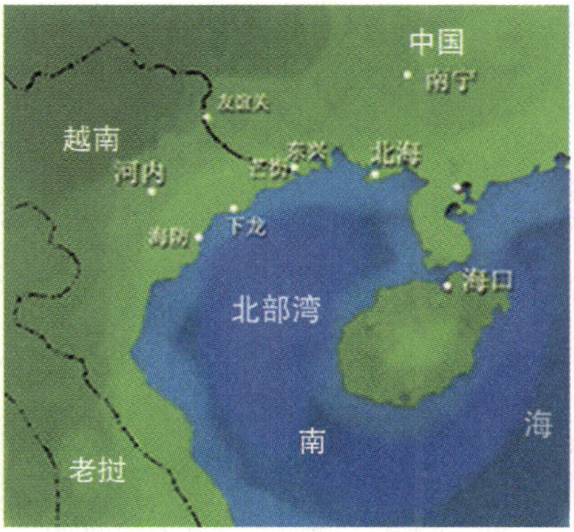

北部湾形势

漫长的边界谈判

北部湾是中国广西、广东、海南三省区陆地与越南国土共同环抱的一个半封闭海湾，面积约 12.8 万平方千米，湾口最大宽度达 112 海里。中、越两国在北部湾既相邻又相向，历史上从未进行过海上边界谈判和划分过北部湾疆域分界线。20 世纪 60 年代以前，中、越双方只按各自宣布的 12 海里领海宽度进行管辖，湾内资源共用共享，一直相安无事。

20 世纪 70 年代后期，中越关系恶化，海上渔业纠纷不断。90 年代以后，中越关系好转，但双方渔业纠纷仍时有发生，亟须共同商讨北部湾的渔业资源分配和建立正常的捕鱼秩序。

1994 年《联合国海洋法公约》正式生效，海洋形势发生巨大变化，沿海国可拥有宽度为 12 海里的领海、200 海里的专属经济区。然而，北部湾是个比较狭窄的海湾，最宽处也不超过 180 海里，整个北部湾均为中、越权益主张的重叠区。如果北部湾没有一条明确的分界线，双方渔民的传统捕鱼权受到冲击，渔业纠纷日趋增多，经济开发无法进行，必然影响到国家关系。

1974 年初，经中、越两国政府磋商，决定举行北部湾划界谈判。1974 年两国在北京举行了第一轮谈判，1977 年至 1978 年又进行了第二轮谈判，但都由于双方立场相差甚远，都是无果而终。

北部湾沿岸的旅游胜地

1991 年，两国实现关系正常化，中国为建立两国和平、友好睦邻关系作出了不懈努力，越南提出了“长期稳定、面向未来、睦邻友好、全面合作”的 16 字方针，共同营造了良好的合作氛围。中、越双方都认为尽早解决包括北部湾在内的边界问题的时机已经成熟，启动了北部湾第三轮划界谈判。

从 1992 年至 2000 年，双方共举行了 7 轮政府级谈判、3 次政府代表团团长会晤、18 轮联合工作组会谈，平均每年举行 6 轮各种谈判和会谈。北部湾划界谈判前后历经 27 年，终于达成了共识，签订了两国间的《北部湾领海、专属经济区和大陆架划界协定》和《北部湾渔业合作协定》，并且分别经中国全国人大、越南国会批准，完成了立法手续，直至双方换文、《协定》生效。

广泛的谈判内容

边界谈判，划定疆界，涉及国家主权和民族利益，是十分艰难的过程。《联合国海洋法公约》确立的海洋新制度与传统利益冲突较多，至今在世界上成功完成海上划界的极少。

由于中、越双方坚持和平解决的诚意，在两国领导人的关心和推动下，双方根据公认的国际法原则，按照公平原则，本着互谅互让、友好协商精神，经过长期、复杂和耐心的谈判，逐步解决了历史上存在的划界分歧。

双方主要根据北部湾的陆地海岸形势，划定北部湾的领海、专属经济区和大陆架的分界线。北起中、越两国的界河北仑河的入海口，南至北部湾的南口，共由 21 个坐标点连接成中、越海上分界线，全长约 500 千米。双方所得的北部湾海域的面积大体相当，实现了双方均满意的公平划界结果。

2004 年 8 月 9 日，“中越边界谈判”的中国政府代表团团长王毅和越南政府代表团团长武勇在中国广西的南宁市举行了特别会晤，双方重申：进一步增进互信，切实预防和妥善处理边界领土发生的问题。在北部湾按照两个《协定》进行管理，本着互谅互让精神，不采取过激和武力行动。在海上不采取任何导致问题复杂化和争议扩大化的行动，不诉诸武力或以武力相威胁，包括不对渔船使用武力。两国政府将把这条新的海上边界建设成和平、友好、合作的纽带，以造福于两国人民。

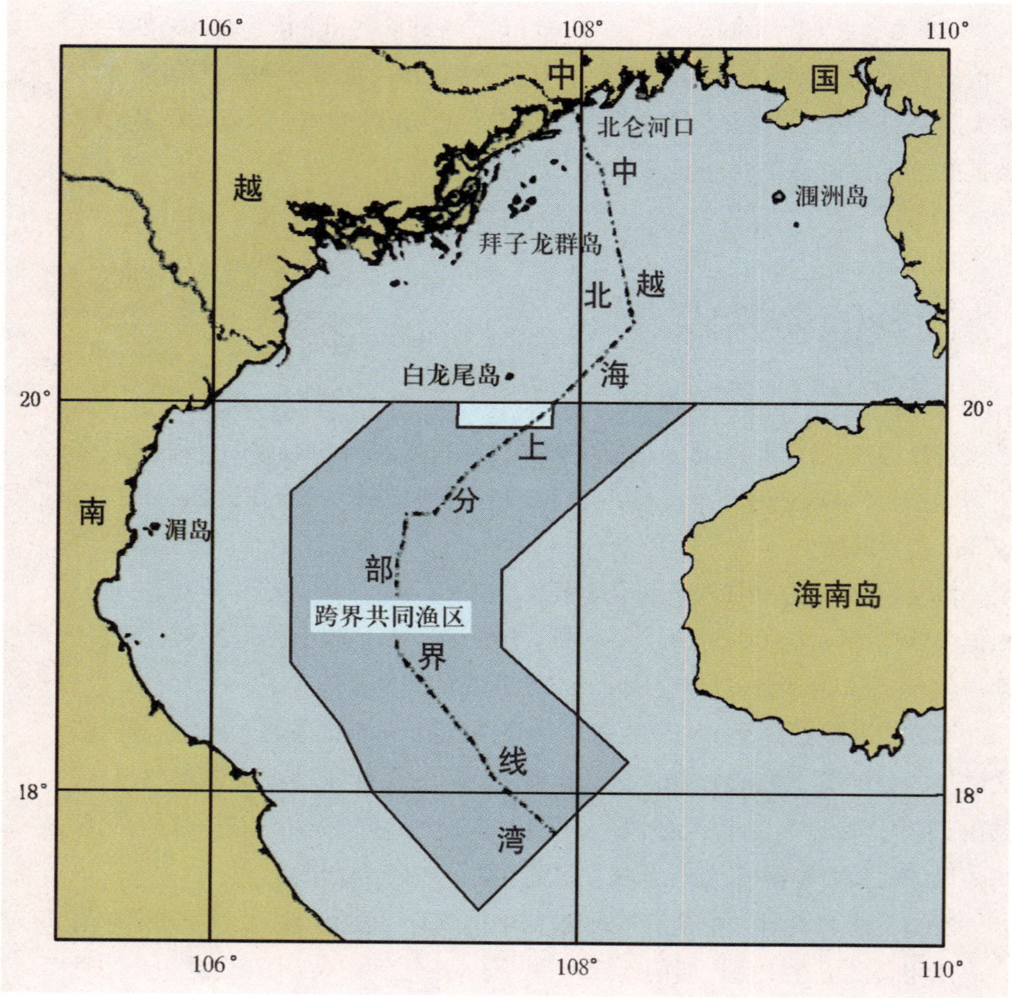

中越北部湾海上分界线示意图

示范东亚“第一界”

中国是一个海陆兼备的大国，历史上由于“重陆轻海”，海上国门洞开，曾被迫与外国签订了1 100多个不平等条约，失去国土340万平方千米，沦为半殖民地半封建社会。革命家孙中山曾痛切地说：“中国自与外国通商以来，同外国订立了种种不平等条约，将中国主权、领土送与外国。所以中国与外人订立通商条约之日，即中国亡国之日。”

新中国成立后，我国倡导国家间“和平共处五项原则”，同印度之外的所有邻国签订了平等、友好的陆地边界条约，建立了和平、友好的睦邻关系，为世界和平作出了贡献。

然而，在海洋方向，却存在着广泛的海域争议，我国主张的300万平方千米的海洋国土，一半以上有争议，存在着岛礁被占、海域被侵、资源被掠的严重问题。如何解决海域划界，是一个十分复杂的国际问题。

中、越两国《关于在北部湾领海、专属经济区和大陆架划界协定》是西太平洋产生的第一个国际海上边界条约，中越北部湾海上边界线是中国历史上第一条根据国际海洋法同外国正式划定的海上边界线，而且是世界上少有的根据《联合国海洋法公约》精神划定的海洋边界。这是中、越双方适应新的海洋法秩序、公平解决海洋划界的成功实践。

北部湾巡航

中、越两国签约，说明通过和平谈判，完全有可能解决好国际关系中长期存在的悬案，是当代国际关系中一个具有典型性的范例，将被列入世界海洋法律经典。北部湾划界为中国今后与其他邻国划分海上边界线积累了经验，对今后通过和平谈判解决海域划界问题具有示范意义，不仅有助于增进中国与周边国家的相互信任，也有利于本地区的和平与稳定。

第十八章

无垠的蓝色空间

大连海滨人潮涌

人类的生存发展需要资源，在陆地资源逐渐减少并亮起“黄牌”的情况下，人类“重返海洋”开拓“蓝色空间”，是一种必然的选择。

重返海洋之路

自从古生物进化到了人，人类便一直在陆地上生存、繁衍、发展，所以，十分自然地形成了人类依赖陆地的传统观念，把人类的起源和社会的进步统统记在陆地的功劳簿上。其实，地球是一个整体，海洋是地球的主体部分，如果没有海洋，陆地的生命运动也得停止，人类的生存与发展都离不开海洋。

人类不断地发现和开采资源，以满足生存的需要和取得社会的进步，由原始社会、农业社会步入工业社会。人们大量涌向物质条件优越、文化生活丰富的城市，求生存、谋发展，势不可挡。

19 世纪初，世界上超过 10 万人口的城市有 50 座，占世界人口的 2%；20 世

拥挤的城市

缓慢的车流

纪中叶，超过10万人口的城市有1 000多座，占世界人口的10%；进入21世纪，城市人口继续增长，预计将很快增加到占世界人口的60%。世界各地百万人口的新城市如雨后春笋般涌现，许多国家都拥有千万人口的城市。中国的北京、上海、广州正向人口更多、面积更大、现代化程度更高的特大都市迅速发展。

然而，城市人口剧增，也带来了许多社会问题，如交通拥挤、环境污染等等，影响着城市居民的生活质量。据世界保护自然基金会报告，由于目前人类对自然资源的利用已经超出其更新能力的20%，2030年后，人类的整体生活水平将会下降；到2050年，人类所要消耗的资源将是地球生物潜力的1.8至2.2倍，换句话说，那时候需要"两个地球"才能满足人类对自然资源的需求。

国家越发达，现代化程度越高，消耗的资源越大。人类挥霍无度地消耗资源，地球已经无力承担人类发展的需要，根本出路是寻找、创造一个比现在陆地城市更理想、更舒适的生活和生产环境，以"吸引"人类自愿地"迁徙"出去，并适应在新的环境中发展。

寻找新的空间，只有"上天、下海、入地"三条路。但"上天"价格昂贵，无法解决大规模迁徙问题，况且至今在宇宙中尚未找到另外一个适合人类居住的星球。"入地"，地下工程浩大，大量居民"入地"，生活和生产的前途渺茫。所以，只有海洋是最理想、最现实的可供人类大规模迁徙的巨大空间，海洋是人类天然的归宿。世界各国已经在大力开发沿海空间资源，正在设计和开拓远海生存空间，以解决人类发展中遇到的"地荒"问题。

拓展近海空间

古代人类就懂得“沧海变桑田”，围海造田、迁徙居住，逐渐走进了海洋。经过人类几个世纪开发海洋的实践和现代科技的发展，人类向海洋进行大规模的迁徙已是必然的趋势。现在人们已探索出各种将海洋变成“陆地”的途径，如开发海上发电站、海上机场、海洋公园、海上航天发射场、海底隧道、海底仓库、浮式海洋基地和人造海上城市等，使人类逐渐移居海洋。

营造浅海垸田 “筑堤隔水”建造垸田，是最简便而且适用于地势低洼地区的传统方法。欧洲西部的荷兰最为典型，全国27%的土地低于海平面，33%的国土只高出海平面1米左右，首都阿姆斯特丹就建在低于海平面5米的大湖上面。1953年，一场特大洪水，几乎使半个荷兰泡在水中，直接威胁到国家和人民的安全。荷兰人设计了新颖的“移动式拦洪堤坝”，1986年完工，不但解除了洪涝之忧，还可围取垸田增加国土面积。到1980年，荷兰开发海洋所增加的国土面积达4万多平方千米。

英国、比利时、德国、波兰、俄罗斯和美国也都在浅海和河口地区建有相当规模的垸田，以增加土地面积和弥补由于海蚀失去的土地。

向外延伸海岸 向外延伸海岸线，发展海上城市，是各国拓展海洋空间和努力扩大城市面积的普遍方法。

日本在大阪湾和东京湾建造了多个“人工岛”，开辟为工业区和商业区，建筑国际空港。日本在战后50年内，向海延伸新造陆地达2 000多平方千米。日本提出规划，今后还将建造700个人工岛。

“袖珍国家”新加坡，1966年独立时，只有581平方千米国土。经过填海造田，现在国土面积达618平方千米，增加了37平方千米。在新增土地上，建造了樟宜国际机场、全长35.5千米的高速公路和位于滨海广场的“旅馆城”。可以说，填海造田支撑新加坡实现了现代化。

我国深圳特区自1979年被国务院批准为地级市以来，通过填海造地扩大了城市规模，现在全市常住人口已经超过400万人。珠海1992年修建机场时，曾一次使用1.2万吨炸药，将海拔107米、长800米、宽500米的炮台山的一半约500万立方米的土石定向抛向大海，创造了人类移山填海的壮举。

长江三角洲，也扩展了数十平方千米的人造陆地，仅浦东新区，就造陆11平方千米。中国第三大岛——崇明岛，解放后由600平方千米扩展到了1 200平方千米，50年整整扩大了一倍。

建造桩基陆地 我国古代就有湖面立柱、筑屋居住的记载。在大洋洲、东南亚和南美的土著聚居区，至今尚能看到一些房屋建在水中柱子顶部的村落。20世纪60年代起，在欧洲的里海和北海的石油产区，筑起了"海上石油城"。美国在纽约建造了世界上第一座柱基式海上机场，在13米深的水中，打入3 072根柱子，在柱基上建立了现代化的拉瓜迪亚机场。

科学家认为，在占世界海洋面积10%的大陆架海区内，均可在百米水深处打桩，建造由数万根钢铁立柱支撑的"柱上城市"，可容纳数万至数十万人居住。这种建于桩基上的"柱上城市"广泛运用当代高新技术，可以有效地预测和消除台风、地震和海啸可能带来的灾害，有高灵敏度的传感器、电脑自动调节系统，保证"柱上城市"的平稳性，有便利的海空交通设备，与陆地来往自如，使"柱上城市"的居民享有比陆地城市更舒适的环境。现在，离人类普遍设计、应用桩基陆地已为期不远了。

一个可供3万人口居住的"柱上城市"的典型设计方案：

在海底每隔6米~9米的距离排列钢筋混凝土的立柱网，上面建立由陆地预制、到海上组装的巨大围堤，堤坝有16层楼高，高出水面10米，是"柱上城市"的主体建筑。围堤既是"人工湖"的防护堤，又是建立住宅、商店、医院、工厂、花园的主要部分。"柱上城市"由天然气发电厂供电。

围堤内形成一个平静的"人工湖"，湖内用锚固定的许多岛屿，最大的可达近千平方米，有三层楼高，可用于设立公益建筑、幼儿园、学校、文化娱乐场所等，围堤缺口用于海上交通。

围堤的设计极为讲究，集中着现代化高新技术，外侧建有防波堤，能够有效减弱波浪的巨大冲击力。防波堤形状建成50米高的"S"拱墙，使狂风袭来时改道上升，气流掠过"城市"上空，以减少噪声。

构筑“海上城市”

迪拜海上造陆

拓展蓝色空间的有效途径是构筑“海上城市”，营造一个适于人类居住、生产、休闲的良好环境，把数万、数十万人的整个社会搬到大海上，开辟一个新天地。

2002年开始，阿联酋的迪拜在波斯湾里成功地建造了“棕榈岛”、“地图岛”。由于建成奇特的海洋名胜而吸引游客，每天将数万人吸引至人造岛上，使迪拜的旅游业一下跃居世界领先地位，成为该国的重要经济来源，大大提高迪拜在世界上的地位，成为波斯湾上的璀璨明珠。

洋山深水港

上海人以创新精神，勇敢地实施“跨海建桥，海岛建港”工程，选择杭州湾以东30公里的大小洋山，建成具有50多个泊位的洋山深水港，突破了上海港没有15米深水港的“瓶颈”，改写了上海市不“上海”的历史，是中国走向海洋战略的标志性成就。

上海洋山大桥

日本的一个研究小组通过

分析得出结论：全球可建造 2 500 个、每个可以容纳 25 万人的“海上城市”，可从陆地向海洋移居 6 亿多人口，以缓解陆地城市人口过于拥挤的矛盾。

我国著名的海洋工程专家、中国科学院院士邱大洪指出：为了充分利用海洋空间，人们正在海洋上建造城市、发电站、机场、公园、海底隧道和海底仓库，21 世纪海洋上涌现能容纳 10 万以上人口居住的“海上城市”将成为现实。

建造浮动“陆地”

在浅海地区拓展空间是走向海洋的一个有效途径，但它受到必须依托陆地的限制。所以，向海洋索取空间的根本出路便是向更深的海域发展，可以完全摆脱对陆地的依托，建立名副其实的“海上城市”。

自从 1922 年世界上有了航空母舰，以钢铁的平台助一架架飞机升上天空，人们便思考如何在大海里建立更多、更大、用处更广的多样性平台，以满足人类对空间越来越大的需求。

海上漂浮机场 1975 年，日本在大阪湾南部建立了占地 1 100 公顷的世界上第一座大型海上漂浮机场，拥有 4 000 米长的主跑道和 3 200 米长的助跑道，海上设施带长 3 500 米。1999 年，日本又在神奈川县海面建成总长 2 280 米、宽达 120 米、厚 3 米的巨型钢铁飘浮机场。

美国人在 20 世纪 90 年代，采用“分段建造、拼接成场”的方案建设海上浮动机场。先建造 6 个舱段，各舱段是独立的“模块”；再将“模块”拖至所需海区，拼接成一个长 900 米、宽 90 米的机场，可以载机 200 多架，相当于3 艘现代化航空母

海上发射火箭

舰的载机量。

1999 年，美、俄等多国财团赞助，在位于中太平洋、夏威夷东南 2 400 千米处的海面上建成飘浮的航天平台，用俄制齐尼思·3SL 火箭，将一颗美国电视广播卫星发射上太空，开创了海上航天工程的新纪元。

海上“浮动城市”

海上超级巨轮 现在，各国科学家纷纷设计海上超级巨轮，美国“自由船国际公司”与洪都拉斯合作投资 80 亿美元，于 2004 年动工兴建迄今世界上最大的“海上城市”——“自由”号巨型豪华游船。该船高 25 层，长 1 000 多米，宽 230 米，可容纳 1.7 万个家庭和 2 万名游客居住，银行、医院、学校、商店、警队、法院和监狱一应俱全。它投入运营后，将成为世界上第一个海上“流动社会”。

据科学家预测，全球海洋洋面将会在 21 世纪上升 20 厘米到 90 厘米，这是非常令人担忧的。有的专家甚至认为，在全球气候环境越来越恶劣的情况下，地球很可能在 100 年甚至几十年后就变成一片汪洋，到那时，本来生活在陆地上的人类将失去栖身之所。为此，法国建筑师文森特·卡勒波特设计了一艘可供 5 万人同时居住的“未来版诺亚方舟”，它犹如一朵巨大的百合花盛开在海面上。

未来版诺亚方舟“丽丽派德”

这艘“未来版诺亚方舟”，正式名称叫作“丽丽派德”（百合花瓣），它呈圆盘形状，直径达1 000米，上面建有从几十米到几百米高低不等的建筑，犹如花瓣一样。“丽丽派德”的上半部分露出海面，与陆地建筑没有区别；而它的下半部分则浸没在水下，犹如船只一样随着洋流变化在海洋上四处漂流。“丽丽派德”将拥有世界上最大的海上体育馆、剧院、医院、公园、高尔夫球场，让“海上居民”就像居住在陆地上一样方便惬意。

在“丽丽派德”的中央，将有一个湖泊，它被三座“人造山脉”环绕，“人造山脉”表面的墙和屋顶几乎都经过了绿化，上面覆盖着草坪，并建有悬空花园。而“丽丽派德”水下部分的外壳为全透明材料制造，让居民随时都能在水下餐厅中一边进餐一边欣赏海底美景，从而实现“陆地生活”和“海底生活”之间的自由切换。

“丽丽派德”是一座可以自给自足的智能型生态人工岛，它将利用太阳能、风能、潮汐能等提供主要能源。它的水下部分是其生态环境中的重要一环，将育有大量海洋浮游生物和植物，以充分吸收分解居民生活产生的二氧化碳和废弃垃圾，并将之转换成有用的氧气和电力。住在“丽丽派德”中，人们甚至可以永远不再离开，一直过着舒适的生活。

由于海洋十分广阔和具有完整的生活链，将为人类提供更适宜居住的环境。人类移居海洋，将从根本上改变传统的生存环境和行为方式。海洋是大自然提供给人类的美好家园，是地球生命的最佳环境和归宿。

第十九章

富足的海洋食物

密集的沙丁鱼群

海洋生物资源非常丰富，
大海是人类的蓝色粮仓。
只要科学合理地开发，
大海就不会让人类挨饿。

一个沉甸甸的质疑

1994年，有一个叫莱斯特·布朗的美国专栏作家声称：到2030年，中国每年需要进口粮食2.3亿～2.79亿吨，是全球粮食贸易量的1.5倍，世界无法解决中国人的粮荒，中国必将出现粮食短缺，进而造成世界性的粮食危机。他写文章提出“谁来养活中国人”的问题，世界舆论哗然。

当时，国内外100多位专家、学者聚集北京研讨这个问题，一致认为：中国在占世界7%的土地上养育着占全世界22%的人口，这是对人类作出的巨大贡献，中国完全有能力继续养活好中国人民，而且过上小康生活。中国不仅继续以科学种田来提高粮食产量和质量，而且必须走向海洋，大力开发“蓝色食品”，改变食品结构和饮食习惯，提高人民的生活质量。

著名经济学家于光远从开发海洋的战略视野，提出了“大资源、大土地、大食物”的新概念，呼吁人类走向海洋，开发海洋生物资源。

等待出港的渔船

海洋食物丰富多样

陆地上适于农作物生长的沃土只有几十厘米厚，而海洋上可利用的水层深达千百米，在巨大的立体海洋空间里，蕴藏着比陆地上多得多的海洋生物。

南极磷虾

海洋里有鱼类、软体动物、虾蟹、海兽等18万种动物，蕴藏量达325亿吨，是陆地动物总量的3倍多。海洋中分布着2万种植物，总量达17亿吨；还有数量惊人的浮游生物和品种繁多的藻类。海洋中每年繁殖的海洋生物总量可达400亿吨，海洋可提供的食物为陆地全部可耕地所产粮食的1 000倍之多！

磷虾 南极南大洋中的磷虾资源十分丰富，蕴藏量达数十亿吨，其蛋白质含量高达50%，还含有人类需要的各种氨基酸。即使每年捕获7000万吨至1亿吨，也不会破坏生态平衡，可以提供世界1/3人口需要的蛋白质。

鱼类 根据统计分析：每年海洋鱼类的生长量约6亿多吨，不破坏生态平衡的可捕量为每年3亿吨，当今实际年捕获量约1亿吨。所以，只要坚持科学捕鱼，保持海洋健康的生态，鱼类食品是可以满足人类需要的。近几年发现，几种中层和深层鱼类的蕴藏量惊人，预测可提供的年捕获量竟高达5亿吨。

螺旋藻 科学研究发现，海洋中的一种螺旋藻蕴藏量极大，含有多种生理活性物质，具有明显的防癌、抗癌功能，能治疗多种疾病。螺旋藻的蛋白质含量高达65%，为牛肉的3.3倍、猪肉的4.2倍、鸡蛋的5.5倍，是含蛋白质最丰富的食物。螺旋藻还含有18种氨基酸和十几种维生素及多种矿物质。所以，螺旋藻被联合国推荐为“明天最理想和最完满的食品”。

美国已用螺旋藻制成了太空食品。墨西哥规定：儿童食品中必须含有5%螺旋藻。我国正在大力开发螺旋藻，以螺旋藻为原料的儿童食品、保健品已经上市，逐渐得到人们的认可。

长期以来，人类食物主要来源于陆地的植物产品和以植物为饲料的动物产品。随着海洋生物科学的迅速发展，人类越来越多地直接食用海洋食品，而且，陆地上的动物和植物的生长也将更多地依赖海洋生物。如：用海洋生物加工成的海带饲料、海藻粉、鱼粉等饲料，不仅数量巨大，而且富含牲畜生长需要的营养素和活性物质，可加速牲畜生长和提高畜产品的质量。

丰富的海洋藻类

海洋农牧前景良好

当我们开发“蓝色食品”，以满足人类对营养品的需要时，自然会想到鱼，因为目前海洋营养品中90%来自海洋鱼类。然而令人担忧的是，人类对海洋鱼类的捕捞量增长迅速，比人口的增长还要快。

1800年，全球人口近8亿，捕捞量为112万吨，人均1.4千克；

海上"粮仓"

1900年,全球人口15亿,捕捞量为400万吨,人均2.6千克;

1966年,全球人口33亿,捕捞量近6 000万吨,人均18千克;

2000年,全球人口60亿,捕捞量增至1亿吨,人均17千克。

尽管我们可以向远洋、深海和"两极"拓展,开发新渔场、捕获新鱼种,但由于捕鱼手段高度现代化,广泛应用电子捕鱼器、灯光诱鱼器、电子控鱼器及卫星探鱼器等捕捞手段,采用粗放型的追捕围捞方式,严重破坏了鱼类的生态平衡。而且,"狩猎"性的捕捞受自然灾害和人为因素的影响,年产量是不稳定的。

我们知道,人类文明进步的重要体现是:从采集野生植物进化到主要靠人工栽培优良的植物品种,发展了工业化的现代农业;从追捕猎杀野兽演变到饲养优良的动物品种,建立了现代化的畜牧业。同样,我们可以把巨大的海洋空间,开辟成海洋农场和海洋牧场,大大改变海洋经济的结构,开发"蓝色食品",充分满足人类对营养的需要,提高人类的健康水平。所以,开发"海洋农业、牧

螺旋藻养殖场

业”，对海洋生物实行“驯养”和科学捕捞，开创人类主动的、有计划的开发海洋生物资源的历史，也是人类社会海洋实践的重大突破。

建立“海洋农场” 海洋农场，当前主要从事人工栽培藻类和对其进行营养食品加工。可以说，整个海洋世界就是广阔的“海洋草原”，海里生长着各种藻类，海底的一种巨藻，长度可达 100 多米。在美国太平洋沿岸有一片“海洋森林”，其中一种海藻每年可生长 6 000 万吨。这类巨藻生长的海域面积要比整个欧洲大陆的面积还要大，对其进行人工培育、移植和控制，利用前途十分广阔。

螺旋藻虽是一种低等的微藻，但其营养成分无与伦比，是一种超级营养品。如果每天吃上 1 克螺旋藻，所获营养相当于食用 1 千克重的蔬菜和瓜果。现在美、日每年消耗近千吨螺旋藻，还将其制成了太空食品。人们应用现代生物工程，利用转基因克隆技术，使微藻实现了工业化生产。

创立“海洋牧场” 生物学家已经较精确地掌握了海洋动物的生活习性、生存条件和生长过程，为建立现代科学的“海洋牧场”创造了良好的条件。海洋中的各种鱼都习惯于生活在环境相似的海区或在

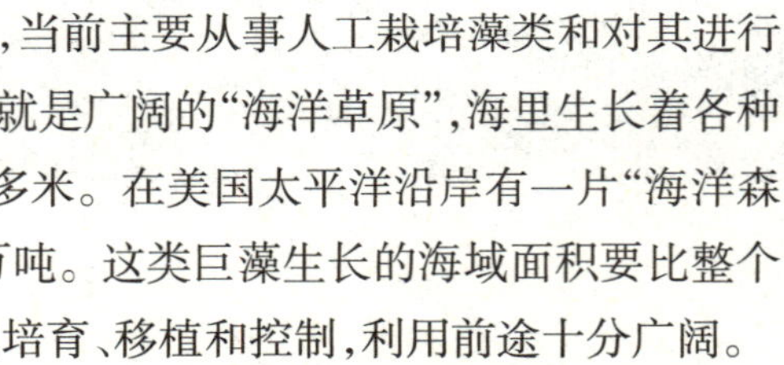

投放人工鱼礁

沉舰为礁

固定的洄游海域活动，使人工放牧成为可能。人类从驯养优良品种的海洋动物着手，变狩猎为驯养、放牧。

沉没在海中的飞机、舰船和废弃汽车周围往往聚集着大批鱼群，人们从中受到启发，建立人工礁让鱼类在此安家，使渔获量提高了 10～20 倍。

多年来，我国在饲养、驯化、移植经济鱼种和保护濒危珍贵鱼种方面做了很多努力。如成功引进欧洲的大菱鲆和美国的红鱼，有效地进行了"国宝"中华鲟的放牧试验。辽宁省在黄海北部将 10 亿多尾对虾苗放流大海，15 年共投入 8 000 万元，共回捕 2 万吨，产值 10 亿元，取得了较好的经济效益。

鱼类习惯在一定环境的自然生物"栅栏"中生活，人类可以用科技手段制造"气泡帷帐"、"电栅栏"，利用化学、声学等隔离方法进行"围养"，像牧羊一样把鱼群诱向饵料场或捕捞场。

放流鱼苗

人类掌握了海洋生物的习性，利用高科技手段，完全能把整个海洋变成世界上最大的牧场、农场，为人类"重返海洋"解决"吃"的大问题。

第二十章

珍贵的海水资源

最大的水源——海洋

大海储存着地球上 97.5% 的水，但可利用淡水仅占总水量的 0.26%。

世界面临着“水荒”的威胁，“海水淡化”是人类的最大希望。

拯救“生命之水”

我们生活的地球，表面积约为 5.1 亿平方千米，而海洋面积就占了 71%，约 3.62 亿平方千米。海洋平均水深 3 792 米，全球海水体积约为 13.7 亿立方千米，海洋里集中着全球总水量的 97.5%。

但是，海水又咸又涩，不能直接饮用和灌溉。在世界水资源中只有 2.5%是淡水，而其中 87%储存在南极、北极的冰盖上。人类真正利用的淡水，是江河湖泊以及地下水中的一部分，仅占地球总水量的 0.26%，而且分布很不均匀，约 65%集中在 10 个国家。

淡水资源短缺　威胁人类生存　水，就是生命！但是，当前人类并没有认识到水资源短缺对人类生存和发展的威胁，总感到水是世界上最多、最便宜、用不完的自然资源，毫无拘束地大量浪费和污染着宝贵的水资源。殊不知，地球为人类提供的“巨大水缸”里，真正可以饮用的水仅仅只有“一小汤匙”。

南极的“固态淡水”

目前，地球的“生命之水”面临枯竭。约占全世界人口总数40%的80个国家和地区陷入严重缺水状态。联合国最新公布的数据显示：全世界有11亿人得不到干净的饮用水，每天约有6 000名儿童死于不卫生的水和不清洁的环境所引起的疾病；发展中国家的居民中，80%的疾病源自不清洁的水和恶劣的环境；自20世纪90年代开始，全世界有3/4的农民和1/5的城市人口，全年得不到足够的生活淡水，被迫离乡背井，缺水后果触目惊心！

没有足够的淡水，人和动物将渴死，植物会干枯。据统计，现在全世界传统意义上的难民约为2 200万人，而因缺水造成的“环境难民”达2 500万人，到2050年，“环境难民”将达到1亿人！水资源的失衡，将是国际社会不稳定的重要因素，可能引发暴力冲突，甚至战争。

干涸的黄河源

我国严重缺水

20 世纪末，联合国在对世界淡水资源的全面评估中指出："缺水问题将严重制约下个世纪经济和社会的发展，并可能导致国家间的冲突。"1997 年，联合国"人类环境和世界水资源会议"向全世界发出警告："石油危机之后，下一个危机就是水。"所以，水资源不仅是环境和经济问题，也是社会和政治问题。

我国是一个水资源严重缺乏的国家，被联合国列为世界上 13 个"最贫水国家"之一。根据最新统计，我国水资源总量为 2.8 万亿立方米，人均水资源量 2 200 立方米，仅为世界平均水平的 1/4。随着国家建设蓬勃发展，城市的水资源短缺问题日趋严峻，将严重制约经济的发展。

生命之水

现在，我国城市因缺水造成的经济损失每年达 1 200 亿 ~ 2 000 亿元，已经超过洪涝灾害造成的损失。而且，由于水资源不足，各地无限制地超量开采地下水，导致地面下沉、海水倒灌、水质恶化、耕地盐碱化，这种环境的严重恶化，将带来更大的灾害。

可以预见，"滴水贵如油"将成为世界性的现实社会问题。人们不仅应当把水看作同原料、能源同样重要的资源，而且应当加倍珍爱。

冀望海水淡化

人类面临"水荒"危机，已是人们的共识。如何解决缺水问题？虽然方案众多，但根本出路在于"海水淡化"，即通过物理、化学过程，将含盐度较高、苦涩的海水净化成人类可以饮用、适合作工业用水和能够对农作物灌溉的淡水。

为了人类健康，世界各国的科学家都在努力探索如何"变苦水为甘泉"。至

涸井之愁

今，人们已经掌握多种实现海水淡化的方法，所需费用正在大幅度降低，离攻克海水淡化难关、彻底解决“水荒”已经为期不远。

我国海水淡化工程经过 40 多年的不懈努力，取得了重大进展。目前中国在建、待建的海水淡化工程的产水能力，已经达到每天近 200 万吨，海水直接利用和综合利用进入新的大发展阶段。

浙江省象山县投资 11 亿元，兴建日产淡水 10 万吨的海水淡化工程，可缓解象山 50 多万居民的缺水之苦，让浩荡了千万年的海水，变成清澈甘甜的自来水流入千家万户。

近年来，在我国海水淡化领域，一批拥有自主知识产权的新技术、新产品陆续出现，部分技术已跻身国际先进水平行列。2009 年，我国拥有完全自主知识产权的低温多效海水淡化装置出口到印度尼西亚，安装在英德拉玛尤燃煤电站。

目前，全世界已有几万套海水淡化装置在运转，利用海水进行工业冷却和农业灌溉的技术取得了重大突破，开始在生产中广泛应用。美、日、意、英等国 40%~50%的电力生产利用海水冷却。我国青岛市电力海水冷却高达 80%。

综合利用海水

海水不仅总量巨大，还是一种含有多种化学元素和化合物的成分十分复杂的溶液。人类在陆地上发现的 106 种元素，海洋中已经找到了 80 多种，而且陆续有新的发现，故海洋有“液体矿山”之称。目前，我国的海水资源开发，采取以盐为主、盐化结合，积极发展海水综合利用的方针，形成了盐业、盐化工业、海水直接利用和海水淡化等新型产业。

盐 不仅人类生存不可缺少，也是工业上不可替代的重要原料，被称为“化学工业之母”。海水的平均盐度为每千克海水中含有 35 克盐。按此估算，全球海水中，含有 5 亿亿吨固体矿物，以各种“盐”类的形式溶解在海水中。如果把这些物质全部提炼出来，将其平铺在陆地上，可使地面升高 150 米之多！我国海盐产量自 1980 年起一直居世界第一。

镁 机械制造工业的重要金属材料，是制造飞机、船舶、汽车、武器、核设施不可缺少的原材料。海水中镁的总含量达 1 800 万亿吨。

溴 在国防、农业、医学领域广泛应用，是制造燃料抗爆剂、农业杀虫剂、医疗抗生素的重要材料。海水中溴的总含量达 95 亿吨，占地球溴资源总量的 90%以上。从海水中直接提取溴，已占世界总产量的 1/3。我国 1995 年溴素产量达 33 840 吨，居世界第 5 位。

铀 它是一种高能燃料，是原子弹、核潜艇、核航母的重要燃料，是一种昂贵的军事战略物资。世界陆地上铀的储量只有 100 万吨左右，而海水中铀的储量则达 40 多亿吨，是陆地储量的 2 000 ~ 3 000 倍。我国是居美、日之后的第 3 个从海水提铀获得成功的国家，海水提铀技术达到了世界先进水平。

另外，海水中钾、钠、碘、金、银的含量均很高，一般为陆地储量的几百到几千倍。海水中重氢、锂、锶等稀有元素可望进入实用开采期。重氢在海水中的含量为 33 克 / 立方米，而 33 克重氢在受控核聚变反应下，可产生相当于燃烧 300 立方米石油所产生的热量，由此观之，重氢当然是一种重要的新能源。

海水综合利用

第二十一章

无尽的“绿色能源”

WU JIN DE “LV SE NENG YUAN”

巨大的波浪能

地球上海洋的面积最大，海洋里蕴藏的能量最多，而且是理想的“清洁”再生能源，可成为人类可持续发展的主要替代能源。

海洋广袤而深邃，不间断地从太阳的辐射、月亮和地球本身的重力场、地球的自转和地心的热量中取得能量，永不停息，聚集着世界上最大的能量场。单是太阳提供给海洋的热能，就相当于全世界能量消耗的2万倍。海洋能是地球上取之不尽、用之不竭的水力资源，它以波浪、潮汐、海流、温差和盐差等形式隐藏在大海中，不占土地，不污染环境，是一种清洁的再生能源。因此，海洋也被称为“绿色能源库”。

驯服波浪建电站

波澜壮阔的大海不停息地运动着，“无风三尺浪，有风浪滔天”，波涛翻滚的海面似有吞噬一切之势。巨大的拍岸浪，能把上百吨重的巨石抛到数十米之外；台风天气，巨浪常把万吨巨轮搁上浅滩。试验表明，波浪对海岸的冲击力，每平方米可达30吨～60吨。据世界能源委员会公布的数据，全球可利用的波浪能，

波浪发电站

相当于目前世界发电量的2倍。

人们驯服海浪的主要手段是将波浪能转换成机械能，用来推动涡轮机发电，输出可以直接应用的、稳定的电力。科学家创造性地提出了各种各样的方案，有的正在试验，有的已经得到广泛运用。

在苏格兰的敦雷海，离岸1 000多米远、水深18米的海中，英国建造了奥斯普雷大型波浪发电站。该站采用了当前最先进的“振荡水柱发电技术”，在海底固定着一个连接有气室和圆孔的扁平管子，一直从海底延伸到水面，海面终端便是一个靠气体推动的发电机。当海浪上涌，海水从圆孔涌入管腔，向上压缩空气，产生向上的推力；海浪下落，海水从管腔流出，空气压力下降，产生向下的推力，如此往复运动，推动发电机发电。其装机容量为2兆瓦，通过电缆并入了国家电网。

在阿尔及尔，建有一座岸边波浪发电站。该站有一个约与海面同高的水坝，坝面设有喇叭状结构物，坝的前侧呈坡形，坝后装有涡轮发电机。当波浪越过坝面，被“喇叭”压缩升高，在坝后倾泻而下，冲击涡轮机而发电。瑞典的科学家则设计了“浮箱式”海浪发电站，可以不受潮汐影响保持在海平面上，而且可以随机调整方向，保持斜面迎着波浪，以便稳定地发电。

我国波浪能资源非常丰富，估计总量达5亿千瓦。自20世纪70年代开始，我国便组织科学家进行波浪发电装置的研究，在小型波浪能电站技术方面取得了良好的进展。专为航标灯设计的波浪能电站，其发电量是航标灯用电量的6倍多，现在已逐步替代航标灯上的各种常规电源。最近，中科院广州能源研究所在海洋能波浪发电关键技术上有了重大突破，将为大规模地利用海洋能开辟新的途径。

振荡浮子式波浪发电站

潮汐升降双发电

海水在太阳、月亮和地球的相对运动过程中，形成了周而复始的潮汐现象。潮涨、潮落形成沿海地区几米的潮差，有些海湾及河口地区的潮差达到十几米，蕴藏着巨大的潮汐能。潮汐运动还带来了海水水平方向的流动，产生了潮流。在港湾和岛礁地区，潮流速度快，能流密度大，隐藏着巨大的能量。因此，人们便设法利用潮差能和潮流能来推动涡轮机发电。

据 1974 年“世界动力会议”统计：海洋潮汐能的理论储量为 30 亿千瓦，可发电 1 400 亿～1 800 亿千瓦时。如果仅仅把世界各地河口的潮汐能利用起来，也能够开发 7 亿～8 亿千瓦的电力。中国沿岸潮汐能储量为 1.9 亿千瓦，可开发利用的有 2 157 万千瓦，年发电618 亿千瓦时，居世界第 4 位。

钱塘江大潮

如此令人鼓舞的巨大潮汐能，吸引着世界各国的能源科学家，人们梦寐以求，要利用其造福于人类。

潮汐发电站

目前，建设潮汐能电站规模较大、技术领先的国家当数俄罗斯和法国。俄罗斯分别在阿尔汉格尔斯克和耶里斯特拉托夫半岛上建造了两座 1 000 兆瓦的涨落潮发电站。为此，建有 29 千米长 42 米高的拦海大坝，并计划在别

法国朗斯潮汐发电站

洛毛尔斯克建造100千米长的拦海大坝，坝上建有2000个钢筋混凝土室，内置7兆瓦的涡轮发电机。

法国是较早利用潮汐发电的国家，已建成的朗斯潮汐发电站，是潮汐发电站的典型，于1967年底竣工。这里最大潮差达13.5米，流进河口的最大海水量达1.8万立方米，河口水深12米至25米。电站坝长750米，坝高12米，安装有24台直径为5.35米的可逆涡轮发电机，总装机容量24万千瓦，年发电量5亿千瓦时。

我国古代就有使用“潮汐磨”的历史。唐朝，沿海人民利用潮汐的落差来推石磨、锯木、吊运石头，以自然力量替代部分笨重的体力劳动。

我国是世界上建造潮汐发电站最多的国家，在20世纪50年代至70年代先后建造了近50座潮汐电站。浙、闽、沪三省市，每年利用潮汐发电可达534亿千瓦时，可替代300万吨标准煤。其中最大的潮汐电站是1980年建成的浙江省江夏双向潮汐发电站，它是世界已建成的较大双向潮汐电站之一，目前已正常运行20多年，年发电量600万千瓦时。

潮汐运动不仅有升降，还有水平方向的运动，称为潮流。我国浙江舟山地区，岛屿众多，航道曲折迂回，潮流速度快、密度高，潮流资源十分丰富。浙江省与欧盟合作进行舟山潮流能发电技术开发研究，将在舟山群岛的岱山海域，建立世界上第一座100～300千瓦的潮流发电站。这种“水下风车”式的发电站，利用潮流的自然动力直接获取海洋能量，是潮汐发电的又一创举。

海水温差巧取电

人们研究发现，利用海水本身的一些物理特性，如不同温度、不同盐度的海水，也能够将其转变成电能，为开发、利用海洋能源开辟了新的途径。

大家知道，太阳给予地球的热量，大部分投入了海洋。据估计，每天太阳落到海面的热量，相当于1亿吨优质煤燃烧时释放的热量。即使海面反射和蒸发了大量太阳能，但海水吸收到的太阳能仍能促使海水温度升高，保持着一个温暖的环境。由于离太阳距离不同、周围环境差异、海洋深度不等，造成海洋中不同区域、不同深度的海水的温度差别较大。

海水表层温度大于20℃的海面占海洋面积的66%，而深度大于1 000米的海底水温接近0℃。科学家们便想到利用海水中的温差，通过一些专用设备产生蒸汽来推动涡轮发电。

温差发电基于物理学的焦耳理论，将1千克水的温度提高1℃，必须做1 200焦耳的功；相反，将水的温度降低，便能够回馈同量的功，可以用来发电。但由于海水的温差并不太大，通常在20℃，最大不超过30℃，所以，单靠海水自然的温差，不能建成大型发电站。于是，科学家又设法在密闭的系统中，利用降低气压的办法来降低沸点，以提高效率，称为蒸汽“扩容法”。

1930年，在古巴海岸建立了世界上

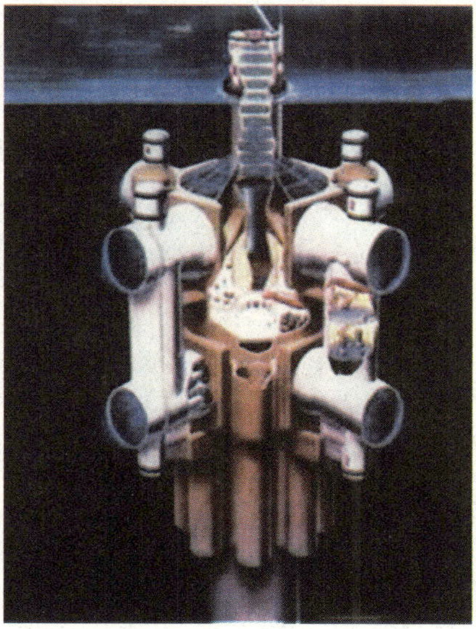

温差发电原理与发电装置

第一座 22 千瓦的水温差发电站。1960 年,美国学者提出了“低沸点闭合循环”的方法,使温差发电前进了一大步。1999 年 11 月,日本和印度联合进行的 1 000 千瓦海洋温差发电实验成功,推动了该技术的实用化。现在,美、日、法等国正朝着设计大容量水温差发电站方向前进。

由于海洋环境较陆地恶劣,开发难度大,电站设备成本高,所以,即使“免费”使用海洋能量,相应的发电费用也比常规发电站要高得多,目前尚难以实现商业化。但随着海洋科技的进步,建立各类海洋能发电站的成本会大大降低,海洋能将会得到充分的利用,成为人类用不尽的能源。

根据联合国教科文组织估计，以目前的海洋能开发技术,实际能够开发海洋能的功率约为 64 亿千瓦,比世界发电总装机量大一倍多。其中:波浪能 10 亿千瓦,潮汐能 1 亿千瓦,潮流能 3 亿千瓦,温差能 20 亿千瓦,盐差能 30 亿千瓦。

据专家估计,我国海洋能的蕴藏量约 6.3 亿千瓦,其中大陆沿岸潮汐能 1.1 亿千瓦，波浪能 0.23 亿千瓦，温差能 1.5 亿千瓦,海流能 0.2 亿千瓦。

第二十二章

洋底的“四大宝藏”

大洋深海

陆地资源正枯竭，
海洋寻找新能源。
大洋海底“四宝藏”，
人类发展有保障。

现代的人类活动给自然环境造成了剧烈的破坏，也给人类自身带来了严重的生存危机。由于人口急剧增长，过度开发资源，使自然资源日趋枯竭；一些地方肆意排放各种废物，环境污染已使正常的生物链遭到破坏，世界灾害丛生。

海洋人准备闯“龙宫”探宝

联合国环境计划组织和世界自然基金会所作的

多金属结核

特大多金属结核

《2000年地球生态报告》，向世界发出警告："人类继续以现在的速度消耗地球资源，现有的地球资源会在2075年前消耗光！"按照英国的消耗标准，需要立即"再找出两个地球"，才能满足人类对自然资源的需求。

人类能够持续生存与发展，是由于具有不断发现、不断开拓、同大自然不懈斗争的精神。人类不仅具有高度的智慧，而且不停顿地探索着未知事物。一些"海洋人"就在思考：一旦陆地资源罄尽，近海资源枯竭，将用什么来支持人类的生存与发展？他们把目光瞄向了大洋、深海，在几千米深的洋底探赜索隐，寻觅着新的资源。

人们惊奇地发现，大洋深海是一个蕴藏着巨大资源的"聚宝盆"，里面盛装着多金属结核、富钴结壳、多金属软泥、"可燃冰"等新矿种，可以提炼出各种矿物质，足以保障人类可持续发展的需要。于是，人们称上述新资源为海底"四大宝藏"。

初见金属结核

早在1873年，英国海洋考察队乘坐"挑战者"号进行环球科学考察途中，曾在南太平洋加那利群岛海域、水深4 363米处的红黏土沉积区，采集到一种褐黑色、直径在1厘米～15厘米的块状结核物，但不识其真面目。结果，这一重大发现一直被埋没了近百年。直至20世纪60年代，随着科技的进步，方才开始揭开其神秘的面纱。化验结果使科学家大吃一惊，这种不起眼的“土豆疙瘩”，主要由锰的盐类矿物、锰的氧化物和铁的氧化物组成，其中锰含量竟高达25%。于是“锰结核”这一新名词传遍世界，引起各国的关注。

随后，中国、美国、日本、德国、法国和俄罗斯等国家组织科学考察队，对大洋海底进行广泛、深入的调查，摸清了沉睡在大洋深处2 500万年的锰结核资源的基本情况。锰结核分布范围极广，储量十分惊人。

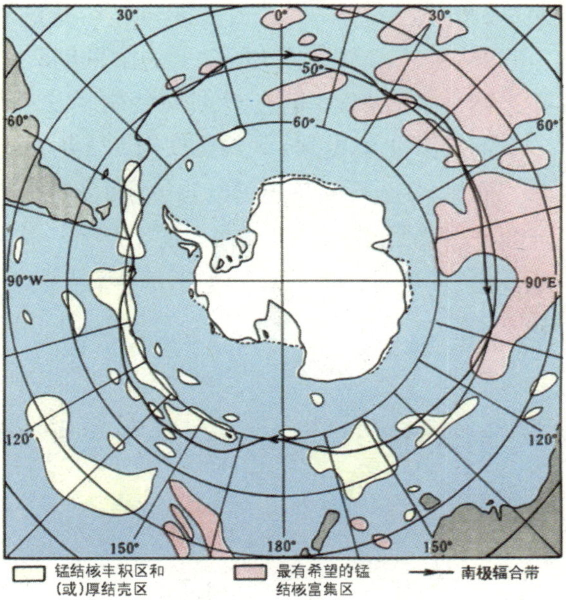

南大洋锰结核分布图

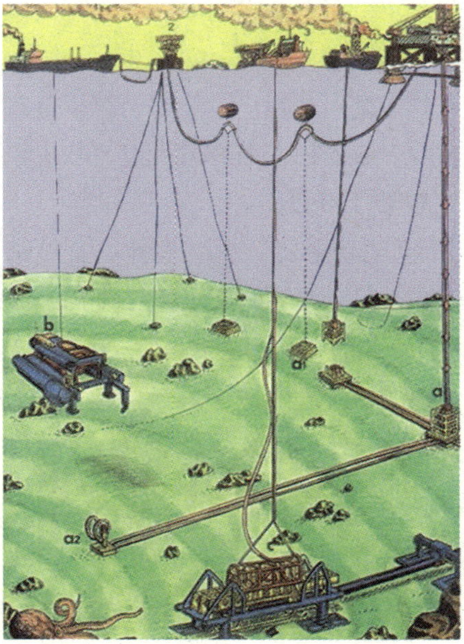
采集多金属结核

占世界海洋面积65%、水深在3 000米~6 000米的各海洋盆地表层均发现有“锰结核”，总储量达3万亿吨，其中太平洋最富集，蕴藏着1.7万亿吨，占总储量的56.7%。

经分析确认，锰结核中除含有锰以外，还有镍、铜、钴等50多种金属和非金属元素，所以，联合国海底管理局及国际社会后来将其改称为“多金属结核”。

沉睡在太平洋海底的多金属结核，主要矿物的储量如按20世纪80年代的消耗量计算，可供世界使用的年数约为：

钴，储量58亿吨，大约可使用

341 176年；

镍，储量164亿吨，大约可使用24 848年；

锰，储量4 000亿吨，大约可使用18 265年；

铜，储量88亿吨，大约可使用923年。

而且，多金属结核还可以自然增生，太平洋海域每年以1 000万吨的速度生成新的多金属结核。所以，多金属结核是一种"可再生资源"，只要人类科学合理地开发、利用，使其可以"取之不尽、用之不竭"，为人类可持续发展提供重要的物资保证。

喜现富钴结壳

人们对大洋深海的不断探索中，又惊喜地发现了一种新的大洋矿物种类。它是一种浅黑色板块状矿物，属于自生的多元素氧化物，由水沉积作用形成。经分析发现，其中含量较高的元素有钴、锰、铜、镍、铅等矿物和铂、银、钛、铈等稀有金属，钴的含量比陆地钴矿还要高，平均达0.5%，最高可达1.8%，所以，人们称其为"富钴结壳"。

富钴结壳的厚度通常在2厘米～4厘米，平均丰度可达40千克/平方米。分布范围较广，在大洋海山、海隆处均可存在。分布水域较浅，最佳深度是1 500米～3 000米，约为多金属结核分布深度的一半，比较便于开发。

钴是制作火箭、航天器的重要原料，有"21世纪新金属"之称。所以，富钴结壳是一种具有巨大潜在军事、经济价值的大洋矿产资源，各国对富钴结壳的研究、开发均摆在极为重要的战略位置。

再获金属软泥

20世纪60年代，美国科学家在红海考察时，曾于"阿特兰蒂斯－Ⅱ号海渊"水深2 000米处，发现一些金属含量极高的热卤水以及海底富含金、银等重金属

富钴结壳

的泥状自生沉积物。这些物质通常与海底高温、高盐的热泉有关，热卤水是一种富含铁、锌、铜等金属元素的热液，泥状沉积物海底伴生的富含多种金属的硫化物矿床。

至20世纪80年代，经广泛调查，发现在大洋中脊、岛弧边缘、活动断裂带等地和水深1 500米～3 000米处、350℃～410℃高温的热液喷出口附近的海底，均存在着这类热液矿床，由此确定其为大洋海底的新矿种。

在这些多金属热液矿床中，“阿特兰蒂斯－Ⅱ号海渊”最具有商业开采价值。它是一个长14千米、宽5千米的长圆形盆地，盆地软泥中金属含量很高：铁29%、锌3.4%、铜1.3%、铅0.1%，以及品位较高的金和银等重金属。据估算，在盆地上部10米厚的软泥中，含有铁2 340万吨、锌290万吨、铜106万吨、银4 500吨、金45吨，价值67亿美元。

黑烟囱喷“金”吐“银”

科学家勘探发现，在海洋的一些中央裂谷处、水深2 000米左右的海底盆地中，排列着一种奇特的“黑烟囱”，不断喷发出温度、盐度较正常海水高得多、而含氧却很低的海水。海底的软泥状矿物，便是其伴生的一种自生沉积物，它富含铁、锌、铜、铅以及品位较高的金、银等重金属。于是，人们把这种泥状物质称为“多金属软泥”，将这种多金属硫化物矿床称为“海底金银库”。

近几年，科学家惊奇地发现，这些

“黑烟囱”增高速度很快，在3年时间里可长高到10米。更使人惊讶的是，在黑烟囱周围“像电池酸液一样”的高温水体中，竟然生长着许多耐高温、高压的底栖生物群，有大量的硫化氢杆菌、红色的30厘米长巨蛤、蛋黄色的贻贝、无眼的白蟹、盲虾、白鳗、蒲公英状的水母、长1.5～4米的白色管状蠕虫等等，形状、颜色特异。在这个完全无光、大气压高出水面几百倍的黑暗世界里，竟然是一片生命绿洲，“就像是另一个星球”，令科学家们惊叹不已，认为是当代生物学的“世界奇迹”，将可能对生物学研究领域有新的突破。

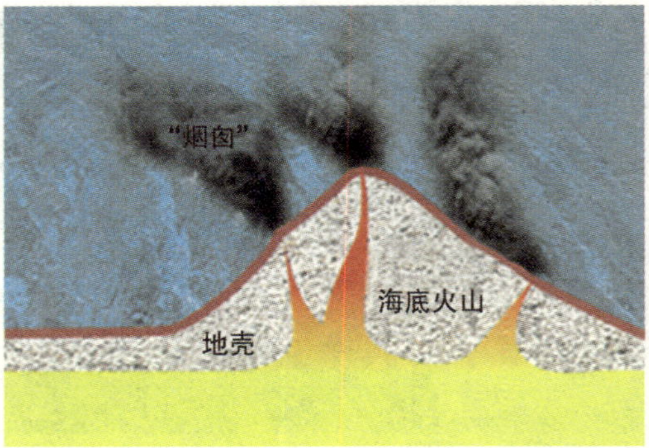

“黑烟囱”形成示意图

由于热液矿床比较集中，水深较浅，矿床形成快，一般只需几十年至几百年，所以备受世界产业界的青睐，纷纷投入重金研究开发。多金属软泥极有可能早于多金属结核进入商业开采阶段，是一种有希望最先贡献于人类的大洋矿物资源。

神奇的“可燃冰”

20世纪中期，在北极地区、西伯利亚油气田的冻土层中和太平洋、大西洋的深海海底，发现了一种冰雪状的白色结晶体，引起科学家的浓厚兴趣。经过实验室分析探明，这是一种甲烷、乙烯等气体和水等物源在50～100个大气压和0℃～10℃的低温地质条件下形成的固态天然气水合物。

科学家们进一步研究，发现其能量密度很高，每立方米的气体水合物包容有160立方米～180立方米的甲烷气体和0.8立方米的淡水，能量密度是煤和黑色页岩的10倍，为天然气的2～5倍。由于固态的气体水合物外貌很像冰雪结晶体，能像酒精块一样被点燃，所以被科学家和企业人士称为“固体瓦斯”、“可燃冰”。

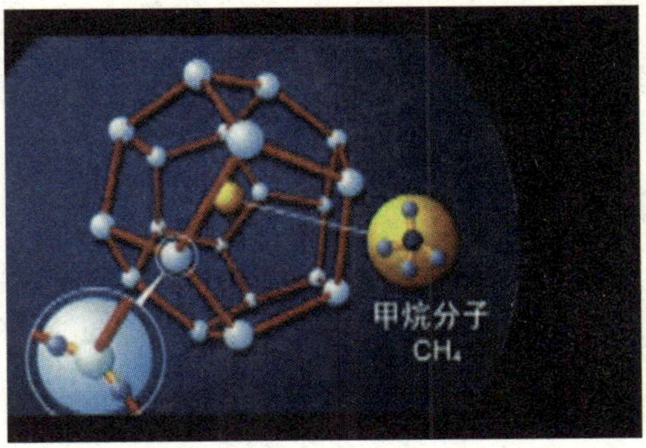

"可燃冰"结构图

勘查发现，在水深300米~4 000米的海底，都存在着这种"可燃冰"，约占全球海洋面积的1/10，矿层厚度可达数米至上百米。可以说，整个海洋便是这种新能源的"资源库"。

保守估计，世界上"可燃冰"的总蕴藏量为1.8亿亿~2.1亿亿立方米，约合1.1万亿吨，相当于目前世界年能源消耗量的200倍，其含碳量是全球已知的煤、石油、天然气总炭量的2倍。越来越多的调查与研究资料表明，"可燃冰"是一种开发前景良好的新贵能源，具有能量高、分布广、矿藏大、埋藏浅等特点，便于科学开采，潜在价值极大。它已经沉睡在大洋深处亿万年，正等待着人类去唤醒和开发。它将同波浪能、潮汐能等其他海洋能源一起，成为用之不竭的海洋绿色能源，将给世界人民带来福音。

"可燃冰"的发现引起各国关切，美国、英国、加拿大、挪威、日本、法国、印度和俄罗斯等都掀起了研究"可燃冰"的热潮，将其列为国家发展战略的重要内容。

我国对"可燃冰"的研究始自20世纪90年代，晚于一些先进国家20年。但国家对开发"可燃冰"十分重视，全国有几十个研究单位在不同海区进行"可燃冰"资源的研究，并取得了可喜的成果。青岛海洋地质研究所联合南京工业大学、南京理工大学和南京大学共同建立了我国第一所拥有自主知识产权的"天然气水合物模拟实验室"，系统地对含天然气的水溶液能否形成水合物的晶核、水合物生成的海洋环境条件、沉积物对水合物的生成影响等方面进行研究。

"可燃冰"

中国的海洋人将为"可燃冰"的研究、开发与应用作出贡献，为国家的可持续发展准备充足的能源，造福于中华民族。

第二十三章

神奇的海洋药物

丰富的海洋生物药源

海洋是个天然的“大药房”，

是人类开发药物资源的新方向。

开辟药源新途径

“防病保健”是人们提高生活质量的重要措施之一，而接受药物治疗是健身祛病的必要手段。随着陆地生物资源的日渐匮乏和越来越严重的环境污染，人们把开发药物资源的方向转向了海洋。因为海洋生物资源非常丰富，海水中隐藏着 2 万多种植物、18 万种动物和大量的浮游生物及藻类，既是人类食用蛋白的提供者，又是制造药物的主要原料地。

由于海洋的特殊环境，海洋生物在高压、低温、黑暗的条件下生存，通过高科技制造的海洋药物具有多种生物活性，具备良好的抗癌、抗菌、抗病毒功能和免疫效果，对癌症、心血管病、白血病等疾病有良好的疗效，受到世界医药界的青睐。

记载海洋药物的古籍

自20世纪60年代起，世界各国都从“上山采药”向“下海捞药”发展。海洋不仅创造了一个有益人类健康的环境，而且还向人类提供了医治百病的“灵丹妙药”，为人类“重返海洋”准备了一个“大药库”。

中国是世界上最早研究和应用海洋药物的国家之一，在《黄帝内经》中就记载着以乌鱼骨作丸、饮以鲍鱼汁治疗血枯的方法。在《神农本草经》和《本草纲目》等古代药典中，来源于海洋的中药有百余种，记载有海龙、海马滋补强身，海带治疗甲状腺肿，海藻医治肠疾，文蛤主治恶疮，石决明可明目等等，都是我国医学宝库的重要组成部分。

海葵是治疗肠疾的药源

目前，我国在海洋药物研究中已取得了可喜的成果，查明全国有700多种储量丰富的药用海洋生物，研制出了一批具有国际领先水平的海洋药品和保健食品，开发出不少我国特有的海洋药物新品种。在海洋中药和中成药的研究、天然药物和半合成药物的研究等方面，我国均处于国际领先地位。

海洋药物和海洋保健品异军突起，成为海洋产业发展的新领域，既有利于人类的健康，又加快了海洋经济的发展。预计2010年，世界海洋产值将达到2万亿美元，其中海洋药物资源产值达14.6%；到2050年，海洋药物资源产值将占世界海洋总产值的20%。这是一个惊人的数字，展示了开发海洋药物的良好前景。

癌症病魔有克星

不得癌症的鲨鱼

癌症是人类健康的主要“杀手”之一，全世界每年约有500万人被癌症夺去生命。尽管各国科学家竭尽全力、绞尽脑汁地研究、开发抗癌药品，但至今尚未找到廉价而特效的对症药品，所以人们往往“谈癌色变”。于是科学家把目光聚向海洋，从海洋生物中寻觅攻克癌症的良药，并取得了明显的进展。

人们发现，人和动物都会长瘤，但海洋中的鲨鱼却不会长瘤。甚至人为地用可严重致癌的饲料来喂养它们，鲨鱼仍未长瘤，这一现象引起科学家的浓厚兴趣，开始着力研究鲨鱼对癌症的“免疫力”。

科学家经过检测，发现鲨鱼的血清中含有一种免疫球蛋白M，对癌细胞具有抑制作用，这一结论在对小白鼠和小鸡进行的试验中得到证实。科学家们惊喜万分，纷纷研究从鲨鱼体内提取抗癌药物。

进一步研究发现，鲨鱼骨架的软骨内，有一种物质能够抑制新血管的生长，可用来阻止向癌细胞供血，导致癌细胞死亡。所以，用鲨鱼体内取出的这种物质来抑制生成新血管，防止癌细胞生长和转移，是治癌的一条有效途径。美国、古巴、日本和欧盟一些国家，已经将研究成果大量用于临床，取得了较好的疗效。中国科学家利用鲨鱼小软骨制成了“沙克1号”抗肿瘤药，疗效甚好。

此外，人们还从河豚中提取化合物治疗食道癌、鼻咽癌和胃癌。日本和澳大利亚在珊瑚中提取的抗癌物质，其抗癌活性十分明显，已经用于临床医疗。从褐藻中提炼出的藻体胶，治疗癌细胞转移的病人，疗效良好的占 68%。近年来人们越来越多地发现，多种海洋生物均含有抗癌成分，如从海绵、干贝、海龟、乌鱼、蛤等提取的抗癌药物，对血癌、肺癌都有一定的疗效。

海洋药物是治癌的良药，而且药源丰富，为人类攻克癌症难题带来了希望。

心血管病得良药

心血管疾病是人类健康的“第一杀手”。据调查统计，欧美人很少吃鱼，人均每天吃鱼仅 20 克，心血管病人比较多；日本人爱吃鱼，人均每天吃鱼 100 克，心血管病人较少；格陵兰的爱斯基摩人以鱼为食，人均每天吃鱼达 400 克，几乎没有心血管病人。由此看出，心血管疾病与饮食有关，吃鱼多的人患心血管病的机会少。

经分析研究，发现这与海鱼尤其是深海冷水性鱼类的脂肪中含有丰富的不饱和脂肪酸有关。这种物质具有降低血液中胆固醇和甘油三酯的作用，可以预防心血管疾病的发生。所以，主要用深海鱼的脂肪提炼制造的“深海鱼油”受到不少老年人的青睐，成为畅销的保健品。另外，从海洋藻类中提炼制成的“甘露醇烟酸酯”、“藻酸双酯钠”、“褐藻淀粉硫酸酯”等药物对预防、治疗心血管疾病亦有很好的疗效。

河豚是一种剧毒的鱼类，其毒性比含有剧毒的氰化物还要大几百倍。但从河豚体内提炼出的“河豚子素”可以有效治疗动脉硬化症，对心血管疾病的治愈率很高，在国际市场上是“抢手货”。其市场价格竟高达 20 万美元 / 克。由于河豚毒素提炼工艺度很高，过去一直被日本独家垄断。现在中国已经开发出了提炼河豚毒素的技术，并将产品投入市场，受到广大用户欢迎。

外科医疗新材料

特效的镇痛剂 河豚毒素不仅是治癌良药，而且是麻醉、镇痛的重要药物。

海蛇毒牙中毒液的毒性比眼镜蛇的毒液还高50倍，但可制成抗毒血清，是治疗蛇咬中毒症的特效药。蛇毒制成的镇痛药，对治疗坐骨神经痛、三叉神经痛也有较好的疗效。

海洋中珊瑚礁的面积几乎同地球上可耕地的面积相当，从珊瑚中提取的前列腺素，不仅可治疗溃疡病、动脉硬化、高血压症和一些病毒引起的病症，还具有镇痛和止血的效能。

神奇的人造骨 由于临床上用自体骨修复大创伤的骨源有限，采用异体、异种骨移植又存在免疫排斥反应，而珊瑚的含钙率及其结构与人体的骨骼十分相似，具有良好的空间网状结构和良好的细胞相容性，所以珊瑚成为人造骨的好材料。我国西安市秦都口腔医院的专家们经过10多年的研究与临床实践，利用珊瑚、乌贼骨制成了人骨支架，可以有效地修复颅面部的骨缺损。法国人成功地用珊瑚制成"人造骨"，进行了3万多例珊瑚接骨手术，达到了良好的治疗效果。

珊瑚是人造骨的好材料

医学专家们发现,“人造骨”手术伤口的新生血管能随着造骨细胞一起在珊瑚人造骨的孔隙里生长,使骨折部分迅速恢复正常。美国人更是创造性地在珊瑚材料内加入玻璃纤维增强聚合物,大大提高了人造骨的强度。而且,巧妙地制成各部位的人造骨,进行颚骨、颜面骨骼的修补手术,甚至制成了可以自由转动的假眼。这种奇特的材料被称为“生物陶瓷”。

美妙的人造皮 对烧伤病人进行植皮治疗时,一般需要从患者身上切割皮肤敷在伤口上,这是异常痛苦的无奈之举。后来人们发现,当螃蟹的“手脚”被意外折断时,能够分泌出大量含有 MFL 的胶状物质,用来“包扎”伤口,可在极短时间内使断处奇妙地自然愈合,并且生长出新肢。这种现象启发了医学科学家们去研究虾、蟹等甲壳动物,求解其奥秘。

经科学分析,甲壳动物的壳中含有一种“甲壳素”,其化学结构与纤维素很相似,具有不溶于水、酒精和弱酸、弱碱特性,而且吸水性好,具有上佳的抗凝血性。美国学者根据这些难得的特征,把甲壳素的粉末制成薄膜,敷设在伤口上,结果惊奇地发现,这种“人造皮肤”功效非常好,可以有效阻止细菌对伤口的感染,有效吸收伤口渗出的体液,不仅大大减轻了患者的痛苦,而且伤口愈合快,生长新皮肤快。伤口痊愈后,“人造皮肤”便自动脱落。所以,“甲壳素”膜是一种良好的皮肤代用品。

中国科学家经过 5 年艰苦攻关,反复试验,制成了中国产的“人造皮肤”,曾获得第 47 届布鲁塞尔“尤里卡”世界发明奖。1994 年中国卫生部

美丽的药物——海星

将其列为“国家级卫生高科技推广产品”。

清洁的大血库 从海星体内提炼出的“海星明胶”，从海带、裙带菜、羊栖菜等海藻中分离出的“褐藻胶”，虽然颜色与人的血浆不同，是一种橙黄色的透明溶液，却具有与血浆相似的功能。输入人体后，能够参与人体的代谢过程，迅速溶血，使血黏度下降，从而改善血液微循环，利于排除体内病毒，而且不会在人体内积聚，可以维持患者正常血压，多次反复使用也无毒性反应。

鲎

“海星明胶”等一些海洋药物，可以很好地充当血液的代用品。我国不仅研究、生产了优质的“海星明胶”，而且在海军等医院进行了长时间的临床试验，在外科手术、治疗大出血、烫伤、烧伤及抢救休克病症等方面收到了良好的效果。

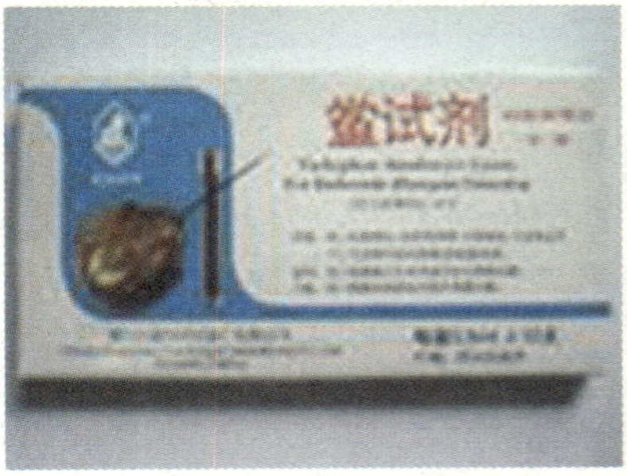

鲎试剂

中国沿海特有的“怪物”——鲎具有蓝色的血液，用来制成标准生物试剂比常用的家兔法检验热源的灵敏度高 10 ~ 100 倍，受到国内外客户欢迎。

海水本身含有多种矿物及稀有元素，常洗海水浴，可以治疗神经性皮炎、风湿病、支气管炎、心肌炎等疾病。所以，海水本身就是一帖治病的良药。

第二十四章

理想的休闲天堂

美丽的休闲“天堂”

海洋风光皆美景，国际上把海洋旅游称为“无烟工业”。大海以其独特的魅力吸引人们去探索她、亲近她、热爱她。

人与海洋亦亲和

海洋是生命的摇篮，大海的魅力强烈地吸引着人类。一个人如果没见过浩瀚的大海，没有尝过咸涩的海水，没有观赏到海洋的奇特景观，不知道海洋的重大价值，那是一生中莫大的遗憾！

> 我国古书《论语·雍也》中有“智者乐水，仁者乐山”的佳句。居于内陆平原的人们企盼亲历高山、大海，领略别样的风情，升华别样的情操。唐代僧人元览题诗竹叶“大海从鱼跃，长空任鸟飞”，更把“游海荡天”的感受升华为开阔视野、创新无限的精神境界。

海洋是人类未来的希望、美好的家园。随着生活水平的提高，人们旅游时逐渐不满足于较熟悉的陆地环境，开始向往大海的秀色和奇特风光。现代科技的

人人爱大海

高速发展，为海洋旅游创造了条件，海洋旅游成为世界旅游的新方向。20世纪80年代初，世界旅游总消费已经超过了钢铁业和军火业，仅次于石油工业，上升为世界第二大产业，占世界生产总值的8%。21世纪的旅游业将上升为世界第一大产业，海洋旅游在其中占有重要地位，国际上把海洋旅游业称为“无烟工业”。大海的魅力将把越来越多的人吸引过去，让人们去了解她、亲近她、热爱她。

海洋风光皆美景

自然奇观 沿海地带长期经历地壳变动、风吹浪打、日晒海蚀，海岸的丘陵、岛礁、洲滩被大自然雕凿成栩栩如生的奇观异景，加上古迹和传说，令人感叹不已。如旅顺的老虎尾、大连的黑石礁、连云港的“花果山”和“水帘洞”、浙江普陀山的磐陀石和潮音洞、海南岛的“毛公山”及三亚市的“天涯海角”等等，无一不是天工杰作，美不胜收。

“三S组合” 沿海地区一般温暖湿润，风光秀丽，又拥有“三S”组合，碧海蓝天，适于弄潮玩海，成为游客避暑疗养的胜地。在海南国家自然保护区，海水中养育着12万亩红树林，于潮水中时隐时现，人们可在此领略海底森林的奇妙景色。在海南岛海口市，还可以观赏到火山地貌、海蚀地貌的自然景观。

“三S”组合指的是：
Sun 阳光
Sea 海水
Sand 沙滩

水下世界 现代科技使人类跨越了海水的阻隔，给海洋旅游增添了新

长城东端“老龙头”

旅顺军港“老虎尾”

的魅力。各种现代化的水下长廊、海洋饭店、水下剧院、海底公园、旅游潜艇等，将一批批游客带进水中，尽情观赏水下世界的奇特风光。

“老龙头” 我国的万里长城，酷似巨大的卧龙蜿蜒东行，龙首由山海关探入大海，故称“老龙头”。老龙头地势高峻，有明代蓟镇总兵戚继光所建“入海石城”。由此远眺海面，波涛汹涌，湍流滚滚，奇礁隐现，气势磅礴。人们说，“不到长城非好汉”，“不去老龙头更遗憾”。

旅顺军港 旅顺军港，闻名遐迩，既是著名海港，又拥有奇特的自然风光。

旅顺口“老虎尾”是民间的通俗叫法，它的学名叫老虎尾“沙嘴”，是海浪长期侵蚀、搬运和堆积的结果，已有 8 000 多年历史。它位于旅顺军港西南口处，一端与陆地相连，尾部探入海中，呈狭长的反“S”形弯曲状地貌，成为人们观光的一道风景。

“老虎尾”是旅顺军港的天然屏障和一道天然的防波堤，100 多年来，这条“老虎尾”和旅顺口一起，见证了中日甲午战争、日俄战争等诸多历史事件，发人深省。

“成山头” 我国山东省的“成山头”，是成山山脉的东岬角，它三面环海，一面接陆，是山东半岛最东端，最早看见海上日出的地方，被誉为“太阳升起的地方”，有“东方好望角”之称。这里群峰苍翠连绵，大海浩瀚碧蓝，峭壁巍然，气势恢宏。岬角危石嶙峋，巨壁陡峭；岬下湍急浪高，似群龙闹海，景象非凡，正

“天尽头”成山头

是“山无海不险，海无山不奇”。1988 年，它被国务院批准为“国家级风景名胜区”。到了山东省，谁不想去观赏一下南、北黄海的分界点，领略一下“天尽头”的感觉呢。

“海天佛国”普陀山

舟山群岛的普陀山，被大海怀抱，金沙绵亘，景色优美，气候宜人。它与山西五台山、四川峨眉山、安徽九华山并称为我国佛教四大名山，而且是唯一的坐落于海上的佛教圣地，秀丽的自然景观与悠久的佛教文化融汇一起，成了名扬中外的“海天佛国”、“人间第一清静境”。前人曾有这样的评语：“以山而兼湖之胜，则推西湖；以山而兼川之胜，则推桂林；以山而兼海之胜，当推普陀。”

普陀山上建有巍峨庄严的普济寺（前寺）、法雨寺（后寺）、慧济寺三大寺，是我国明末清初建筑群的典型。近年兴建青石浮雕“五百罗汉塔”、33 米高的“南海观音”露天铜像、纯紫铜铸成的正法讲寺“铜大殿”，以及新近修复的紫竹林禅院、西方庵、祥慧庵等古刹梵宇，又为佛国增添了风采和魅力。

普陀山人民艰苦奋斗，创建了国家级文明山、安全山、卫生山。内外交通便捷，旅游环境良好，岛上日接待量为 1 万人次。每年的观音香会

佛教圣地普陀山

北海银滩

涠洲岛火山地质公园

和朝圣盛典,海内外香客摩肩接踵、蜂拥而至,形成旅游盛会。

北海银滩 我国广西北海市的银滩是国家级旅游度假区,离北海市中心只有10余千米。它的沙滩由高品位的石英砂堆积而成,在阳光的照射下,泛出洁白银光,故称“银滩”。

北海银滩绵延24千米,宽300米~7 000米不等,沙细如粉、色泽如银、平缓无礁,水质清澈,水温浪轻,无鲨鱼侵扰,是世界上少有的广阔、洁净、安全的海滩。而且海水退潮快、涨潮慢,海滩自净能力强,安全系数高,可容纳最大规模的国际沙滩运动和海上运动娱乐项目。

银滩周围环境幽美,绿树成荫,中西建筑争妍媲美,亭台楼阁别有情趣。五颜六色的太阳伞像朵朵鲜花点缀沙滩,使人大有“翠色锦屏秀,碧玉水中照”之感。因此,银滩享有“南方北戴河”、“天下第一滩”、“东方夏威夷”的美誉。

涠洲岛 涠洲岛是位于广西北海正南面21海里的广西第一大岛,是中国最大而又最年轻的火山岛,总面积达24.74平方千米。火山岛独特的海蚀、海积地貌和奇异的火山熔岩景观,吸引了大批游客登岛观赏。在涠洲岛西南部,滩头怪石嶙峋,海水清澈,海底千姿百态,珊瑚石花和各种贝壳清晰可见,这里被定为国家级“珊瑚自然保护区”,有“海底公园”之美称。涠洲岛已成为广西北海旅游的新亮点,每年接待大量的潜水观光游客。

我国海域宽广,有漫长的海岸线,岛礁星罗棋布,沿海古迹众多,风景秀丽,是开发海洋旅游的黄金地段,目前已有旅游景点1 500多个,供游人观光、度假、娱乐。

海洋旅游受宠爱

滨海奇石

“黄金石”

海洋旅游，是在以海洋为载体的特定环境中，以探险、观光、运动、娱乐、疗养为目的的综合性旅游活动。现代海洋旅游通常可分为滨海旅游、海岛旅游、航海旅游、海底旅游等几种形式。

滨海风光 滨海地区是地球上大陆和大海两大自然体系的衔接地带，“依山傍海”是大自然得天独厚的自然景观。浩瀚的大海和各式各样的海岸地貌，构成一幅幅壮丽的图画，让人流连忘返。

这里可以“从陆赏海”，欣赏海天一色的美景，领略狂涛巨浪冲击海岸的巨大威力。海岸一带的山地与岛屿，往往被海水蚀成各种奇特造型，有较高的观赏价值。如大连金石滩是一种海上喀斯特地貌，千姿百态的礁石被誉为“海上石林”、“神力雕塑公园”。还可以“从海观陆”，观看大海与山麓相接，山峦蜿蜒起伏，镶嵌在海空之间，尽显山海的壮丽。

近海游览 乘坐专用的沿海旅游船出海航行，可以感受“晃动的土地”上的特殊感觉，动态观看大海和陆岸的美景。现在沿海城市都有游船俱乐部，通常用几百吨的小型观光船载客百人左右，从事沿岸航行观光活动，而且航线越来越长，离岸越来越远。如天津市在1986年购进了排水量为7 000多吨的“假日号”游船，被媒体称为“中国第一艘流动的五星级饭店”。“假日号”先后开辟了至深圳蛇口港、香港维多利亚湾的航线，以及上海港至普陀山的豪华旅游航线。

2009 年 3 月，香港中旅集团主办了“安利心印宝岛万人行”活动，组织 1.2 万名安利营销人员乘坐豪华邮轮“海洋神话号”赴台湾旅游，这是自 2008 年 7 月 18 日大陆居民赴台旅游政策实施以来，规模最大、人数最多的赴台旅游活动，也是“三通”以来第一个邮轮赴台旅游团，为两岸旅游开辟了新的途径。

驾艇闯海 随着滨海旅游的发展，有些人对作为“乘客”被动地乘船游览，已经不能满足了，开始追求高品位的休闲娱乐，希望自己驾船游海。

20 世纪 90 年代以来，被称为“时尚潮流”、“贵族运动”的游艇运动逐渐进入中国，深圳、青岛、大连等地纷纷创建规模化、高档化的“国际游艇俱乐部”。游艇运动的开展，为热爱海洋运动的市民和游客提供了一个崭新的空间，吸引了许多社会名流、商业巨贾、显贵政要来进行商务、度假、休闲活动。

此外，我国沿海地区湾多浪高，大连、青岛、厦门、三亚、北海等海域非常适合进行冲浪、滑水、帆板、水上摩托艇、海上跳伞等海滨特色运动。

海上轻骑

大洋航行 当今，不少人喜欢随船航海旅游，博览世界名胜，航海旅游已成为国际旅游的主要活动之一。世界顶级的旅游公司，为了“把富人大把大把的钱留在船上”，设计、建造的国际游船越来越豪华、安全、舒适，成了名副其实的“海上宫殿”。如果说，航空母舰是军舰中的“巨无霸”，超大型油船是货船中的“大力士”，那么豪华游船就是客船中的“王者之尊”。

目前，海洋旅游的航线主要有太平洋、印度洋、大西洋、亚欧、欧美等旅游航线等，主要旅游海港城市有 40 多个，其中包括我国的上海、青岛、大连、天津。

“海上旅行家号”是豪华游船的典型。该船是皇家加勒比游船公司所属的“鹰”

“鹰”级系列豪华游船

级系列豪华游船之一，总吨位 14 万吨，长 311 米，宽 48 米，高 72.3 米，吃水 8.6 米，共耗资 5 亿美元，足以建造好几座五星级酒店。

“海上旅行家号”额定船员数为 1 180 人，可载乘客 3 840 人，共有客房 1 577 间，面积从 45 平方米到 107 平方米不等，每个客房都配有迷你吧，约一半的客房带有阳台。甲板总面积达 13.7 万平方米，相当于 17 个足球场那么大。

“海上旅行家号”设施豪华，拥有一个可容纳 1 350 名观众的大剧院；第 11 层甲板的游泳区，有泳池、人造沙滩和水上乐园；船上建有迷你高尔夫球场、滚轴溜冰场、篮球场、健身房、日光浴场，甚至还有一个号称海上最大的水上博彩室；有多个酒吧间，游客可在此品尝世界各地的美酒；现代化的商务中心，保证全球商务和电子信息畅通；第 15 层甲板上还有一个小教堂，可以举行海上浪漫婚礼。

然而，目前能够乘上如此豪华游船周游世界的只有少数“阔佬”，海洋还只是少数人的“天堂”。但可以预见，随着世界科技的进步与经济的繁荣，人类走向共同富裕的道路，各国人民“乘大船、遨大洋”的时代会越来越近。

海底探险 在现实生活中，即使生活在大海上，水上和水下还是一个难以逾越的界面，只有潜入水下的人才能真正体验到波浪、海流、水压和黑暗的巨大影响，有处身于另一世界的感觉。海底世界具有无穷的魅力，潜水运动一直是人们热衷的探海项目，现代潜水探险、观光活动形式多样。

海底酒店 1993年，美国人在佛罗里达州的基拉戈市，距迈阿密十几海里的地方，把一个海底试验基地改建成“凡尔纳海底酒店”。酒店在每个房间设有一个“观海窗”，可以看到各种鱼类飘然而过，观赏美丽奇特的海底。还设有一个“潜水室”，客人可以换上潜水服，到室外去进行“海中行走”。

水下饭店

潜水探海

潜水运动 在玻璃墙内观察海底，有“隔靴搔痒”之感，很多人感到不过瘾，所以，潜水运动得到了游人的青睐。

海南三亚的亚龙湾、大东海、蜈州岛、瑁洲岛等处海湾，有着水深、清澈、流缓、无污染、无鲨鱼侵扰、海水温暖的优点，潜水运动在这个以旅游为主导产业的城市里显现出日益广阔的前景。

观光潜艇 1964年瑞士国家展览馆建造了世界第一艘大型旅游观光潜艇“奥古斯特·皮卡得号”，最大下潜深度610米。现在，全世界已有旅游深潜水器50多艘，一般每艘乘员50人左右。有的潜艇底部还专门设有通海装备，人们可由此进入大海，与海兽、鱼类一同嬉戏。

我国第一艘观光潜艇于1996年建成，已在海南岛三亚市运营，受到游客青睐。现在旅游潜艇运营遍布世界，每年为200万游客提供观赏海底的机会。

国产观光潜艇

海底考古 由于地貌的变迁和大量沉船的存在，海洋中保存着大量文物、财富和古生物的踪迹，甚至有淹没的古城遗址。不少国家正在筹建水下历史遗迹博物馆，让游人在那些布满苔藓、贝类的沉船残骸和海底去寻觅和追思历史。

水下考古

也有许多水下考古队活跃在世界各地海域，美国法律还允许个人对沉船进行娱乐性探险活动。可以说，水下考古旅游是一项方兴未艾的文化活动。

下 篇

美丽的蓝色家园

第二十五章

郑和航海告诉我们

郑和七下西洋

明朝“七下西洋”创世界奇迹，
郑和在海外被尊崇为“圣人”，
设“三宝庙”“圣锚”顶礼膜拜。
而封建朝廷却贬斥下西洋为“弊政”，
不少国人对郑和贡献茫然无知。
我们应弘扬郑和航海的伟大民族精神。

在公元1405年，广袤海洋尚被当作无边际的神秘世界，西方最有名的航海家哥伦布、达·伽马、麦哲伦尚未出生，中国的郑和便率领“体势巍然，巨无与敌”、世界上最大的舰队扬帆西航，驰骋太平洋，横越印度洋，接近好望角，遍访亚非30余国。郑和船队，在世界上率先使用了指南针导航、船尾舵操纵和水密舱防沉的先进航海技术，其实力超越了当时任何欧洲国家，“乃至于所有欧洲国家联合

英俊的舰队统帅郑和

起来，都无法与明代海军匹敌”。郑和下西洋，将世界航海推向了鼎盛，激励、推动了世界大航海运动。

郑和34岁受命“钦差正使总兵太监”，指挥208艘船舶、27 800多人组成的远洋编队开始七下西洋，历时28年，遍访亚非30多国，谱写了我国航海史上的辉煌篇章，是世界航海史上的伟大壮举。

在第七次下西洋时，郑和已经年过六旬，但他不因功高而停止拼搏，也不因受宠而去享荣华富贵，欣然领旨再度出洋。终因积劳成疾，在62岁时殉职于归航途中。郑和的一生便是一部传奇的航海史书，他所体现的航海精神和航海经历乃是中华民族的宝贵财富。

国家富强靠海洋

郑和幼年时，便在昆明滇池习水玩船，聆听祖父和父亲讲述横渡大洋朝圣麦加的故事，知晓海上航行的艰险。郑和是内宫太监和明皇朱棣的亲信，长期御前听政、经历国事，具有战略视野，懂得海洋对国家的重要性。

郑和是明朝少有的经历了长期海上航行“下东洋”和“下西洋”的朝廷高官，他在对外交往中，深深体会到国家必须建立强大的海上威慑力量，以“扬威异域”，营造“四夷顺，中国宁”的周边安全环境。

郑和明白，他所执行的“赉赐航海”，实行“厚往薄来”，做的是“赔本买卖”，这种朝贡贸易非长久之计。虽然“下西洋”并非商业活动，但郑和力主在舰队保护下，开展平等交易的“官方贸易”和“民间贸易”。郑和从官商贸易和货物交换中，敏锐地发现了巨大的贸易商机。

> 郑和以他的亲身经历昭示朝廷和国人：
>
> 1. 海洋对国家至关重要，欲国家富强，必须开放，走向海洋；放弃海洋，国家便面临危险。
>
> 2. 依靠海军作后盾，扩大经商，繁荣贸易，是国家富强之路。
>
> 3. 重视周边环境，处好“邻居”关系。失去“南洋”，将给国家安全带来威胁。

当得悉朝廷要终止下西洋活动时，郑和向明皇谏言：“欲国家富强，不可置海洋而不顾。财富取之海，危险亦来自海上……一旦他国之君夺得南洋，华夏危矣。我国船队战无不胜，可用之扩大经商，制服异域，使其不敢觊觎南洋也……”

然而，封建朝廷对这些重要的海洋观念“听不懂”，便束之高阁，“下西洋”被当作“弊政”。也正是由于这个原因，郑和伟业在中国航海史上成为昙花一现，“郑和之后竟没有第二个郑和”。中国迈进了大海，有了海权理论，有强大的海上实力，却不能成为海洋活动国家，这乃是中国历史上的一大悲剧。

和平外交靠实力

15 世纪初，在封建禁锢的王国里，突然驶出了一支世界上最强大、最先进、航行距离最远、持续时间最长的舰队，这是中国人在海洋上创造的惊世杰作。这一奇迹的出现，是明朝利用良好的和平环境和生产力高速发展的契机，积极发展造船、港口、航海事业，努力提高综合国力的结果，是“永乐盛世”的体现。据《成祖实录》统计：永乐年间，共改、造海船 2 860 艘，其中计划下西洋用的新船 2 228 艘。孙中山先生感叹：“郑和竟能于 14 个月之中，而造成 64 艘之大舶，载运 28 000 人，示威海外，为

壮观的郑和舰队

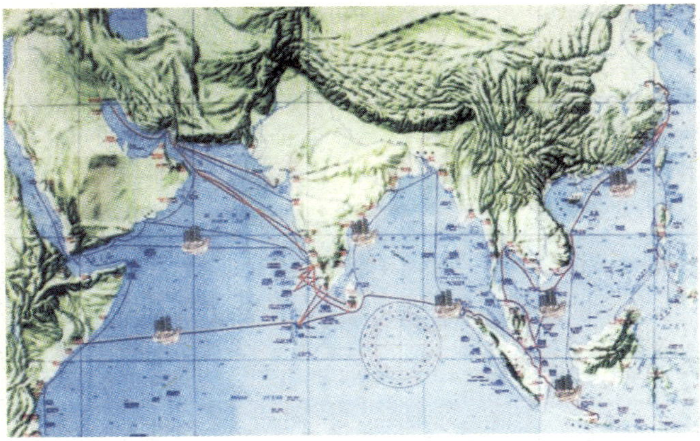

七下西洋航迹图

当地土著欢迎郑和

中国超前轶后之奇举。”

郑和奉旨“下西洋”，将经历前所未有的挑战，他心中十分清楚，欲实现明皇“耀威海外”的宗旨，必须依靠强大的海上实力，才能保证远航安全进行。所以，郑和亲自组织了一支举世无双的强大舰队，以应对各种复杂局面。一路上，郑和船队开辟航区、扫清航路、剿灭海盗、礼行天下，与沿途各国进行友好交往、和平贸易，是郑和海权思想的成功实践，为大航海时代绝无仅有的历史记录。

中国是“礼仪之邦”，奉行“以仁为本”的战争观。尽管郑和舰队“所向无敌”，具有“为所欲为”的实力，但郑和出使西洋，忠实地执行明皇“内安华夏，外抚四夷，一视同仁，共享太平”的和平外交政策，从没有侵略过一个国家，没有建立一块殖民地，纯系友好的“和平之旅”，受到沿途各国的热情欢迎。

今天回顾这段历史，可以发现，郑和航海的和平性质，彰显了人类的良知与理性。对比殖民者所走过的血腥掠夺、侵略和扩张道路，郑和航海闪耀出灿烂的光芒。

中国走向海洋是历史的必然，建设强大海军是时代使然，但中国将会秉持郑和航海展示的“强不执弱”、“富不侮贫”、“讲信修睦”、“协和万邦”的军事外交精神，在处理周边关系时，坚持“与邻为善，以邻为伴”的外交方针和“睦邻、安邻、富邻”的务实外交政策，彰显中国政府“和平崛起”的国际战略。中国致力于“和平利用海洋”，同世界人民共享海洋福祉。

国史之光"航海日"

航海先驱 郑和是世界大航海运动的先驱者，他率领舰队七下西洋，致力于建立友好睦邻关系，保障周边和平环境；发展对外贸易，繁荣亚非经济；开展文化交流，促进友好往来；实行扶正祛邪，平息匪患内乱，发展远洋航海，促进世界交流，实现了国家间和平共处、民族间互谅团结、宗教间共尊和谐的大好局面。

郑和航海的起航时间，要比发现"新大陆"的哥伦布早 87 年，比首先绕过好望角的达·伽马早 92 年，比进行环球航行的麦哲伦早 114 年。

郑和航海的宝船，是以上三位航海家无法比拟的。哥伦布的旗舰同郑和高耸入云的九桅十二帆的"宝船"并靠在一起，如同"宝船"上的一只舢板。

郑和宝船同哥伦布旗舰比较

郑和下西洋的编队，多达 208 艘；哥伦布最多 17 艘，达·伽马最多 20 艘。

郑和宝船的吨位，约几千吨；哥伦布船 233 吨，达·伽马船 400 吨。

以上说明：备受世界称崇的哥伦布、达·伽马、麦哲伦等航海英雄，尽管为"世界大航海"和"地理大发现"作出了杰出贡献，但他们的航迹只是在郑和开辟的航道上继续延伸。

历史贡献 郑和开创的中国海上优势一直持续了 5 个多世纪，在世界

7月11日郑和船队奉旨起航情景再现

海洋史上，郑和下西洋是光彩夺目的一枝奇葩，对催化人类文明的发展、世界经济的繁荣作出了不可磨灭的杰出贡献，在中国和世界上都享有很高的声誉。中国著名学者梁启超在百年前发表了《祖国大航海家郑和传》，感叹郑和“运用如此庞硕之艨艟，凌越万里，叹我大国民之气魄，询非他族所能几也”，“及观郑君，则全世界历史上所号称航海伟人，能与并肩者，何其寡也”，中国历史上“前有司马迁，后有郑和，皆国史之光也”。

1998年，美国的《国家地理杂志》评选千禧海洋探险世界航海名人，郑和是唯一列入的东方人；世纪之交，美国《生活杂志》评选全球100位世界名人，郑和名列其中，是中国6位入选人之一。

韩国学者崔在洙写道：“在15世纪以欧洲为中心的世界航海史之前，先有以东方为中心的灿烂的航海文明，欧洲的航海是在继承了东方的航海文明之后才得以发展起来的。这些装点古代及中世纪灿烂的东方航海文明的群星之中，郑和将军是最后一颗璀璨的明星。”

今天，我们应该从世界文化名人的角度来评价和纪念伟大的郑和。郑和航海精神是中华民族的瑰宝，在中国航海事业和建设海洋强国的伟大进程中将永放光芒。

西方认识误区　在葡萄牙里斯本建造的“大发现碑”，宛如一艘驶向大西洋的古老帆船，正面写着：“献给亨利和发现

“大发现碑”

海上之路的英雄。”站立船头的第一人是亨利，随后为达·伽马和哥伦布等大航海家。但是，其中唯独缺少郑和为代表的东方航海先驱，只能说明这是欧洲大航海的纪念碑。在《世界航海史》等著作中，也没有郑和下西洋的全面介绍，很多外国航海人员心目中只有哥伦布、达·伽马和麦哲伦，而对郑和七下西洋知者寥寥，甚至有人还说：“中国人一直是一个非航海民族。”

设立航海日 2005 年，全国隆重纪念郑和下西洋 600 周年时，国务院批准将郑和船队起航的 7 月 11 日设立为中国航海日，作为中国唯一的全国性法定海洋文化节日。由交通部牵头、24 个部委和省市领导参加，组成航海日活动组织工作委员会（简称航海日组委会），是统筹、协调和指导全国“航海日”工作的长效运行机构。

温家宝总理题词：“航海先驱，和平使者。”

“航海日”既有丰富的历史文化内涵，又有重要的现实意义。主要体现在：进一步认识航海在世界文明发展与进步中的重要作用，弘扬中国悠久的航海文明和海洋文化，增强民族的自豪感和凝聚力，提升国民的海洋意识和建设航海强国的使命感，激励国人热爱航海事业，促进中国航海事业的发展，努力建设航运强国和海洋强国，同世界各国人民一起，共同推进“和平利用海洋”事业的发展。

“航海日”永久性标志，是一个蓝白相间的圆形图徽，于 2006 年 7 月 11 日在上海“航海日”大会上开始使用，它是从全国征集作品中评选出来的，作者是清华大学美术学院研究生张锦华。

主题：将历史与现代融为一体，表现当今“朝气蓬勃、扬帆奋进”的中国航海事业。

白帆：标志上半部分用现代手法将“帆”形和数字“7·11”结合起来，

纪念郑和下西洋 600 周年大会

“航海日”永久性标志

既体现郑和下西洋船队的“多重桅杆”特色，又突出纪念郑和航海的起航时间，寓意传承中国历史悠久的航海文化。

船体：标志下半部分用传统手法，将“如意纹”与水波纹相结合构建船体，以增添美感和动感，彰显中华文化特色和“吉祥美好”的内涵，呈现中华民族“和”的思想精髓、“礼”的精神境界及中国奉行的“睦邻友好”的外交主张。

色调：主色调为蓝色，体现海洋与蓝色国土的概念，树立热爱祖国、亲和海洋、敬仰航海的民族意识。

图形：采用正圆形，体现圆圆满满、共建“和谐海洋”的寓意，象征中国人民希望世界和平的美好愿景。

航海日会旗。将“航海日”标志置于蓝色长方形旗帜中央，构成中国“航海日”会旗。每年7月11日，在中国“航海日”主会场举行隆重交接仪式，由当办城市的市长将会旗交给下

经过北京、上海、青岛和太仓四届庆祝“航海日”活动，不仅规模宏大、内容丰富，而且已经逐步形成自己独特的风格与特点：

（1）设立了“航海日”永久性标志与“航海日”会旗；

（2）将常年的航海活动与“7·11航海日”庆祝大会相结合；

（3）每年颁发不同项目的“郑和航海贡献奖”，表彰航海有功人员；

（4）每年举办高质量的“郑和与航海国际论坛”，以提升航海文化内涵；

（5）每年采集各地的水，在庆祝大会上举行汇聚“和谐之水”仪式；

（6）在庆祝大会上，举行承办城市之间的“航海日”会旗传递仪式。

一届举办城市的市长，并将会旗存放在该市，这是一种荣誉与责任的象征，也是航海精神与航海传统的传承和发扬。

2008年，大连与苏州(太仓)进行会旗交接

“航海日”既有丰富的历史文化内涵，又有重要的现实意义。主要体现在：进一步认识航海在世界文明的发展与进步中的重要作用，弘扬中国悠久的航海文明和海洋文化，增强民族的自豪感和凝聚力，提升国民的海洋意识和建设航海强国的使命感，激励国人热爱、崇敬航海事业、促进中国的航海事业发展，为建设航运强国和海洋强国，同世界各国人民一起，共同推进“和平利用海洋”和在经济全球化中作出积极贡献，具有十分深远的战略意义。

第二十六章

悲壮的近代海军

黄海大战

中国历史上曾经有过三支舰队，但在外国军舰的淫威下，甲申沉戟、甲午海葬、丁丑自戕，均发生在自己的领水内，深深地刺痛着中国人民的心。

中国是一个海洋大国，也是一个古航海国家，具有建设强大海军的客观需要和必备的条件；但海军在中国的历史地位并不高，留下了太多的惨烈与悲壮。

在19世纪，清代曾建立了称雄远东，居美、日之前的近代海军舰队，但均被敌国舰队歼灭在自己的家园内。历史说明：即使建立了实力强大的舰队，但战略目标不清，战术运用失误，战斗必然失败，最终消逝在海洋上。我们应当汲取这个沉痛的历史教训。

惨烈的甲申沉戟

在中国海军史上，中国人民不能忘记两场惨烈的海战，那就是南有“甲申”沉戟，福建水师沉舰马江；北有“甲午”海葬，北洋水师葬身威海。中国好不容易创建的两支近代海军舰队，未能扬威海上，却被敌人堵在自己的港湾里，悲壮地被侵略者歼灭在自己的家门口，导致“舰毁海防溃，国破山河碎”的国殇。这是刻骨铭心的国耻，长流不尽的军泪。

19 世纪中期，中国在鸦片战争中失败，丧失了独立自主的地位，逐渐沦为半封建、半殖民地社会。但这种状况也刺激了中国人民，催生了洋务运动，开始了历时 30 余年的、以“师夷长技以制夷”为中心的“自强、求富”运动。

1874 年 11 月，清廷进行了空前的海防大讨论，明确“海防关系紧要，既为目前当务之急，又为国家久远之图”。光绪皇帝于 1875 年发布上谕：“着手筹办南洋水师和北洋水师。”中国人开始制枪造炮、造船购舰、建设海军了，这是中国国防建设的重大转变。

至 1884 年中法战争前夕，福建水师已经成为一支较强的舰队，主力舰有“扬武”、“琛航”、“永保”、“伏波”、“济安”、“飞云”、“振威”、“福星”、“艺新”9 艘国产木质军舰和“福胜”、“建胜”2 艘购自英国的铁制炮艇，官兵 1 400 多人，舰艇总排水量 1 万多吨。马尾港区狭窄航道曲折，礁石浅滩密布，很难进行机动作战。周围山上筑有岸防炮台，部署陆军 24 个营。如能统一指挥，发挥海陆协防优势，完全可以制敌，使其“有来无回”。

法舰入侵马尾港

1884 年，法国政府派遣舰队，不

断骚扰中国沿海，公然向清政府施压，妄图勒索巨额赔款。8 月间，正式组建了法国在海外最大的舰队——法国远东舰队，任命孤拔为舰队司令。法国政府玩弄的如意算盘是：入侵中国，围而不攻，高压威慑，迫使清政府支付赔款，只要清朝愿付 8 000 万法郎，法军即可撤离。

尽管清政府惧怕与法军开战，一再强调不能"衅自我开"，但也没有屈服于法国外交和军事的双重讹诈。清廷看到已无和平解决希望，被迫公开宣称："如法国固执己见违反公约，中国政府将不惜一战。"光绪皇帝颁电旨："法国不退出兵船，唯有即与决战，目前法人如有蠢动，即行攻击，毋稍顾忌。"但福建水师官员却消极待战，还在静候皇上再发开战电旨，甚至派员赴法舰乞求延缓开战。

孤拔诡计多端，摸透了清政府不懂利用国际法来保护自己和海军官员"保船乞和"的心态，以"游历"为名，非法将旗舰"伏尔达"号为首的 11 艘排水量达 14 500 吨的军舰及 2 艘鱼雷艇、4 艘炮艇，先后开进马尾港，随心所欲地占据了有利位置，几乎是"一对一"地抛锚于清军舰艇近旁，完全做好了全歼福建水师的攻击准备。

而福建水师，犯了四个致命的错误：

1. 临战乞和失斗志。直隶总督、北洋大臣李鸿章，对法国远东舰队的强盗行径，满脑子"和为上，战必败"的求和妥协思想。福建水师消极地"避战求和"，下令"必须让敌炮先开，我方还击，故各管驾（舰长）不敢妄动"。

马江海战纪念馆

2. 引狼入室遭暗算。法国侵略军利用清朝官员对国际法的无知和求和心切的心态，堂而皇之地以"游历"为名，将舰队驶入福建水师的基地——马尾港。福建水师不仅毫不阻挡，还给予法舰"友好的款待"。于是，在马江的江面上，竟然出现了中国军舰同法国军舰“友好”对峙，相伴锚泊40多天的咄咄怪事。

3. 临战慌乱误战机。战火即将点燃，但朝廷对和或战的意见不一。光绪颁旨：“目前法人如有蠢动，即行攻击，毋稍顾忌。”而慈禧太后等认为“和为上，战必败”，船政大臣、福州将军等前线官员毫无主张，还在致电清廷询问战守之策，但得到的多是“彼若不动，我亦不发”的命令，于是下达严令“无旨不得先行开炮，必待敌船开火，始准还击，违者虽胜尤斩”。就这样，福建海军完全自己束缚了手脚，失去了战争的主动权。

4. 良机给敌自挨打。江河作战受水流影响，选择开火时机极为重要，甚至决定着战斗胜负。战前，中国舰队泊于马江上游，法军舰艇居于下游。涨潮时，所有的锚泊舰均船首朝向外口，中国军舰的舰首正对着法国军舰的舰尾，处于攻击的有利位置，蛮可以击沉法国旗舰，甚至一举击垮法国舰队。但中国舰队一直消极等候朝廷的开战命令，眼巴巴地贻误戎机，终于铸成败局。

英军司令孤拔很懂得这一战机的重要性，涨潮时提心吊胆地坐镇“伏尔达”号，不敢下驾驶台一步，唯恐清军在涨潮时先行开火，使法国舰队陷于灭顶之灾。敢于冒险的孤拔正是把赌注压在清朝“求和怕战”的战略思维上，认定中国舰队不会首先攻击。

法军根据法国当局“不必等候中国回答，即可攻击”的作战命令，当开始落潮，法国军舰的舰首对准清军舰艇的舰尾时，向中国军舰猛烈开火。顿时，马尾江面水柱冲天、一片火海。

福建水师官兵浴血抗击，英勇杀敌。“扬武”号旗舰是一艘著名的训练舰，曾培育出邓世昌等一批水师杰出人才，训练素质较高。在涨潮时间，各炮就一直瞄准“伏尔达”号，可随时给予入侵者致命打击，但翘首盼望的“开火”命令一直没有等到。刚转入落潮时，“伏尔达”号和2艘鱼雷艇同时用鱼雷和舰炮向“扬武”号发起攻击。“扬武”号的官兵在弹雨中沉着应战，一面转向，一面射击，第一炮便击中“伏尔达”号舰桥，炸死了引航员汤姆斯，震倒了司令官孤拔。

敌46号鱼雷艇施放鱼雷命中了“扬武”号，“扬武”号在极其困难的条件下用后主炮重创了该艇。就在“扬武”号沉没的瞬间，还将龙旗升到了桅顶，向法舰射出了最后一发炮弹。连法国军官也称赞：“‘扬武’号表现出勇敢和英雄的优美榜样。”

“振威”号遭受法军4艘巡洋舰的围攻，弹痕累累，舰体倾斜，十分危急。舰长许寿山指挥若定，一面指挥射击，一面奋力驾舰冲向“德斯丹”号。但在多艘敌舰夹击下，“振威”号弹药库中弹爆炸，船体急剧下沉。许寿山亲自拉动击发引绳，向“德斯丹”号发射出最后一发炮弹，炸伤了敌舰长和2名水手，随后，“振威”号便沉入江中。

马尾“昭忠祠”

此时，中弹起火的“飞云”号，不顾烈焰裹舰，赶来掩护“振威”号，在航行中沉没。舰长高腾云两腿被炸断，仍坚持指挥，落入水中牺牲。福建水师官兵英勇杀敌，展现了中华儿女宁死不屈的英雄气概。

马江之战，法国以赌徒的侥幸心理得胜，中国在慌乱无主中落败。苦心筹建的福建水师，在自己的基地内，经历不到一小时的战斗，军舰全部毁沉在法军的炮火下，“艟舻破碎，将校伤残”，是中国海军史上的奇耻大辱。朝廷昏愚，庸将误国，在中国近代史上留下了一块国耻碑。

海军官兵缅怀先烈

马江之战的牺牲者，包括江岸炮台及陆军官兵共1000余人，后来葬于马尾山麓，建有“昭忠祠”，供后人悼念追思。

悲壮的甲午海战

1894年,中、日两国经历了3次海战。6月的丰岛海上遭遇战,拉开了“甲午海战”的序幕;8月的黄海大海战,是中国陷于不利战局的转折点;1894年末打至1895年初的威海之战,中国的北洋水师全部被歼。悲壮的甲午海战,是中国历史上又一块国耻碑,同“甲申”悲剧一起被称为“二甲国耻”。

丰岛遇袭 日本明治维新期间,天皇就下诏书,要“拓万里之波涛,布国威于四方”,将征服朝鲜和中国奉为国策,把海军建设置于“当今第一要务”。日本舰队虎视眈眈,寻机“消灭清国海军于黄海”,为入侵朝鲜、中国扫清道路,是日军的军事战略目标。

朝鲜当时为中国的附属国,日本人采用“先占朝鲜,再战中国”的策略,发动朝鲜政变,挟持国王,扶植傀儡,将朝鲜作为入侵中国的跳板。而中国当局完全低估了日本的战略意图和冒险发动战争的野心,一直把希望寄托在外国的调停上。李鸿章说:“日虽竭力预备战守,我不先与开战,彼谅不动手,此万国公例。”他命令中国的舰长“不得妄启衅端”,对即将打响的海上战争茫然无知,毫无迎战准备。

1894年7月25日,中国在朝鲜执行护航任务的巡洋舰“济远”号、“广乙”号,自朝鲜牙山口锚地驶返威海港,在丰岛以西海面突然遭遇日本“吉野”号、“秋津洲”号和“浪速”号巡洋舰的袭击。由于日本军舰占有优势,而且实施偷袭作战,中国军舰仓促应战,一开始便处于被动挨打的不利局面。

激战中,“济远”舰瞄准日本旗舰“吉野”号,多发炮弹命中,一发炮弹贯穿“吉野”舰体,击中主机舱,可惜没有爆炸。“济远”舰在敌舰围攻下,指挥台多次中弹,舰体遭受重创,13人牺牲,27人受伤,鲜血染红了甲板。

“广乙”舰曾击中日舰“浪速”左舷,炸毁其后锚机和备用锚。但“广乙”舰被击中驾驶台,牺牲30余人,实难坚持作战,在撤离战场途中触礁搁浅,舰长林国强下令纵火焚舰,率残部70多人登岸,后来辗转回国。

正当日舰追击合围“济远”舰时,突然发现清军运输舰“操江”号和“高升”号驶经战场。日军兵分两路，“浪速”号、“秋津洲”号去拦击两艘运输舰，由“吉野”号追击“济远”舰。

“吉野”凭着 23 节对“济远”15 节的航速优势，追及近处，猛烈炮击“济远”舰，“济远”舰的形势十分危急。在炮火硝烟中，“济远”舰升上白旗。如此举不是设计诈降，即有惧敌投降之嫌。日舰命令“济远”舰停航，并逐渐接近该舰。此时，炮手王国成和李仕茂见状义愤填膺，转动后主炮，瞄准“吉野”号连发四炮，击中“吉野”号桅楼、舰艏和舰体，使其舰艏即刻低俯。“吉野”号被“济远”的英勇行为所慑服，不敢再战，只得掉头退离。“济远”舰乘机西驶，撤回威海港。

清军运输舰“操江”号从大沽口出发，装载着 20 万两饷银、20 门大炮、3 000 支步枪和大量弹药，经威海港驶往朝鲜牙山途中，遇上清军租用的英国商船“高升”号，该船装载 1 100 多名清军，也是从塘沽前往牙山。就在两艘军舰即将到达朝鲜，驶至丰岛外海时，偶然闯入了战场。

日舰“秋津洲”号很快追上了只有 7 节航速的“操江”号。在敌人炮火淫威下，“操江”号放弃了抵抗，在烧毁机要文件后，向日舰投降。“操江”号被押送至佐世保港，所装武器及 20 万两白银悉数落入日本人手中。被俘清军遭受游街凌辱，并被关入监狱，直至 1895 年 7 月遣返回国。

日舰“浪速”号在舰长东乡平八郎指挥下，追上挂着英国国旗的“高升”号，迫其抛锚接受“临检”，企图俘虏该船。船长高惠梯出示英国执照，提出抗议，要求依照国际法，驶回战争开始前的始发港——中国大沽口。日本人强行胁迫“高升”号起锚跟日舰走，高惠梯准备服从。但船上中国官兵表示：“宁愿死，决不服从日本人的命令。不能退回大沽口，只有拼死一战，决不投降。”船长再次要求谈判，告诉日本人：“船上官兵坚持要求驶回始发港，这是符合国际法的公平合理要求，因为出发时还是和平时期。”

“高升”号上的清军只有用步枪杀敌

然而，东乡平八郎根本不予理睬，毫无人性地决定击沉该舰。日舰驶近距“高升”号 150 米处，6 门右舷炮齐射，并发射一枚鱼雷，“高升”号锅炉舱被击中爆炸，舰体翻转，沉没水中。日军不顾国际法，野蛮地用快炮屠杀落水人员，历经一小时之久，鲜血染红海水，场面十分惨烈。结果，除被在战场附近观战的英国、法国、德国军舰救起 245 人外，其余 871 名中国官兵和 56 名中、英、菲籍船员沉海殉难。这是日本人在“甲午战争”中犯下的严重战争罪行之一。

日舰击沉英国商船“高升”号

丰岛海战，虽是一次小规模的遭遇战，但它是甲午战争的第一仗，牵涉国际政治多边角逐。这是日本“投石问路”的一招，试探中国的实力和决心，考验英国的对日态度。北洋水师的弱点，英国的纵容，大大助长了日本海军的嚣张气焰。

黄海血战 甲午海战之中，黄海海战是真正意义上的海战，在世界海战史上被称为“经典海战”之一。在世界海战史的著作中，较多称其为鸭绿江海战、大东沟海战。其实，称“黄海海战”更为确切，因为战斗是在离鸭绿江口较远的海洋岛与大鹿岛之间的黄海海域上展开的。

丰岛海战后，1894 年 8 月 1 日，中国和日本同时向对方正式宣战。光绪为首的主战派自诩海军强大，屡屡电谕李鸿章，要求主动出海寻找日舰决战。而李鸿章等水师头目，对丰岛战斗后的战争形势茫然莫辨，根本没有制定出对日作战方针，认为“海上交锋，恐非胜算”，从而采取“保船制敌”的消极防御方针。

1894 年 9 月 15 日，丁汝昌率领北洋水师主力部队 18 艘舰艇从威海港驶抵大连湾，泊于台子山、和尚岛、大孤山和三山岛环抱的宽阔海域内，准备执行护航任务。这是中国海军最壮观的聚集，也是北洋水师的最后一次检阅。其中，铁甲舰“定远”号、“镇远”号，每舰吨位 7 335 吨，航速 14.5 节，主炮口径 305 毫米，配有 3 个鱼雷发射管，是远东最大军舰，日本人“畏如虎豹”，视为主要打击目标。

1894年9月16日凌晨，从旅顺出发的“新裕”号等5艘运兵船，搭载陆军10个营4 000名官兵，在丁汝昌率领的北洋舰队护送下，浩浩荡荡驶向目的地大东沟。17日早晨，护航任务顺利完成，运兵船先行返回大连。“定远”舰等10艘主力军舰在大鹿岛东南方向抛锚，计划18日晨返回大连。

北洋水师提督丁汝昌

日本海军为执行“歼灭清军舰队于黄海”的策略，集中主力舰队，张开大网在搜寻北洋水师。当得知清朝舰队将要从大东沟返回大连的情报，便把舰队隐蔽埋伏在海洋岛，准备偷袭北洋舰队。

17日10时，“定远”舰的瞭望哨发现了从海洋岛方向前来袭击的日本舰队，日军旗舰“松岛”号等12艘战舰正以单纵队战斗队形迎面驶来。北洋水师编队立即起锚以横队向西南方向迎敌。12时35分，敌我编队相距5 300米，“定远” 舰首先用305毫米巨炮对日舰发起攻击，其他各舰一起向日舰齐射，日舰同时向我编队密集开炮，世界上第一次近代铁甲舰队之间的大编队作战由此开始。

旗舰“定远”号

由于风向不利，炮火硝烟吹向我方，影响了目力瞄准，北洋舰队第一次齐射命中率较低，错失了利用“定远”舰、“镇远”舰巨炮先期重创敌舰、挫其锐气的良好机会。随着距离缩短，日舰迅速变换队形，利用速射炮等优势，4艘日舰集中攻击我编队右翼火力最薄弱的“扬威”舰和“超勇”舰。“扬威”舰、“超勇”舰官兵顽强抵抗，奋力杀敌，先后重创敌舰“吉野”号、“高千穗”号和“秋津洲”号，“浪速”号的艏水线部分被击穿。但“扬威”、“超勇”两舰也相继中弹，起火后沉没，两名舰长英勇殉难。

黄海大战开始时的队形

北洋水师集中攻击日联合舰队的指挥舰“松岛”号，击毁其320毫米主炮的旋回装置和后炮座，使其战斗力大减。其余日舰“严岛”号、“桥立”号中弹多发，受到重创；“比睿”号、“赤城”号被打得燃起熊熊大火，“舰上军官几乎非死即伤”。

北洋水师“定远”舰和“镇远”舰越战越勇，冒着弹雨冲锋陷阵，集中攻击日本海军军令部长桦山资纪中将的座舰“西京丸”号，击中其甲板和轮机舱，迫使挂出“我舵故障”的信号。赶来参战的中国“福龙”号鱼雷艇在400米至40米的近距离内连续发射3发鱼雷，吓得桦山资纪闭上眼睛喊“完了，我事已毕！”可惜，很可能是鱼雷性能失效，3枚鱼雷竟无一爆炸，“西京丸”号侥幸免于葬身黄海，狼狈地退出了战场。

战斗开始时，北洋舰队指挥丁汝昌被巨炮气浪掀翻，身负重伤，他坚持坐在甲板上指挥战斗，鼓励官兵英勇杀敌。但信号装置被毁，舰队失去统一指挥，大大降低了协同作战的能力。更致命的是弹药储备不足，不少是无引信的练习弹和装药不足的炮弹，甚至还有内装沙子的炮弹。无疑，清廷的腐败和消极备战帮助了敌人。

由于通信工具原始，难以进行有序的编队作战，几十艘舰艇在不大的海区内穿插攻击，基本上处于混战状态，主要靠视距内的协同配合。刚投入战斗的“平远”舰，攻势凌厉，气势凶猛，用260毫米主炮击中日本“松岛”号旗舰，洞穿多个舱室，击毁其主炮和鱼雷发射管，毙伤多人。

“致远”舰舰长邓世昌始终挺立在指挥台上，英勇作战。当旗舰“定远”号桅

英雄舰“致远”号巡洋舰

杆折断、帅旗坠海时，他驾舰开足马力驶于“定远”舰之前，吸引火力，掩护旗舰，驾舰却重陷敌阵，遭受日舰围攻。邓世昌在舰损弹尽的危难时刻，决心撞击敌舰，不幸舰体中弹炸裂沉没，邓世昌英勇殉国。

“济远”舰、“广甲”舰受敌舰围攻，舰体受损，炮械损坏，伤亡惨重。“济远”舰挂出“本舰已受重伤”旗语，撤离战场返回旅顺港；“广甲”舰跟随其后驶返大连湾，搁浅在三山岛；“来远”舰、“靖远”舰分别中弹几百发，舱室进水，舱面大火，被迫退出战斗，驶往大鹿岛附近浅水区堵漏、灭火；“经远”舰以一敌四，冒着弹雨奋勇炮击日舰，终于寡不敌众，在烈焰中炸裂沉没。

由于“致远”舰舍身保帅，“定远”舰得以扑灭大火，重新投入战斗。整个北洋水师只剩下“定远”舰、“镇远”舰两艘战列舰，凭借坚固的装甲和官兵的英勇抗击，虽屡屡中弹，多次起火，仍保持强大的战斗力。两舰密切配合，协同作战，开炮击中敌指挥舰“松岛”号，引发了弹药舱爆炸，黄海海面上响起了令人恐怖的巨大爆炸声。“松岛”号甲板上的火炮及设备全部被摧毁，死伤惨重，丧失了指挥和作战能力，被迫放弃指挥，挂起了“各舰自由行动”的信号旗。敌旗舰重伤，严重挫伤了日军的士气。

“定远”舰、“镇远”舰弹痕累累，中弹数百上千，人员伤亡很大，但官兵们搬开同伴的尸体，不断用巨炮轰击敌人。经过 6 小时的激战，两舰主炮弹药告罄，只靠练习用的实心弹来打击敌舰，失去了击沉和重创敌舰的机会。

战斗进行至 17 时 40 分，日舰惧怕“定远”舰、“镇远”舰的巨炮和鱼雷艇的攻击，先行南撤，驶往朝鲜大同江以南锚地。北洋水师“定远”、“镇远”、“平远”、“广丙”四舰一起追击逃遁的日舰，但由于各舰均是带伤航行，无力撵上日舰。约 18 时，北洋水师 6 艘舰艇汽笛长鸣，告别血与火的战场和为国捐躯的战友，转向西南方向，朝旅顺港返航。

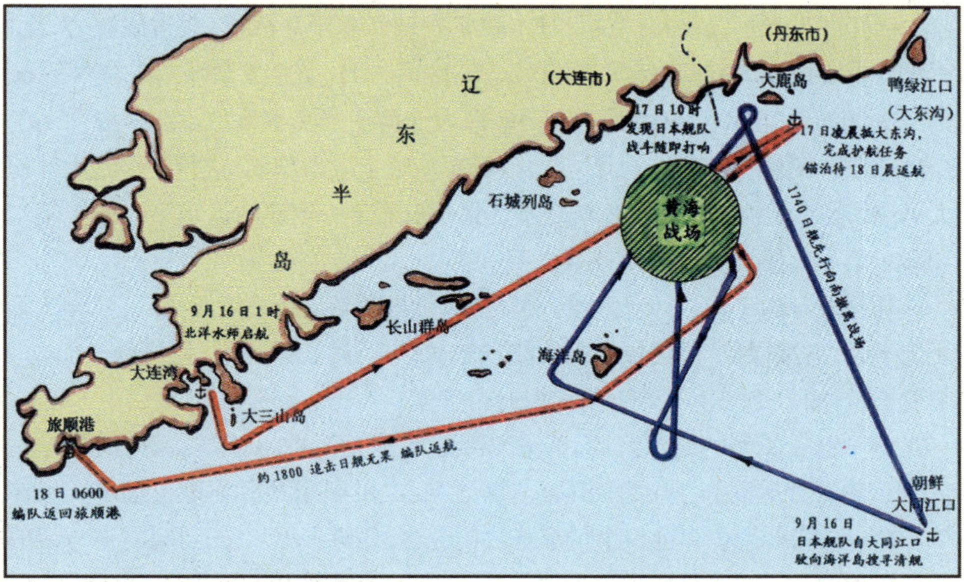

本图参考:《世界海战简史》鸭绿江战役附图(德)　　陆儒德　绘

《近世帝国海军史要》大东沟海战图(日)

黄海大海战示意图

战斗结果:北洋舰队“扬威”号、“超勇”号、“致远”号、“经远”号四舰沉毁,“广甲”舰在撤离战场途中触礁报废,“定远”舰、“镇远”舰、“来远”舰、“靖远”舰等均有较大损伤,共牺牲水师官兵600多名,战斗力受到很大削弱。

日本联合舰队的旗舰“松岛”号、军令部长桦山资纪的座舰“西京丸”号和“吉野”号、“比睿”号、“赤城”号五舰受到重创,其余日舰均中弹受伤。

由于清政府的腐败,北洋舰队领导不力,海上指挥混乱,作战弹药不足,导致舰队遭受重创。但在整个战役中,舰队完成了护送陆军登陆的任务,重创了敌旗舰“松岛”号和军令部长的座舰“西京丸”号,在激战中保住了“定远”、“镇远”两艘主力舰,粉碎了日军“聚歼清军于黄海”的企图。而且,是日舰被迫先行退离战场,在我军追击中结束战斗。所以,不能说是“北洋水师惨败”,客观地说,双方难分胜败。英国人勃兰德在《李鸿章传》中写道:“如果这些大炮有适量的弹药及时供应,鸭绿江之役很有可能中国方面获胜,因为丁汝昌提督是有斗志的人,而他的水手们也都极有骨气。”

威海海葬 黄海海战后，日本决定发动辽东半岛战役，攻占旅顺、大连，再进行直隶决战，迫使清廷就范。1984年11月7日，就在紫禁城内慈禧太后60寿辰庆典的歌舞声中，日军兵不血刃轻取大连湾。当晚丁汝昌率北洋舰队匆匆撤离旅顺口，驶回威海港。11月22日，日军从陆上攻占旅顺，进行了灭绝人性的大屠杀，杀死无辜中国百姓2万余人。北洋水师苦心创建的远东第一海军基地和远东第一大船坞全都落入日本人手中。

陆军出身的丁汝昌，不懂发挥舰队机动性的优势。自黄海海战后，北洋水师死抱清朝“避战保船”的消极防御策略，加上“镇远”舰触礁受损，修复后只能以7节航速“行船放炮”，更不敢轻易出海打击敌人。

当时退守威海的北洋水师，尚有“定远”、“来远”、“靖远”、“济远”、“平远”、“广丙”等6艘战舰和13艘鱼雷艇，“镇远”舰也可利用其巨炮进行近岸支援作战。如能同陆上炮台和港口水雷部队协同配合，伺机出海攻击，可以掌握一定的战场主动权。但丁汝昌顽固地采取了株守港口、坐待援兵的下策。

1月25日，日军开始进攻威海卫，由于陆上守军不战而逃，港口四周陆地完全被日军占领，北洋舰队腹背受敌。尽管水师官兵英勇奋战，击伤“筑紫”号、“葛城”号等多艘敌舰，但形势仍然十分危急。

2月7日，日本联合舰队向刘公岛发起总攻，用8艘军舰堵住北口，派15艘军舰围攻南口。由于北洋舰队受敌陆、海夹击，舰艇损失惨重，士气开始崩溃。尽管丁汝昌挺身于战火中指挥作战，决心与舰共存亡，但随着“定远”舰、“靖远”舰受伤搁浅，已无力回天。

丁汝昌忍痛几次下令炸沉“镇远”舰，不致被日军俘获蒙羞，竟无人执行这道最后的命令。面对日军的诱降，丁汝昌断然拒绝，高呼：“决不弃报国大义，今唯一死以尽臣职。”他托人完成最后的交代：“毁其提督印章，把北洋水师档案护送烟台。”威海卫上演了令中国人汗颜的悲壮一幕：

北洋海军提督丁汝昌吞饮烟膏殉国；

代理提督刘步蟾悲愤服药自尽；

刘公岛护军统领张文宣自杀身亡；

“镇远”舰代舰长杨用霖衔枪自尽。

2月16日，中、日军方代表在日舰“松岛”号签订了《威海降约》，日本人宣布

“镇远”舰等10艘清舰被俘获。

1895年2月17日，黑云低垂，海面昏沉，被卸去舰炮的军舰“康济”号，载着丁汝昌、刘步蟾、林泰曾、杨用霖等的灵柩及威海卫的守军1 000多人，异常凄凉地驶离已经挂着日本旗的威海港，静静地驶回烟台港。驾驶“康济”舰的萨镇冰，亲自操纵舵轮，望着水师将领及学友的灵柩，他眼中无泪，心在燃烧。威海海战，标志清政府苦心经营15年、曾称雄东亚的中国铁甲舰队——北洋水师，全军覆没。不久，李鸿章同伊藤博文签订了丧权辱国的《马关条约》。

甲午遗址“海军公所”

1896年，签订《马关条约》一周年祭，革命家谭嗣同写下诗词《有感》：“世间无物抵春愁，合向苍冥一哭休。四万万人齐下泪，天涯何处是神州！”现代女作家冰心，为甲午失败万分悲切，她发誓要写的最后一部著作为《甲午海战》，可是每当提笔便泪流满颊，写不下去，最后仅仅写了一个开头，但留下了她的肺腑之言：“不要忘了甲午海战！”

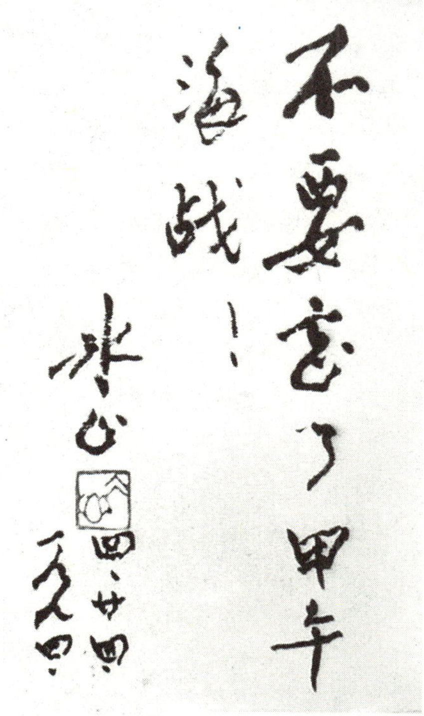

女作家冰心的遗言

无奈的丁丑自戕

从清末到民国时期，中国海军没能从“甲午”阴影中复苏，而是沉沦到了低谷。到 1928 年，全国共有舰艇 110 余艘，总排水量仅 6 万吨，平均吨位只有 545 吨。数量少、吨位小、舰龄老、设备旧，没有一艘具有远洋作战能力的战斗舰艇。全年海军经费，尚不足外国造一艘战斗舰一半的费用。

蒋介石执政时期，实行“攘外必先安内”的政策，把心思集中在利用陆军和空军打内战上，提出“要采取‘陆主海从’原则”，扼杀了中国海军振兴的机会。在抗日战争前夕，大大小小滥竽充数的舰艇共有 124 艘，总排水量 6.8 万吨，大量是没有战斗力的巡逻艇。最大的巡洋舰“海圻”号，当年曾与世界强国海军一起参加英王加冕盛典，风光一时，但已是四十高龄，武器装备陈旧落后。

而日本海军在“甲午海战”胜利的强劲刺激下迅速扩充壮大。1937 年 6 月统计，日本海军舰艇的总排水量已经达到 115.3 万吨，总兵力达到 12.6 万人，并且占据了旅顺、青岛、上海、马公等重要军港，呈海上包围之势，使弱小的中国海军完全被封闭在江河领海，处于被动挨打的极端不利态势。

抗战爆发后，1937 年 7 月 29 日，日本驻华副武官向中国海军当局提出无理要求：中国政府不得抵抗日本侵略中国的军事行动，如果中国海军不按此执行，就要用武力歼灭。日本还专为侵华而设置了一个“第三舰队”，驻扎于上海，用来对付沿海中国军队。国都南京城及广阔的长江中下游均成了日本人的“内江”，敌舰随意长驱直入。中国国门洞开，有海无防，弱小的中国舰艇被侵略者像“赶鸭子”一样圈在内河里。

1937 年 8 月，日本军舰有大举入侵长江，攻打上海、南京的企图。民国海军无力把敌舰赶出长江，想出了一个“绝招”，用自己的军舰封堵长江，阻拦在长江中上游的数十艘日本舰船和 300 多名海军陆战队员，以减少侵略军攻击上海、南京的战斗力。

蒋介石亲自下命令，由海军部长陈绍宽执行，一夜之间，把包括“海筹”号、“海圻”号、“海琛”号、“海容”号等 4 艘巡洋舰和大名鼎鼎的“通济”号训练舰在内的 12 艘军舰、23 艘商船及 8 艘趸船，一字排开，打开海底门，沉入长江。这是世界海军史上罕见的军舰集体自戕行为，是中国海军第三次覆灭在自家水域里。

从此，民国海军已经溃不成军，只能凭广大官兵的爱国热情抗日，有的把军舰的大炮搬上陆地，有的自造水雷打游击，在抗日的战场上为祖国主权而浴血苦战。

中国历史上三支铁甲舰队均消失在自己的家园内，给了我们深深的启示：中国要强大，不但要建设一支强大的海军，而且要会正确地经略海军，发挥海军的机动作战性能。

邓公足壮海军威

邓世昌像

“甲午”海战失败是中国的国耻，但北洋水师官兵与敌浴血奋战，谱写了中国人民英勇抗敌的悲壮历史。“致远”舰是一艘英雄的军舰，舰长邓世昌是一位杰出的民族英雄。一艘军舰、一位舰长，浓缩着中国近代海军的崛起与衰亡，折射着中国人民英勇不屈的民族精神，散发着光彩夺目的奇光异彩。

少年立志从军 邓世昌小学毕业后跟随经商的父亲“闯江湖”，游历沿海城市，后定居于上海。光怪陆离的“十里洋场”，使他大开眼界。当时上海闹市区布满“租界”，成了外国人的乐园。黄浦江边，醒目地挂着“海关”、“洋行”、“运输公司”这类外国牌子。黄浦江内停靠和航行的全是外国轮船，长驱直入，横冲直撞，行我江河如走“内湖”。少年邓世昌产生了强烈的忧

清代爱国诗人黄遵宪为悼念甲午英烈，写下了著名诗句：“金戈铁马英灵在，倘借神力旋乾坤。”烈士的“神力”是最珍贵的精神财富，永远需要我们去缅怀和学习。

邓世昌石雕像

患意识，他愤然感叹：“中外通商日盛，外舰来华日多，中国的弱点都被外人探知，假使中国不用西法建立海军，一旦强邻肇衅，何以御之？”

一次，邓世昌读到当朝重臣李鸿章的奏文：“今东南海疆万余里，各国通商传教，往来自如，(广)集京师及各国腹里，阳托和好之名，阴怀吞噬之计，一国生事，诸国构煽，实为千年来未有之变局。轮船电报之速，瞬息万里；军械机器之精，功力百倍；炮弹所至，无坚不摧，水陆关隘，不足限制，又为数千年未有之强敌。”他心情异常激动，下定决心报考了马尾船政学堂，成为中国海军第一届驾驶班的学生，誓为国家海防奉献人生。

中国第一所海军学校——马尾船政学堂，以英、法海军的模式实施教育，开创了中国近代教育的先河，为加速中国近代化建设作出了贡献，成了“海军将领的摇篮”。毛泽东曾给予很高的评价：“1866 年马尾船政学堂开办以来，中国算是有了现代、近代海军，这个学校出了许多人才，光是海军提督、海军总司令就出了好几个。”

邓世昌在学堂苦读 5 年，奋发学习，自强不息，“各门考核屡列优等”。他老练稳重，“执事惟谨”，是同学中的“大哥”，享有很高威信。福建船政总管沈葆桢对他长期观察、考核后，称赞邓世昌为“最伶俐的青年”，破格奖以五品军功，先后委任为“琛航”舰大副和“海东云”舰的舰长。邓世昌爱舰如家，刻苦钻研操船技术，在海军里享有“驾船如驾马，鸣炮如鸣镝”的赞誉，是马尾船政学堂首届毕业生中的佼佼者。他治军赏罚分明，训练严格、办事公正，勤于研究兵书战法，一心扑在海军事业上。

越洋功绩卓著 1879年，邓世昌和林泰曾两位舰长奉命率领300多名官兵赴英国接收海军订购的两艘巡洋舰“扬威”号和“超勇”号。该型舰长67米，航速15节，排水量1 350吨，前、后主炮口径254毫米，装甲舰体。1881年，两舰在英国纽卡斯尔竣工，举行了隆重的升旗仪式，中国军舰第一次在英国国土上升起“飞龙戏珠的黄色三角旗”(简称黄龙旗)，结束了以往由英国人接舰，挂着英国旗开到中国港口举行交接仪式的历史。

8月17日，邓世昌、林泰曾驾驶着“扬威”、“超勇”两艘巡洋舰驶离英国。离港时，纽卡斯尔市议会发来贺电：“值此贵国海军将士驾舰离港归国之际，请接受我们诚挚的祝贺。多年来，贵国资质聪明之海军军官多人在我皇家海军学院深造，成绩优异。相信新舰到华之后，必将‘扬威’慑敌于东亚，‘超勇’驰骋于海战，为贵国海军倍添荣光。”中国军人首次独自驾驶军舰航经北大西洋、地中海、苏伊士运河、印度洋、西太平洋、中国南海，先后驶入香港、上海、大沽口和旅顺港。

1887年初，李鸿章再次派邓世昌及叶祖珪、林永升、丘宝仁四位舰长赴英国，接收“致远”号、“靖远”号和“经远”号、“来远”号四艘巡洋舰。四舰系两组“姐妹舰”，排水量分别为2 300吨和2 900吨，航速分别为18节和15.5节，分别装有210毫米和150毫米主炮，均配有四联鱼雷发射管。邓世昌全权负责这次重要的接舰工作。

电影《甲午风云》剧照

1887年9月12日，邓世昌等驾驶着四艘巡洋舰，并拖带着一艘“左队一”号远海鱼雷快艇，启程回国。邓世昌沿途带领编队进行各种操演，使官兵很快熟悉新舰，训练水平大大提高。由于过度劳累，他患了风寒症，但仍然“扶病监视行船”。他强调自力更生，整个航行中“不另保险，省费数十万”。

“致远”舰军官合影（中立者邓世昌）

邓世昌担任“致远”等舰的舰长20多年，多次出使欧洲，率领中国舰队从欧洲返回祖国，受到朝廷褒奖，被授予花翎提督衔，不愧为近代中国海军的精英人物。

黄海威名留芳 1894年中、日黄海大战，是一场国家间海洋意识的较量，是两国海上力量的大比拼。邓世昌指挥“致远”舰冲锋在前，英勇作战。当旗舰“定远”桅杆折断、帅旗坠海时，他自悬帅旗吸引火力，掩护旗舰，稳固军心。旗舰的危险解除了，但“致远”舰深陷敌阵，遭到日舰围攻。邓世昌在舰损弹尽的危难时刻，决心撞击敌舰、与敌同沉。他甩辫高呼：“我们从军卫国，早置生死于度外，今日虽死，而海军声威俱在，是报国之时也。”他亲自操舵全速向敌舰“吉野”号冲去，不幸舰体中弹，爆炸沉没。邓世昌落水后，推开战友送来的救生圈，叱呵衔其臂膀和头发拼力救援的爱犬，誓与军舰、官兵同存亡。

大鹿岛邓世昌墓

一代名将殒灭，山海哭泣，朝野震悼。“此日漫挥天下泪，有公足壮海军威。”全国官民敬献匾文、挽幛千百个。光绪皇帝赐予邓世昌“壮节公”谥号，还亲撰祭文和碑文，称邓世昌为同李广、周瑜、哥舒翰等历史名将齐名的英杰，悼曰：“伏波横海，具折冲千里之威；劲草疾风，标烈士百年之节”，“奋击则寡能敌众，冲锋则义不顾身”，“抒浩气而壮山河，留英光以争日月”。邓世昌的英名凝聚着国魂、民族魂、军魂，将永远铭刻在中国人民的心里。

我国近代著名思想家、教育家郑观应诗云：“东沟海战天如墨，炮震烟迷船掀侧。致远鼓楫冲重围，万火丛中呼杀贼。勇哉壮节首捐躯，无愧同胞夸胆识。”歌颂了邓世昌及“致远”舰官兵的英勇无畏。

今天，在大鹿岛东山坡上修建了邓世昌与甲午无名烈士墓，墓墙上是著名散文家王充闾先生的题字“甲午英烈永垂不朽”，以缅怀先烈，昭示今人。

第二十七章

严复的境遇说明了什么

严复(右上)与伊藤博文(左下)

一位是思想家,一位是政治家,
严复与伊藤博文同时期留学英国,
却在不同文化的国家里担当着
不同的角色,起着不同的历史作用。

中日两国“一衣带水”,同文同种,相似之处甚多。两国隔海相望,一个是大陆怀抱的中国,一个是海洋包围的岛国,各有明显的地缘文化特点。严复与伊藤博文,一个是中国思想家,一个是日本政治家,他们都曾留学西方,学习海军,主张革新。但在“维新强国”的历史进程中,他们却担当了不同的角色,起着不同的历史作用。在他们身上,记载着一段重要的历史弈局,我们可以从中汲取一些有益的教训。

留学西方求变革

19世纪中期至20世纪初期,中、日两国均处于政治大动荡时期,都在寻求变革、富强之路。两国都派遣留学生赴英国学习,考察西方社会和海军事务,严

复与伊藤博文是其中的代表人物。他们努力学习西方思想，力图推行国家维新改革，寻找强国富民道路。

当时，李鸿章热衷创办水师学堂，并向英法派遣留学生，严复便是其中留学英国学习驾驶的学生之一。图中为：罗丰禄（上中，译员）、黄建勋（右1）、蒋超英（左1）、林永升（右2）、叶祖珪（左2）、林泰曾（右3）、萨镇冰（左3）、刘步蟾（右4）、林颖启（左4）、方伯谦（右5）、何心川（左5）、严宗光（后改名严复，右6）、江懋祉（左6）。

中国首批赴英国学驾驶的留学生

东方才子 1868年，15岁的严复以第一名的成绩考入马尾水师学堂学习驾驶，1871年毕业，曾到东南亚进行远洋航行。1877年3月，他被派赴英国留学，入格林尼治海军学校学习驾驶、枪炮技术。他广泛接触西方社会，同英国社会名流德勒塞、朱尔典、赫德等交往甚深，对西方世界科技进步与社会发展怀有强烈兴趣，热衷于学习外国进步思想。他曾随英舰“纽喀什尔”号在大洋航行半年，“考试成绩屡居优等”，成为出类拔萃的优等生，有“东方才子”之称。1879年，他被李鸿章看作“有用之才”而提前召回国内任职。

遭受冷遇 严复这批留学生风华正茂、血气方刚，有着强烈的变革思想，他们带着学到的先进军事技术，怀着振兴祖国的宏图大志回到中国。但清政府对他们十分冷淡，“惜未为当政者所重任”，他们的思想与才干没有得到充分的发挥。闽浙总督兼理船政大臣边宝泉在1897年3月奏疏中慷慨陈词：“船政学生学成回华，各散处无事，饥寒所迫，甘为人役。上焉者或被外国聘任办事，其次亦多在各国领事署及各洋行充当翻译，日本现在执政大臣，多与我第一届出洋学生同堂肄业，岂中国学生资质尽出人下哉。”

出类拔萃的严复回到中国，只受到一位小官员相迎，清政府仅委任他为福州船政学堂的一名技术教官，“严复几经周折，方才跪见到李鸿章，俯首禀陈报

严复铜像

国大志时，李根本没听严禀告些什么……”

1880年，严复27岁，担任了天津水师学堂的教务长，但由于不是科举出身而备受排挤。他虽有满腹才气，企盼热血报国，但由于不断抨击朝廷，被认为“不驯”而受到冷遇。久怀的革新强国大志难以实现，严复终日闷闷不乐，意志消沉，最后不得不离开政界和军界，在学术领域里以笔耕报效祖国。严复的思想，对国家的变革起到了积极的推动作用。

文化差异两境地

东亚两雄相争，实际上是一场文化博弈。中日两国“一衣带水”，几乎同时遭到西方资本主义大潮的冲击，在国家命运的十字路口面临着艰难的战略选择。

中国当局的实权人物、北洋大臣李鸿章，是一个兼有革新与保守双重色彩的历史人物，他主张“自强”、“新政”，推行“洋务运动”，发展民族制造业、造船业和交通运输业，亲手创建了近代史上规模最大的舰队，把目光开始投向那片蓝色的海洋。但他的双脚依然牢牢地站在黄土地上，死抱没落的封建制度，千方百计将一个新生的近代海军纳入封建主义的陈腐轨道。

清朝花大气力培养了不少杰出的海军人才，但李鸿章把他们困死在封建制度的“界河”内，充当不过河的小卒子。他选调一个不知海洋、不懂海军的淮系亲信丁汝昌担任北洋海军提督来统帅舰队，而处心积虑贬抑非淮系的两个总兵林泰曾和刘步蟾，始终将他们限制在舰长岗位上。才艺超众的邓世昌，一直当了20

多年的舰长。北洋水师一大批杰出人才无人进入决策层，清朝政府用人制度的弊端是导致“甲午海战”失败的重要原因之一。

1889年严复出任天津水师学堂会办（副校长），翌年，当上了总办（校长）。尽管天津水师学堂培养了不少“栋梁之才”，但严复的改革、维新能量始终未能释放。即使当上了校长，也被告知：“不预机要，奉职而已。”他感到十分失意和无奈。看到同学刘步蟾、林泰曾、林永升、黄建勋和邓世昌等同样未被当局重用，最后牺牲在战场，严复深感悲痛。这位“东方才子”悄然离开了海军，决心“致力于译著而警世”。

日本受中国文化影响很深，效法中国的封建制度，中国奉行“闭关锁国”，日本比中国闭得更紧、锁得更牢。然而，岛国人民张望四周大海，心存忧患意识，一直睁眼看着世界。鸦片战争中，西方打败中国的事实，教训了日本人，不少日本人受到“英夷寇清国”的强烈刺激，认为鸦片战争“虽为外国之事，但为我国之戒”，要以中国为“前车之鉴”。

留学英国的伊藤博文回到日本，天皇亲自前往码头迎接。伊藤博文带回的西方思想符合国家改革需要，日本政府高度重视与推崇。伊藤博文利用天皇的信任和赋予的权力，领导日本进行了一系列的政治、经济、文化等方面的改革运动，成了日本维新派的“领头羊”。自1885年就任第一任内阁首相起，他历任4届首相，主持日本内阁12年。就是这个伊藤博文，为实现天皇“开拓万里波涛，布国威于四方”的梦想，把侵略矛头直指中国。

伊藤博文亲自发动了黄海海战，向日本联合舰队下达了“聚歼清国舰队于黄海”的作战命令，以小小四岛之国打败了泱泱“天朝上国”。1895年4月17日，李鸿章与伊藤博文在日本马关的春帆楼签订了《中日马关条约》，正式宣告甲午战争以中华帝国的惨败而告终。

李鸿章（左）与伊藤博文（右）

严复才智出众，素娴韬略，但只是被封建王朝限制在“界河”内的“小卒”，浅水难掀荡涤污泥的狂涛巨澜。他只能伏案译著、笔墨耕耘，以心潮犁翻陈土，推动中华航船驶向前方，走向世界。而伊藤博文是棋局上的“车”，可以纵横驰骋，主导局势，终于取得了改革的成功。

愤懑弃军呼民众

严复纪念像

严复离开海军，在天津创办了维新运动中北方最大的报纸——《国闻报》，“以通中外之情”，“鼓民力，开民智，兴民德”。为了维新救国，他苦心译著了100多万字的西方“八大思想名著”，其中《天演论》、《原富》流传于世，影响巨大。

《天演论》宣扬“物竞天择，适者生存”、“救国图存，与天争胜”的进化论思想，强调“强国保种之事”。面对甲午战争失败、民族危亡日重的现实，疾呼民族救亡，强调“要不受人欺负，必须自己成为强者”。《原富》则警示人们：“中国的历史、文化，由于不重视海外贸易而停滞了，闭关必趋于自杀。”号召废止科举，学习西学，实行变法维新，建立君主立宪。这一论述震惊全国，流传后世，对中国革命产生了巨大影响。

> 中国历史上的革命家邹容、秋瑾、孙中山、鲁迅、吴玉章、董必武、毛泽东等都受到《天演论》的影响，称严复是中国“介绍西方哲学的第一人”。毛泽东在《论人民民主专政》中称：“洪秀全、康有为、严复和孙中山，代表了中国共产党出世以前，向西方寻找真理的一派人物。”给予他极高的评价。

严复以宣传维新变法思想和译著西学启迪民智而跻身于近代维新思想家之列，成为近代中国社会科学的奠基人。

然而，在政治上，虽然严复曾受到光绪的接见，“访以新政大事”，1905年又同孙中山“交换时局看法”，也当过资政院议员、海军协都统、海军部一等参谋官等职，但从未进入决策层。他始终是一个学者，任教长达20多年，在复旦公学、京师大学堂（今北京大学）等担任校长，教学、译著是他奋斗一生的事业。

第二十八章

孙文的蓝色梦想

SUN WEN DE LAN SE MENG XIANG

中山陵孙中山铜像

孙中山是推翻封建帝制后民国政府的首任大总统。他说："自世界大势变迁，国力之盛衰强弱，常在海而不在陆，其海上权力优胜者，其国力常占优胜。"他筹划建设世界一流海军，期盼把中国建成海洋强国。

国势强弱看海权

通过大航海运动，世界各个国家都被海洋联系起来。发展航海事业，开辟贸易航线，成为国家迅速繁荣富强的"金钥匙"；发展海军力量，保护贸易安全，海军成了海外财富滚滚流入国库的"保护神"。"谁控制了海洋，谁便拥有海洋交通能力，谁便控制了世界贸易，谁就控制了世界财富，从而，也就控制了世界本身。"几百年资本主义发展的历史，便是一部海洋贸易和海洋军事争霸的历史。海上贸易离不开海军的保护，海军需要海洋贸易的财富支持。

航海家郑和早在15世纪便指出："欲国家富强，不可置海洋于不顾。财富取之海，危险亦来自海上……我国船队战无不胜，可用之扩大经商。"中国要强盛，必须走向海洋，利用海军支持海洋贸易发展；若中国忽视海洋，那就会遭受来自海上的侵略。

孙中山与宋庆龄

孙中山深入对比、研究了中国和西方国家的兴衰史，指出："自世界大势变迁，国力之盛衰强弱，常在海而不在陆，其海上权力优胜者，其国力常占优胜。"近代中国重陆轻海，海洋事业衰落，海军形同虚设。在列强的侵略下，腐朽没落的清政府被迫同外国签订了 1 100 多个不平等条约。孙中山愤怒地指出："同外国订立种种不平等条约，将中国主权、领土送与外国，所以，中国与外人订立通商条约之日，即中国亡国之日。此等通商条约系我们的卖身契约，使中国不成其为国家。"他提出，中国应"兴船政以扩海军，使民国海军与列强并驾齐驱，在世界称为一等强国"。显然，孙中山把建设海洋事业和发展海军视为"强国之基"。

明朝，郑和下西洋创造了航海史上的辉煌，却离开了经济利益的杠杆，错过了利用强大舰队走向海洋、实现国家富强的大好时机。清朝，康熙皇帝也建立过曾打败"海上马车夫"荷兰的强大水师，在海战中清除了闹独立的"郑家军"，统一了台湾。但它是一支纯军事性的舰队，没有扬帆海上为商船护航的责任，完成政治任务后便无声无息了。

海权论的创立者、美国人马汉曾作了一个十分生动的比喻："国家之强盛全赖商业和航运而转移，把商业的海军和单纯的海军比较一下，前者为自然发育，而后者确属强制助长。历史经验证明，一位独裁分子可以组建起一支纯军事性的海上力量，正如路易十四所做的那样。然而，尽管从表面上看，这支海军威风凛凛，不可一世，经验显示，他的海军如同没有根系的植物一样，不久便会枯萎。"

虽然各国历史不同，但都走着"海洋贸易—发展海军—控制海洋—繁荣商业—工业优势—经济强国"的发展模式，都是"走向海洋而繁荣，凭借海权而强盛"。在"海洋世纪"，我们不但要建设一支强大的海军，而且要会正确地使用强大的舰队，保护国家主权完整和维护国家海洋权益不受侵犯，支持国家经济建设，在经济全球化过程中，为人类和平利用海洋作出贡献。

振兴中华需海军

中国是一个海洋大国，具有建设强大海军的客观需要和必备条件。但近代中国脱胎于封建社会，国人的海洋观念十分淡薄，海军在中国历史上留下了太多的惨烈与悲壮。

民国初期，中国是一个半殖民地、半封建的社会，海洋主权尽失，只留下了一支规模很小、装备落后的海军，根本无力保卫自己的领海，而且，内河的交通航运、造船厂所、海关管理几乎全被英、日、美等国所垄断。

孙中山在“永丰”号军舰上

孙中山同海军部长黄钟瑛等合影

伟大的革命家孙中山曾侨居海外，“始见轮舟之奇，沧海之阔”。他审视、总结了鸦片战争以来列强侵华的历史，深深感到，没有强大的海军，必然导致“海权尽失、国门洞开”，认识到海权“操之在我则存，操之在人则亡”。他坚定地提出中国应走“兴海权、振中华”的发展道路，力主发展海军舰队，推动海洋经济发展，使中国成为一流强国，实现革命胜利、国家富强。

孙中山深刻地指出:“何谓太平洋问题?即世界之海权问题也。争太平洋制海权,即争中国之门户权。谁握此门户,则有此堂奥,有此宝藏也。”他忧心忡忡地告诫国人:“昔日之地中海问题、大西洋问题,我可付诸不知不问也,惟今后之太平洋问题,则实关系我们民族之生存,中华国家的命运者也。人方以我为争,我岂能付之不知不问乎?”

孙中山对我国海军的弱小十分忧虑:“中国之海军,合全国之大小军舰,不能过百只,设不幸有外侮,则中国危矣。”中国为什么屡遭外国欺侮,甚至面临亡国的危险?“我国之兵船不如外国坚利,枪炮不如外国精锐,兵工厂不如外国设备齐完也。”也就是说,中国没有一支足以抗击侵略者舰队的强大海军。

建设一流海军,支撑中国实现“一等强国”之梦,是孙中山先生的毕生心愿,也是改变中国命运的必由之路。

无奈破碎蓝色梦

南京中山陵

孙中山有着“海军实为富强之基”的信念,对海军建设更是精心设计,决意实现。1912年,中华民国临时政府成立,孙中山就任大总统。他的第一个重要决策,就是力排众议,坚决主张把民国政府的首都迁至南京。他的解释是:南京处于全国中心,为长江之要地,交通便利。且南京为海军之根本,有利于海军的发展和充分运用海军。

孙中山宣布成立海军部，使之成为临时政府九个部之一，任命黄钟瑛为海军部长。孙中山亲自领导拟就的《国防计划纲目》和《实业计划》，将海军发展计划同武器装备、人才培养、建造军港等统筹安排，是一份十分缜密的“蓝色计划”。计划将海军建设置于国防中的突出地位，要求每年召开全国国防会议、海军建设会议、军事教育会议来研究国防和海军问题。在装备上要引进和仿制潜水舰、新式飞机等新式精锐武器，还要建立年产 200 万吨的造船厂；在人才培养上要求规模大而先进，并聘请外国专家来华任教；在基础建设上计划建筑 3 个世界级大港、4 个二等港、9 个三等港和一些专用的军港，建造拥有 1 000 万吨排水量的商船队和数以万计的内河船、渔船来发展水上航运和渔业，把中国与世界联通一起。

应该说，这是孙中山为实现靠海致富，使中国走向独立富强的宏伟大纲。但是，孙中山大权旁落，袁世凯篡权，革命尚未成功，一切美好的设想只能留给后人去实现。

第二十九章

毛泽东创建人民海军

毛泽东同“长江”舰水兵合影

没有海军，我们在紧要关头所表达的国家意志，也就仅仅是一个泥足巨人所作的笨拙无用的姿态而已。

——艾尔弗雷德·塞耶·马汉

在世界军史上，一位开国领袖既有海军建设的理论，又亲手创建了一支海军，而且多次亲临海军部队视察，指挥了一系列海上战争，并具体总结海战教训、提出海战特点与战法的，当数毛泽东主席。

制订海军建军方针

青年时期的毛泽东，站在湖南大学巨幅《世界坤舆大地图》前，见国家之大、海洋之广，心潮澎湃，浮想联翩。中国弯月形的海岸线，既是走向世界的通道，也可成为列强入侵的跳板，海洋关系着国家的兴衰荣辱，中国要强大，必须重视海

纵览世界

洋，去改变“望洋兴叹”的无奈。

1949 年初，在太行山的西柏坡，毛泽东正在运筹“进军江南，解放全国”之战略，此时他已开始构思国防建设，考虑建立人民海军了。1949 年 1 月 8 日和 3 月 24 日，毛泽东在为中央起草的文件中两次提出：“中国人民必须建设自己强大的国防，除了陆军，还必须建设自己的空军和海军，1949 年及 1950 年我们应争取组成一支能够使用的空军及一支保卫沿海沿江的海军。”

1949 年 4 月 23 日，就在解放军把红旗插上南京总统府的同一天，在毛泽东的关怀下，江苏泰州白马庙诞生了我军第一支海军部队——华东军区海军。毛泽东又亲自调兵遣将，选调海军司令员，组建海军领导班子和首批海军部队。

1949 年 12 月，毛泽东在访问苏联的百忙之中，一直思考着海军的地位与使命，他认为海军不只是“守土防卫”的武装力量，而且是以海洋为活动舞台，遂行国家赋予的多元使命的现代军队。毛泽

毛泽东同“洛阳”舰官兵亲切谈话

东亲自致电聂荣臻："海军应该是一个战略决策机构，是一个军种，应单独成立司令部，海军领导机关应设在北京。"他把海军提升到战略军种的地位，决心改变海军的落后状态。在新中国百废待举、经费缺乏的情况下，毛泽东将发展海军列为急迫任务，把从苏联取得的3亿美元贷款的一半批给了海军，用来购买驱逐舰和鱼雷快艇等海军武备，足见他对海军建设的高度重视。

1953年，毛泽东在"长江"舰上指出："一定要建设强大的海军，把一万多公里的海岸线建成'海上长城'。"1958年6月21日，毛泽东在军委扩大会议上强调："除继续加强陆军和海军的建设外，还需大搞造船工业，大量造船，建设'海上铁路'，以便在今后若干年内建设一支强大的海上力量。"

毛泽东指出建设强大海军的目的：不仅要建设能够有效地保卫国家主权完整和海洋权益不受侵犯的"钢铁长城"，还要建设能够通向世界的"海上铁路"，同世界人民一起共享海洋资源、共建"和平海洋"。

收回基地维护主权

在莫斯科签署中国接管旅顺大连的协定

毛泽东是一位伟大的爱国者，他坚持独立自主建设国防，始终将维护国家主权置于第一位。1945年2月，苏、美、英三国首脑背着同盟国之一的中国，秘密签订《雅尔塔协定》，"恢复沙俄1904年租用旅顺港的特权，苏联继续租用为海军基地。"这一行径损害了中国的主权。新中国成立伊始，毛泽东就考虑到"社会主义中国领土上不能有外国军事基地"，必须解决这一历史问题。

1949年12月毛泽东首次访

在北京签署苏军移交和撤离旅顺的联合公报

中国核潜艇巡航大洋

苏，就是为了废除旧约，解决历史遗留问题，建立新的两国关系。经过艰苦谈判，中苏签订了《关于中国长春铁路、旅顺以及大连的协定》，其中规定：旅顺、大连应由中华人民共和国接管，苏军于1952年12月31日撤出旅大。由于受到朝鲜战争的影响，中苏又签署联合公报，将苏军移交和撤离事务推迟至1955年5月31日完成。

1958年7月21日，苏联驻华大使转达苏联政府“关于苏联同中国建立一支共同潜艇舰队的建议”，提出“共建长波台”，以便充分利用中国沿海的良好条件，便于苏联核潜艇活动。毛泽东对海军主权之争十分敏感，次日明确告诉苏方：“中国不能在境内搞主权他属、变相的外国军事基地！”

1959年，赫鲁晓夫来华参加10周年国庆，他继续施压，要毛泽东“最后考虑苏联舰队利用中国沿海基地和联合建立长波台”。毛泽东再次发了火，当场断然拒绝。赫鲁晓夫威胁说：“苏联决定撤走所有援华专家。”毛泽东坚信：长波台中国自己能搞，远洋舰队中国自己能建。他以“核潜艇，一万年也要搞出来”作为回应。

根据毛泽东的指示，中国决定自己动手建造长波电台和核潜艇。在周恩来总理精心组织下，克服了种种困难，1965年10月22日，中国第一座长波电台建成，开始指挥海军潜艇遨游大洋。1974年8月1日，中国自行设计研制的第一艘攻击型核潜艇“长征1号”正式编入海军战斗序列，打破了苏、美的海上核垄断，海军建设迈上了一个重要台阶。

坚定建设强大海军

毛泽东关注海军发展，多次视察海军部队。1953年2月19日至22日，他乘坐“长江”舰，在“洛阳”舰伴航下，从武汉到南京进行沿江考察。航途中，毛泽东站在甲板上，远眺浩荡江水，追忆百万雄师下江南的历史，思考长江这一“黄金水道”在国家建设中的重要作用，筹划着人民海军发展的宏伟蓝图。他就海军建设作了一系列重要论述，深切地对大家说：“过去帝国主义欺负我们，大多从海上来，我们要争气，要认真对付。”“一定要建设强大的海军，把1万多公里的海防线建设成‘海上长城’。干海军就应当爱军舰、爱海岛、爱海洋。当海军就不要怕风浪，一定要到大海里去锻炼。大家好好干，一起建设强大的海军。”

1953年2月24日，在陈毅、张爱萍等陪同下，毛泽东在南京下关码头检阅了“南昌”号、“广州”号护卫舰和“黄河”号登陆舰及2艘鱼雷快艇。陈毅介绍说：“这是海军最大的舰，比你乘坐的‘长江’号大多了。”毛泽东望着军舰说：“这3艘舰加起来，总吨位也没有‘重庆’舰的吨位大，比起第七舰队的美舰就更小了。”他伸出左手的小指头晃了一晃，接着把手放在离甲板不高的位置上说：“现在我们海军只有这么多。”又将手往上提了提：“敌人的海军有这么多。”然后把

毛泽东在“南昌”舰上检阅海军

手往上一扬："将来我们海军要这么多。"

在"南昌"舰甲板上，毛泽东在陈毅、罗瑞卿、张爱萍和海军领导陪同下，观看了鱼雷艇高速编队航行和鱼雷攻击操演。张爱萍介绍："鱼雷艇体积小，航速快，隐蔽性好，攻击力强，是海军的'拳头'部队。"毛泽东十分高兴地说："鱼雷艇要多搞一些，在作战中以小胜大，发挥鱼雷的攻击威力。"

毛泽东接见鱼雷快艇建造人员

毛泽东在视察期间，同秘书、卫士谈起："从鸦片战争至今100多年，中国受尽侵略、掠夺，灾难深重！鸦片战争、甲午海战、八国联军入侵、后来日本侵略，都是从海上来的。现在太平洋不太平，我们必须建设强大的海军！"凌晨，"长江"舰住舱灯光依旧通明，毛泽东在两张8开宣纸上奋笔疾书，写下同样的题词："为了反对帝国主义的侵略，我们一定要建立强大的海军。"

几天后，毛泽东视察"南昌"、"广州"、"黄河"三舰，应指战员请求，又为这三艘军舰题写了完全相同的题词。为5艘军舰题写同样的5个题词，说明毛泽东对"一定要建设强大海军"的坚定决心，这在世界海军史上也是绝无仅有的。毛泽东的这个题词是指引海军伟大航程的灯塔，是海军指战员心中的座右铭。

体验鱼雷快艇高速航行

1958年9月20日，毛泽东在罗瑞卿陪同下视察了芜湖造船厂，从3

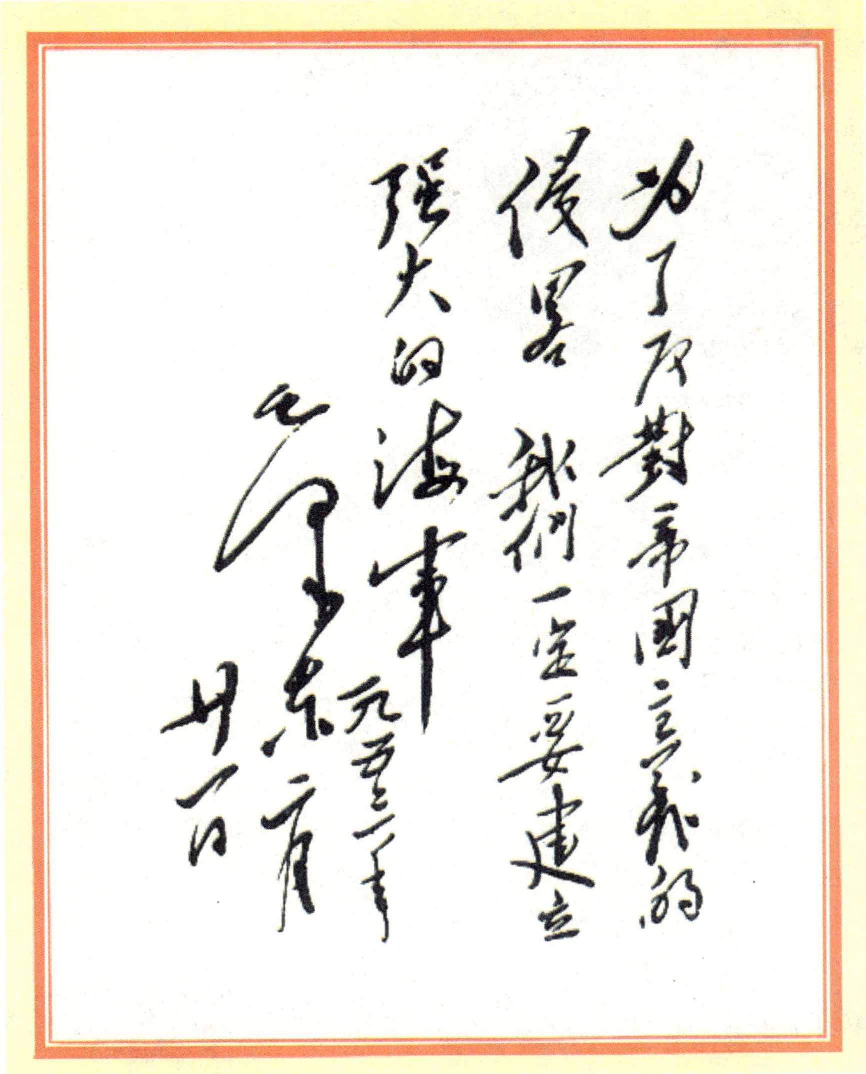

毛泽东为海军的题词

毛泽东在造船厂视察首艘国产潜艇

号码头乘上新造的鱼雷快艇,在长江上高速航行了半个小时，实现了他“乘中国造的军舰航行”的夙愿。

毛泽东十分重视潜艇部队的发展,曾亲自打电话给斯大林购买2艘潜艇,组建了人民海军第一支潜艇部队。1956年1月10日，毛泽东在陈毅陪同下,专程到江南造船厂视察了第一艘国产潜艇,饶有兴趣地围绕船台转了整整一圈。他把视野瞄向了深海大洋,思索着潜艇部队的战略运用,认为海军不仅要保卫领海的安全,而且要维护大洋上的海洋权益不受侵犯。1959年10月,苏联专家突然撤离,要把造了一半的核潜艇“烂在船台上”。毛主席毅然批示:“核潜艇,一万年也要搞出来!对尖端武器的研究试制工作,仍应抓紧进行,不能放松或下马。”表达了中国坚定地发展核潜艇的决心。

毛主席晚年依然关注海军建设。1975年5月2日,82岁高龄的他主持政治局会议,见到海军政委苏振华,便谈起海军的情况。谈到海军现状时,他伸了小指头;谈到海军发展时,他伸出大拇指:“我们的海军要这样大,海军要搞好,使敌人怕！”

开辟航线走向大洋

毛泽东提出要大量造船、建设“海上铁路”的思想,就是一种开放战略。中国应当走向海洋,与世界人民一起共享海洋资源和共建和谐海洋。

1958年8月22日,毛泽东在北戴河同周恩来总理、著名法学家倪徵𣋉、外交部的乔冠华一起讨论了中国的领海问题,毛主席最后拍板，于9月4日发表

《中华人民共和国关于领海的声明》公布，宣布中国的领海宽度为12海里。

毛泽东在军舰上观测罗经方位

1963年“五一”节，我国开辟中日航线的“跃进”号轮船在公海突然沉没，成为轰动世界的悬案。毛泽东感到“海军应到大海中去锻炼”，他同意周总理建议，决定派遣海军、空军和交通部联合组成的海上调查编队到出事海域进行海底探察，获得物证，查清轮船沉没的真正原因。这是中国海军史上首次由国家派遣十余艘舰船组成的大编队进入公海活动，开创了和平时期中国海军非战争军事运用的成功先例。

毛泽东十分重视开辟远洋航线。1958年，毛泽东听交通部汇报时了解到：我国海上运输的80%由外方承担，中国运力只占20%，其中60%还得靠租用外轮运输。他深有感触地说：“这表明我国很穷，表明了我们与世界的差距，表明发展中国的远洋事业的紧迫感。”

在毛泽东的关怀下，1961年我国购买了一艘客货船，命名为“光华”号，成立了中国远洋公司，从印尼接回受难侨胞9万多人。接着，冲破美蒋的海上封锁，开通了南北航线和中日航线。1968年4月，“红旗”号轮船从上海起航驶往欧、非、亚三大洲的7个国家，完成了欧洲航线的首航任务。1971年7月16日，经毛泽东批准，“红旗”号开始执行开辟南美洲航线的任务。它从大连港出发，穿越太平洋，抵达智利的瓦尔帕莱索港，为中国开辟赴南极科学考察航线积累了宝贵经验。1979年，中国的“柳林海”号货船，首航美国西雅图港，开辟了美国航线。从此，中国的远洋事业突飞猛进，逐步成为世界航运大国。

亲自指挥海空作战

毛泽东面对复杂的海洋形势，深入舰艇部队调研，亲自指挥和研究海战，创建了海军军事思想，领导人民海军取得了海战的胜利，逐步迈入现代化。

毛泽东用兵如神，创造了许多海战奇迹。我军金门登陆战失利后，他不咎部属，而是认真总结登陆作战教训，在后来的海南岛战役中，取得了中国最大登陆作战的胜利。他亲临总参作战室指挥了中国最大的反登陆作战，取得了东山岛反登陆作战的全胜，彻底粉碎了蒋介石“反攻大陆”的计划。他又发动、指挥了万炮齐轰金门岛的惊世炮战，实施“打打停停、半打半停”的奇特战术，导演了两岸“为统一而战”的军事行动，“不拿小金门，为系大台湾”，以军事服务于政治和外交，斗争艺术达到了炉火纯青的境界。

毛泽东深入海军部队，熟悉海军各兵种特点和部队的战斗力，亲自择机发动了“万山群岛战役”。在“大陈岛战役”中，首次组织三军联合作战，一举攻克了一江山岛。他还亲自点将，部署海军航空兵“海空雄鹰团”的出击行动，击落了入侵的美国军用飞机，维护了海空安全。他接见击落敌机的英雄飞行员王鸿喜，紧握着手说：“鸿喜，鸿喜，你打下敌机大家喜！”

毛泽东接见英雄飞行员

毛泽东曾派遣快艇部队打击蒋舰，向海军提出要求：“时机不可不抓，军威不可不振，务安排近期于大陈至渔山列岛之间对蒋舰实施打击，并力求击沉中型以上军舰1至2艘。不打则已，打则必歼，以证明我海军的实力。”海军快艇部队在兄弟部队配合下，击沉了蒋军“太平”号等十几艘舰艇，取得了浙东沿海一系列海战的胜利。

人民海军的每一个进步，都是毛泽东军事思想在海军的成功运用。毛泽东的海军军事思想和实践活动，为毛泽东军事思想的重要组成部分，丰富了中国军事宝库。

第三十章

角逐海洋的现代军舰

JIAO ZHU HAI YANG DE XIANDAI JUNJIAN

威武的中国海军编队

现代化的军舰是高新科技的集合体，形成海上一道独特的风景线，既可担任维护海洋和平的卫士，又能充当威胁和平的杀手。

在世纪交替之际，人类闻到了“海洋世纪”的浓烈气息，海洋将是人类开发的新领域，也是相互争夺和发生战争的主要领域。即使陆地上发生的战争，也主要受到来自海洋上的攻击。

1999年3月24日，以美英联军为首的北约军队，从导弹巡洋舰、导弹驱逐舰和攻击潜艇上向南斯拉夫发射了60枚“战斧”巡航导弹，北约攻打科索沃的战争由此展开。2003年，美英联军推翻萨达姆的伊拉克战争，也是从军舰上发射导弹开始的。这说明现代战争中，海军舰艇充当着作战急先锋和主力的角色。

现代军舰，是高新科技集成的“怪物”，已经跨越了“核能时代”，正跃入“数字海洋时代”。战场环境发生巨变，舰艇将在外层空间、空中、水面、水下和电磁造成的“五维”空间中行动，在高度透明的战场上实行海上一体化的诸军兵种协同作战，没有时间的区分和视野的障碍，进行的是全空域、全天候、全方位的“三全”战斗。现代舰艇不仅航速快，而且无航程限制，可以“全球到达，全球作战”。

现代战争形式日渐变“软”，信息与电子战成为主要作战形式，现代舰艇的电子战设备、武器已占军舰容积的1/4。战争中往往实行“先麻醉，后动刀”的外科程序，即先用微电子武器使敌电子设备及指挥中枢神经“变瞎、变聋、变错乱”，陷入瘫痪，然后在信息控制下发射精确制导武器，进行“点穴”轰击摧毁目标。所以，现代舰队不但要有强大的攻击力量，还必须装有先进的反电子战设备和高效的反导弹系统，具备良好的自卫保障能力。

先进的现代军舰是国家综合国力的体现和战略突击力量。它也是一把“双刃剑”：在某些超级大国手中，它是称霸世界、干预国际事务的工具，为冷战思维下的“炮舰政策”服务；在爱好和平的国家，它则是维护海洋和平、进行国际交往和维持良好海洋秩序的主要力量。

海上卫士驱逐舰

充当“21世纪海上联合作战特混舰队无畏卫士”的新型驱逐舰，吨位更大，立体攻击力更强，防御隐身更有效，装备着极为先进的综合一体化舰载武器系统，以全新的形象闪亮登上海洋舞台。现代海战中，海军不再是单舰巡航作战，通常都是编队协同作战。驱逐舰不仅是编队的防护兵力，也是编队攻击力的重要组成部分。

中国“石家庄”号导弹驱逐舰

驱逐舰的新使命

1. 负责编队中层防护。为了给海上特混舰队提供“保护伞”，从空中、水面到水下，布设有3层严密的防护网。

远程防护任务，主要由航空母舰的舰载机承担，进行外层侦察、防空 / 反导作战；近程防护，由各舰小口径武器构成快速弹幕拦击；驱逐舰则担负中层防空 / 反导的作战任务。所以，驱逐舰必须装备有足够射程、机动能力强、准确性高、具备多目标打击能力的防空 / 反导导弹，有效地拦截来袭飞机、导弹等空中目标，以提供空中保护。

2. 适应近海作战。未来海战，一般不会在大洋上进行舰队对舰队的交战，而往往需要深入到沿海地区，战场环境比大洋作战复杂得多，舰队的反舰、防空、反导、攻潜、扫雷和电子战等作战的难度增加。

近岸环境下战场空间缩小，威胁方向更加不确定，预警探测距离明显缩小，跟踪、识别来袭目标的时间大大缩短，驱逐舰的中层防御作战任务将更加艰巨。所以，除了综合型多用途驱逐舰外，还有对海驱逐舰、对空驱逐舰和反潜驱逐舰等，以适应不同战争形式的需要。

3. 实施对陆攻击。当前，海上主要作战样式，由传统的“以海对海”转型为“以海对陆”作战，攻击陆上目标和夺取“制陆权”，已经成为驱逐舰的重要使命。

对陆攻击型驱逐舰的主要任务，以对地攻击的战术导弹和大口径舰炮实施对陆纵深精确打击，并担任联合特遣部队海上编队的指挥舰。

驱逐舰的新装备 驱逐舰具有战略家们所期望的功能，成了海军界的新宠，人们不惜重金研制各种新式武器，优先装备在驱逐舰上。

1. 新概念舰炮。美国海军已研制成功配备 GPS 制导增程炮弹的新型舰炮，射程可达 140 千米。美国海军还为未来的 DDX 型对陆攻击驱逐舰研制 155 毫米先进舰炮系统，该系统为全自动，能垂直发射火箭助推制导炮弹，射程可达 370 千米，射击精度在 20 米以内。

中国“兰州”号新型导弹驱逐舰

电磁炮将是 21 世纪的一种“冷面杀手”，它具有初速快、射速高、不受电子干扰的特点，依靠电磁力推动弹丸，几乎没有火焰、烟雾、响声和后坐力，以巨大动能撞击目标，破坏力比普通炮大得多。然而，电磁炮装舰服役，还有不少技术问题尚待研究解决。

2. 激光武器。它是一种定向能武器。舰载激光武器最早由英国使用在英阿马岛战争中，它装备在“谢菲尔德”级驱逐舰上，阿根廷飞行员受到照射后瞬间障目而恐慌万分。其实，这是一种最简单的“激光炫目照射器”。

未来，高能激光武器将广泛应用于驱逐舰。舰载激光武器不仅是来袭飞机、巡航导弹的克星，而且能有效地弥补防空武器的不足，可取代“密集阵”等近防武器系统，还可产生一种心理的威慑力量。德国研制成功一种二氧化碳气动激光武器，可以击毁 10 千米距离的飞机、导弹的壳体，致盲 20 千米或更远距离的光电传感器，使导弹引信中的光电器件失灵。

3. 垂直发射导弹。现代化驱逐舰装备的各型导弹都将使用垂直发射系统发射。导弹垂直发射装置的突出优点是载弹量大、可以全向攻击、多枚导弹同时齐射，而且可以布置在舱面以下，隐蔽性、机动性、灵活性明显优于传统的导弹发射装置。

4. 舰载无人机。驱逐舰上普遍装备舰载无人机，执行侦察监视、指挥控制、目标识别、战损评估、通信中继、电子对抗、充当诱饵以及支援两栖作战、对岸打击等任务。随着现代纳米技术等微型技术的发展，一系列无人驾驶的遥控“迷你”型飞行器可望在不久的将来成为驱逐舰的新宠，充当信息化火力战的先锋。

印度“孟买”号驱逐舰

5. 电子战武器。电子战是一种攻防兼备、软硬相济的战争手段。进攻作战中，它能造成敌指挥系统混乱、防空体系瘫痪，以保证自己的武器顺利突防，达到预期的攻击效果；防御战中，它能大大降低敌武器的命中率与杀伤力，甚至使敌方导弹无法接近自己的军舰。实施电子战，有效地掌握战场上的制电子权，是取得制空权、制海权和战争胜利的先决条件。

驱逐舰作为攻防兼备的军舰，将优先装备各种最先进的电子战装备，在未来海战中发挥重要作用。

海上武库巡洋舰

巡洋舰是一种远洋作战的多用途大型军舰，装备有进攻与防御武器系统，吨位较大、航速较高，具有全球作战的续航力和复杂条件下作战的能力。通常用作航母编队的护航兵力，担任编队的指挥舰，可攻击敌水面、水下、空中和陆上目标，在登陆作战中进行火力支援。俄罗斯的“基洛夫”级重型导弹巡洋舰是具有代表性的现代巡洋舰，装备先进、完整的作战信息系统、通信系统、武器系统、传感器系统和电子战系统等，已被世界各国海军广泛借鉴。

“基洛夫”级巡洋舰 标准排水量：19 000 吨；满载排水量：26 396 吨；最高航速：31 节；舰体长 251.2～252 米，宽 28.5 米，高 9～10.33 米；配员：727人。

“基洛夫”级巡洋舰反舰和反潜武器系统：

1. “花岗岩”远程超音速反舰导弹系统，是前苏联第 3 代反舰导弹，可从垂直发射器发射。导弹长 10.5 米，重 6.98 吨，最远射程为 500～550 千米，最快飞行速度 1.6 马赫，采用惯性 / 指令修正 / 主动雷达制导，进行超视距攻击，可利用卫星或舰载的 Ka-25 直升机的数据链进行中继制导。

2. 1 门 130 毫米 AK-130 DP 多用途双管舰炮，备弹 840 发，射程 22 千米，最快发射速度 35 发 / 分钟，用于支援防空射击和对陆攻击。

3. 反舰 / 反潜垂直发射导弹系统，反潜射程 55 千米，反舰射程 35 千米，可装备多款鱼雷、核战斗部或 500 千克高爆炸药战斗部。

4. 舰载反潜鱼雷和反潜火箭，主要由舰载反潜武器系统和直升机机载反潜武器系统组成。

另外，还装备 2 座 5 联装 533 毫米鱼雷发射管；后甲板舰载 2 座 6 管反潜火箭发射器，射程 1 000 米；舰艏装有 10 管反潜火箭发射器，射程 1.2 万米，为近距离反潜武器。

“基洛夫”级巡洋舰防空武器系统：

1. “雷声”垂直发射中程防空导弹系统，共有 12 套发射装置，备弹 96 枚。“雷声”是世界上第一种舰载防空导弹垂直发射系统，采用固体燃料火箭推动，长 7 米，弹径 45 厘米，发射重量 1 480 千克，射程 90 千米，最高射程 2.5 万米，最快速度约 4 ~ 5 马赫，具有一定的反弹道导弹能力。

另外，有的舰上可能配备一种威力更大的新型“里夫”远程防空导弹系统。弹长 7.3 米，弹径 51.5 厘米，最大速度 6 马赫，射程 120 千米。

2. “长手套”中程防空导弹。在舰体前、后段各设有 2 座垂直发射装置，共备弹 128 枚，射程 45 千米，飞行速度 2 马赫，战斗部重 15 千克，采用指令制导和主动雷达制导。

3. “壁虎”近程防空导弹，射程 1.2 ~ 10 千米。近程防空导弹系统能自主操作，或者综合进入舰船的战斗系统并且从舰载传感器系统下载目标数据。

4. 8 座“葛特林”近防炮，备弹 4.8 万发，最快射速为 1 万发 / 分，射程 500 ~ 5 000 米，这在现役武器系统中射速是最快的。

俄罗斯“基洛夫”级巡洋舰

5. 更先进的防空导弹 / 舰炮近程防御系统，能够对抗多种精确制导武器，包括反舰、反雷达导弹、航空炸弹、飞机、小型舰艇。

“基洛夫”级巡洋舰舰载直升机：

“基洛夫”级配备 3 架舰载直升机，机上配备鱼雷、深水炸弹、水雷和火箭，主要用于海面搜索、反潜作战。

“基洛夫”级巡洋舰核动力推进系统：

“基洛夫”级巡洋舰采用“核动力和蒸汽轮机”组合推进系统。核动力由2座压水核反应堆和2台辅助燃油加热锅炉组成；蒸汽轮机组安装4台蒸汽轮机，总功率为15万马力，双轴驱动2部四叶片固定斜度螺旋桨。

“瓦良格号”巡洋舰

“基洛夫”级巡洋舰战斗力强大，对舰、对空、对潜均有远、中、近3层火力网，作战覆盖面广，武器系统集中体现了前苏联海军当时最现代化的技术，被视为世界海军舰艇发展史上的经典之作。

但是，由于“基洛夫”级巡洋舰体积过于庞大和造价昂贵，俄罗斯开始重点发展较小的常规动力“光荣”级导弹巡洋舰。2009年来华参加中国海军成立60周年纪念活动的“瓦良格”号导弹巡洋舰是“光荣”级的典型，俄太平洋舰队的旗舰，素有“航母杀手”的美称。该舰满载排水量1.15万吨，舰长186.4米，舰宽20.8米，吃水8.4米，装备有8座SS-N-12舰舰导弹发射装置、8座SA-N-6舰空导弹垂直发射装置、2座双联装舰空导弹发射装置，还有6座30毫米六管舰炮、1座130毫米双联装舰炮、2座五联装鱼雷发射管等。

隐秘杀手核潜艇

2009年4月23日，中国海军成立60周年，在青岛举行海上大阅兵，中方受阅兵力包括舰艇25艘、飞机31架，被认为是“中国海军60年来最漂亮的一张‘全家福’”。进行海上分列式检阅时，中国的潜艇群、驱逐舰群、护卫舰群和导弹快艇群组成的舰艇编队，以单纵队依次通过检阅舰“石家庄”号，接受国家、军委

领导人和外国海军将领检阅。当“长征6号”、“长征3号”核潜艇通过检阅舰时，响起一片惊呼声，照相机闪光不停。无疑，中国核潜艇首次近距离公开亮相于世界海军面前，是这次海军盛典中受到世人瞩目的最大亮点。核潜艇所以备受关注，因为它“神秘”，出没大洋，难以发现；也因为它“强大”，具有毁灭性的打击力量，是国家最重要的核威慑战略武器。

舰艇编队接受检阅

早期的核潜艇以鱼雷为作战武器，后来出现了携带核导弹的核动力潜艇，成为威震海洋的“双核”战略武器。核潜艇装上导弹之后，便出现了两种类型：一类是以近程导弹和鱼雷为主要武器的攻击型核潜艇，主要用于攻击敌水面舰艇和潜艇，同时还可担负护航及各种侦察任务；另一类是以中远程弹道导弹为主要武器的弹道导弹核潜艇（又称战略核潜艇）。弹道导弹潜艇、陆基战略导弹和战略轰炸机是核威慑与核打击力量的三大支柱。

在信息化时代，陆基洲际导弹发射井很容易被敌方发现，而弹道导弹核潜艇具有高度隐蔽性和机动性，成为一个难以捉摸的水下导弹机动发射场，是隐蔽性最强、打击突然性最大的一种战略突击和战略威慑力量。

中国“长征6号”核潜艇

美国的“俄亥俄”级弹道导弹核潜艇具有代表性，是美国静音性最好的第三代核潜艇，在未来20年内仍将是美国战略核力量的重要组成部分。该艇长170.7米，宽12.8米，水下排水量18 750吨，水下航速25节，潜深400米。它采用功率大、寿命长的自然循环压水反应堆，总功率6万马力。它装备有三叉戟潜射弹道导弹24枚，弹头威力大，有8个15万吨TNT当量的分导弹头。导弹射程最远可达11 000多千米，导弹精度高，圆概算偏差只有90米。艇上还配有533毫米鱼雷发射管4具，配备性能良好的自卫鱼雷，采用线导加主/被动声自导，40节时射程50千米，55节时射程38千米，战斗部重267千克，潜深900米。

美国“俄亥俄”级核潜艇

由于新一代核潜艇是一座威力强大的海上机动“武器库”，携带着大规模杀伤性武器，一艘核潜艇可以装有几千万吨TNT当量的弹药，具有巨大的战略威慑力量，一直是美国向世界炫耀武力的“王牌”。现在，世界上只有5个联合国安理会常任理事国拥有弹道导弹核潜艇，维持着海洋上的“恐怖平衡”。人们期待拥有“双核”海上作战能力的国家恪守《联合国宪章》和《联合国海洋法公约》，为实现“和平利用海洋”而努力，宁愿让核潜艇这个钢铁“巨兽”成为一堆堆废铁，而不要使人类再次遭受核武器的攻击。

为了反对帝国主义的侵略，捍卫国家主权和海洋权益，保持海洋和平需要的均衡力量，我们必须拥有必要的海上突击力量和战略威慑力量。潜艇是中国海军重点发展建设的兵种，潜艇部队在艰难中创业，经过几代人的努力，取得了卓越的成就。1971年，我国自行设计研制的第一代常规潜艇下水；1974年，第一艘攻击型核潜艇服役；1983年，第一艘弹道导弹核潜艇服役；1988年，第一次水下弹道导

我国潜艇水下发射导弹

弹发射成功，标志着中国进入了具备核导弹、核潜艇的“双核”海军国家行列。

我国的核潜艇技术不断更新，正在努力追赶世界先进水平，已经取得了丰硕的成果。采用先进的动力推进系统，显著降低了主机高噪音值，具有良好的隐蔽机动性能。采用新型特种“消音瓦”，不但能显著吸收潜艇自身的噪音和吸收、消弱敌方的声呐探测声波，而且可获得“鲨鱼皮效应”，使潜艇既能隐形又能提高水下航速。装备先进的战略导弹武器系统，不仅弹道导弹的携载量增大，而且可采用 3 枚、6 枚、8 枚分导弹头，以打击不同的目标，大大提升了二次核反击作战能力。

研制大型水面战斗舰艇、水下自持力和隐身性能好的新型潜艇，是我国海军建设的新亮点，新一代的海军潜艇武器装备质量、性能必将迈上一个新台阶。

海上巨霸核航母

现代航空母舰是一种以核动力推进、舰载机为主要武器、遂行海上机动作战的大型海上水面舰艇，对海上或陆地的战役、战略目标实施空中打击，通常需要有具备完善攻防系统的水面舰艇和水下潜艇作护卫，组成一个强大的航母编队群。美国的航母战斗群，一般配备有 3～4 艘防空驱逐舰、1～2 艘反潜驱逐舰、1～2 艘护卫舰、2～3 艘核动力攻击潜艇，另外有 2 艘综合补给舰、1 艘弹药补给船和 1 艘补给油轮，以确保远洋作战的安全性和强大的攻击力。

美国航母战斗群

如今，航母经历了第二次世界大战的洗礼和战后多次局部战争的检验，技术上更加成熟，在战争中起着急先锋和“杀手锏”的作用，平时则是强大的威胁力量和行使外交手段的有效工具。美国前总统克林顿形容说:“一支常备不懈的舰队存在我心中,当‘危机’这个词出现在华盛顿时,每个人要说的第一句话就是——最近的航母在哪里?”基辛格曾说:“在我遇到麻烦时,利用海军,特别是利用航空母舰去扭转局势,总是最好的办法。”所以,美国一直保持着12艘航母服役的实力,维持其“海上霸主”地位。

“艾森豪威尔”号航空母舰

航母编队由舰载机和护卫舰群的防空、水下武器系统作保障,整合成大纵深、多层次、立体化的防空、反潜作战系统,可以确保自身安全。同时具备各种攻击能力,包括:反潜战、反水面舰艇战、海上和陆上对空作战、对陆上大纵深目标攻击等。军事家认为,航空母舰将成为21世纪军事与技术完美结合的艺术品,无论战争还是和平时期都是不可或缺的海上作战平台。

中国是一个海洋大国,也是联合国安理会常任理事国,根据《联合国宪章》和《联合国海洋法公约》负有一定的国际义务,以维护、促进“海洋的和平用途”以及建立海洋法律秩序。在国际海军打击索马里海盗斗争中,中国已经先后派出5艘军舰,共同维护亚丁湾海域的交通安全。

中国是一个自主防卫的国家,不在海外谋求海军基地,不作任何威胁别国主权和进行武力威胁的行为。但中国的航天事业、海洋事业遍及世界海洋,为了弥补无海外基地的缺陷,中国不仅需要先进的航天测控船队,还必须拥有走向大洋的航母编队。目前,中国是联合国安理会5个常任理事国中唯一没有航母的国家,中国发展航母是时代使然,是正当的选择。

航母本身并非称霸的符号。判断战争的正义性,不是由武器来决定的,而是由战争性质、道义、国际法原则判定的。一个国家有无航母,并不是“威胁”的标准。中国政府把中国人民的根本利益与各国人民的共同利益结合起来,树立发展与安全相统一的安全战略思想，倡导和实践互信、互利、平等、协作的新安全观，只会有利于世界和平事业。

胡锦涛主席在海军成立 60 周年纪念活动中，对应邀来访的各国海军将领说：“中国将坚定不移地走和平发展道路，这是中国政府和人民秉承中华民族优秀文化传统和一贯的以和为贵的和平理念、根据时代发展潮流和自身根本利益作出的战略抉择。这条发展道路决定了中国必然坚持防御性的国防政策。不论现在还是将来，不论发展到什么程度，中国都永远不称霸，不搞军事扩张和军备竞赛，不会对任何国家构成军事威胁。包括中国人民解放军海军在内的中国军队，永远是维护世界和平、促进共同发展的重要力量。”

立体投送两栖舰

现代海战，已经由海上大规模交战演变为“以海对陆”作战，输送兵力实施登陆成为海军重要的战斗任务。在中国海军成立 60 周年阅兵中，人们对韩国的“独岛”号和中国的“昆仑山”号两艘两栖舰产生了强烈兴趣。它们不仅吨位大，都是万吨大船，而且形状特殊，“独岛”号形似航母，“昆仑山”很像商船。它们的功能可不一般，既载飞机，还带登陆艇，具有立体投送兵力的能力，可以将相当数量的陆战队员从空中、水面送往陆地战场，完成支援作战任务，是新一代的两栖登陆作战军舰。

中国“昆仑山”号两栖舰

“昆仑山”号军舰于 2008 年服役，满载排水量 1.76 万吨，长 210 米，宽 27 米，主机为 4 部柴油机，双轴推进。上层建筑和船体外侧均向内倾斜，具有明显的隐身特征。该舰后部为飞行甲板，可以容纳2架直升机同时起降，上层建筑后部的机库还能够停放2架直升机。船体内部从舰桥前端开始，是一个巨大的坞舱，几乎占该舰长度的2/3，能够容纳4艘气垫船或登陆艇，通过坞舱尾门安全驶进驶出。在舰体中部两舷，还设有车辆人员登陆艇的舱室，外壁设有一“跳门”，车辆可通过此门直接登陆上岸。

韩国两栖舰“独岛”号

该舰武器装备较强，包括一座具有良好的低空反导能力的8联装防空导弹发射装置，一座单管76毫米、射速为125发/分、射程可达17千米的新型舰炮，4座30毫米近防炮，不仅可以打击水面目标，还可对空中目标实施精确打击。

装备气垫登陆艇的“昆仑山”舰服役，大大拓展了登陆地域。而且气垫登陆艇具有生存力强、运载力大、隐蔽性更好的优势，它极大地丰富了我军两栖作战手段，大大提升我军投送能力，可以有效提高两栖作战的效率。此外，“昆仑山”级船坞登陆舰还可以提升各种非战争军事运用能力，作为海上基地用于人道主义援助，或用于从冲突地区转移中国公民等任务。

“昆仑山”舰上的海军陆战队员

第三十一章

丰富多彩的海军外交

威武的人民海军

舰队和商船，是国家实力和开放的象征；

海军的航迹，是国家盛衰和强弱的标记。

中国历史，往往被“闭关锁国”一词所概括。其实，随着社会生产力的发展，求知欲望和创新心理一直在中国人心底涌动，并最终掀起了“闯大洋，走世界”的浪潮，自然环境的艰险和人类社会的藩篱都挡不住探索者前进的脚步。中国是古航海的发源地之一，是最早征服大洋的国家、世界大航海的先驱者。而海军舰队的航迹，度量着国家在海洋上走过的航程，是国家盛衰的历史标记。

海上开放通世界

开创东方航海 中华民族背倚大陆、面朝大海，创造了多元的中华文化，航海文化便是其中的重要组成部分。中华远古先民，有着开拓海洋的民族性

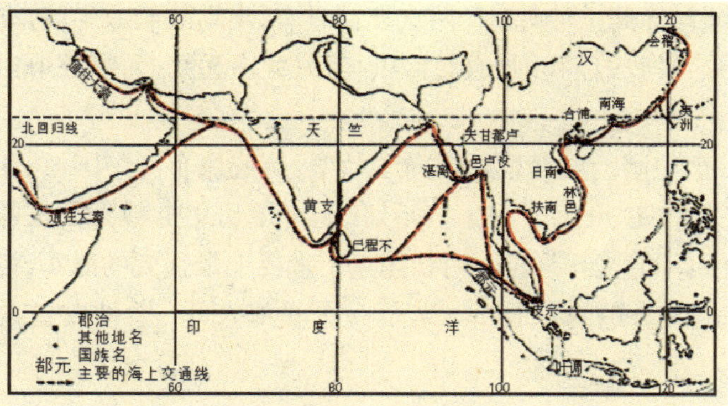

西汉时期的海上丝绸之路

格，喜爱刳木为舟、剡木为楫，开创了东方的古代航海。20 世纪 70 年代，在浙江河姆渡出土了 6 支用整块木板制成的木桨，是 7 000 年前先人留下的航海遗物。在美洲、大洋洲及太平洋诸岛考古中发现的石锛、古锚，可以证明 5 000 多年前，中国东南沿海的百越人驾着自制舟筏，利用太平洋海流，逐岛漂航，一直到达美洲西海岸。

海上丝绸之路　汉代，是中国航海的发展期。汉武帝凭借“海内物阜民丰”的条件，积极开拓国际商路，建立了“海上丝绸之路”，开辟了中国经印度洋通向罗马的贸易通道。水师力量十分强大，号称“楼船十万师”。汉武帝曾令伏波将军马援统领战船 2 000 艘“浮海出征”，驰骋黄海、东海和南海，巡视中华海上疆土。南沙群岛上至今沿用的“马援礁”的名称便是这次巡海的纪念。

曾为海洋强国　元朝统一中国后，将视野从草原转向海洋，大力建设港口，发展海上运输，繁荣沿海城市，呈现“粮艘商舶，云集于市”的盛况。通过海上运输的纽带，将北方的政治中心同东南的财富中心连接起来，形成称雄世界的强大帝国，也是当时太平洋周边唯一的海洋强国。

古船坞遗址见证巨大“宝船”

元朝建立了强大的舰队，装备有 12 帆、可载水兵千人的巨舶，“远征重洋，征抚各地”，航迹遍及东南亚地区，如日本、琉球、爪哇、安南、占城、缅甸等处。元朝曾经两次东征日本,出动战船数千艘,派遣水师数万人。但由于缺乏海战经验,并遭遇台风,船只触礁无数,元军被迫撤退回国。

明朝郑和七下西洋,把中国的航海事业推向了鼎盛,航迹遍布南中国海、印度洋,接近好望角,访问了沿途30多个国家和地区,是中国历史上最大规模的交流活动,树立了“和平使者”的光辉形象。明朝建立了世界上最强大的海军,扬帆大海,显示出中国既是强大的海权国家,又是一个爱好和平、播种友谊的国家。

逐渐衰落 到了清朝,在鸦片战争前,中国人口高达4.3亿,是历史上的盛世年代。后来逐渐衰落,但偌大的帝国还是留下了较厚的底子,能够建立位居世界前列的铁甲舰队,拥有过当时世界一流的巡洋舰。悬挂着黄龙旗的大清舰队屡次巡航欧亚诸国,为中国近代舰队航程走得最远的时期。

中华民族具有走向海洋的开放性,中国完全有力量走向世界海洋。在公元前3世纪至15世纪中叶,中国的航海事业居于世界前列,完全可以为人类的海洋事业作出更大的贡献。但封建制度重农抑商,本无成为海洋活动国家的需求,扼杀了中国的航海精神和航海传统,使中国最终沦为屡遭列强侵略的落后国家。

“海圻”远航塑海魂

甲午战败,割地赔款。中国割让辽东、台湾及澎湖,赔款2亿两白银。中国港口主权尽失,财政濒临崩溃。无港口、缺资金,中国几乎丧失了重建海军的基本条件。

然而,甲午硝烟未尽,一项重振海军的计划便在极端困难的条件下开始实施。1895年,清朝政府向德、英等国订购了“海天”号、“海圻”号、“海容”号、“海筹”号、“海琛”号巡洋舰等大小43艘较新型的战舰。经过15年发展,巡洋舰队和长江舰队初具规模,见到了中华海军复兴的曙光。

“海圻”号巡洋舰购自英国,1899年建成。其排水量为4 300吨,舰长424英尺,航速24节,装有8英寸口径以下火炮28门和鱼雷发射管5个,是当时具有世界先进水平的重型巡洋舰,成为清朝重振海军的象征与骨干。

1911年，英王爱德华七世逝世，其次子乔治五世继位，定于6月22日举行加冕典礼，邀请各国派军舰前往庆贺，并进行国际海上阅兵。中国海军的精英人才一直努力寻机重塑海军形象，让国人走出“甲午阴影”，他们觉得这是重振中国海军雄风的好机会。

首航三大洋的“海圻”号巡洋舰

1911年4月11日，海军大臣载洵上奏宣统皇帝：“英王加冕，大阅兵舰。拟派巡洋舰统领程璧光率领‘海圻’巡洋舰前往，以将敬意而敦睦谊。”朝廷很快准奏，高规格参加国际海军大阅兵，在清朝外交史上是唯一特例。

4月24日，仅在上奏朝廷13天后，在统领（舰队司令）程璧光和管带（舰长）汤廷光率领下，载着360名官兵的“海圻”号巡洋舰自上海港杨树浦码头起航，开始了中国海军史上第一次出访欧美之旅。军舰穿越马六甲，横渡印度洋，通过地中海，57天后驶抵英国普利茅斯军港，受到英国战列舰“威尔士亲王”号迎接。

参加英王加冕盛典的各国军舰达180余艘，参与国之多，舰艇之众，为英国历史之最。程璧光、汤廷光和清政府特派专使载振和驻英大使刘玉麟应邀赴伦敦出席大典。

程璧光出席纽约市长欢迎会

6月24日，在英国斯匹赫得海域举行盛大的国际舰艇海上大检阅，乔治五世国王和玛丽王后与各国所遣专使乘豪华游艇逐一检阅了各国军舰。检阅完毕，英王在其船上召见了程璧光，并赠“加冕银牌”一面。

随后，“海圻”号巡洋舰在波罗的海沿岸游弋一周，接着横渡大西洋访问美国、古巴和墨西哥。“海圻”号是第一次横越大西洋、到达美国本土访问的中国军舰，访问纽约一星期，在美国掀起了一阵“中国风”。

“海圻”号访美后，自美国东海岸南下，访问了古巴哈瓦那，受到当地华人热烈欢迎。不少侨眷扶老携幼，抚摸中国军舰，激动不已。

当“海圻”完成出访任务，准备返回祖国之际，国内发生了辛亥革命。“海圻”号自哈瓦那经百慕大群岛，折返英国待命。驻英大使刘玉麟和程璧光、汤廷光等紧急磋商，决定加入革命阵营，并于 1912 年 1 月 1 日举行了“海圻”号易旗仪式，降下黄龙旗，升上红黄蓝白黑五色旗。受民国政府之命，“海圻”号返回中国，成为中华民国海军的主力军舰。

“海圻”号巡洋舰远航欧美，遨游三大洋，途经四大洲，进出 8 国 14 港，总航程 30 850 海里，开创了中国军舰走向世界的先河。“海圻”号远航，是中国近代海军远航史上绝无仅有的一次雄奇旅程，体现了中国海军“振兴海军，强我中华”以及洗刷“二甲国耻”的精神和勇气。

环球航行展新貌

环球航行的海军编队

随着国家综合实力的增强、海外国际事务的扩大、国家海洋权益的增加，人民海军必然向“蓝色海军”挺进，以崭新面貌出现在世界海洋上。

在当代，环球航行并不算一种“惊天动地”的难事，也算不上是什么探险活动，但往往被当作国家综合国力的展示、开放精神的体现和海军荣誉的象征。自麦哲伦的船队1522年完成航海史上第一次环球航行，到2002年之前，在世界上完成环球航行的国家名单中，还没有写上中国的名字，这不能不说是一个历史的遗憾。

非洲人民欢迎中国舰队

2002年5月15日，在山东青岛港，由"青岛"号导弹驱逐舰和"太仓"号综合补给舰组成的中国海军首次环球航行访问舰艇编队起航远征。

"青岛"号导弹驱逐舰为中国海军的第二代新型战舰，舰长148米、宽16米、高40米，最大航速32节。其主要装备有舰炮系统、导弹系统、反潜武器系统、作战情报指挥系统、电子战系统、直升机起降平台等先进武器装备，具有较强的作战能力和远航能力。

中国海军军乐团热情演奏

"太仓"号综合补给舰，舰长168.2米、宽21.8米、高36.2米，满载排水量21 740吨，设计航速18节以上，可连续航行1.8万海里，续航90昼夜，能在任何装载情况下抗住12级风力安全航行，

"青岛"号访问希腊

具有较强的远航补给能力。

经过132天的航行、访问，2002年9月23日，海军环球航行编队顺利返回青岛港，总航程达3.3万余海里。远航编队横跨印度洋、大西洋和太平洋，通过了著名的苏伊士运河和巴拿马运河，远涉亚洲、非洲、欧洲、南美洲和大洋洲，航经15个海峡水道、22个海域或海湾、45个群岛，6次穿越赤道，圆满完成对新加坡、埃及、土耳其、乌克兰、希腊、葡萄牙、巴西、厄瓜多尔、秘鲁、法属波利尼西亚的友好访问，创造了我海军走向世界的新纪录，填补了中国海军在世界环球航行史上的空白，达到"展民族形象、扬国威军威、促和平友谊、创环球壮举"的目的，为祖国、为人民、为军队赢得了荣誉。

人民海军环球航行，在中国海军航海史上具有里程碑意义：

最广阔的军事航海。创造了出访时间最长、航程最远和涉足海域、航道、港口最多的新纪录。

最广泛的军事交流。开创了一次远航中直接同10余个国家的海军各级人员进行自由交流的新局面。

最深入地接触社会。广泛接触不同国籍种族、不同意识形态、不同宗教信仰的各方人士，体验了不同生存环境、不同风土人情、不同生活习俗的新感受。

人民海军环球航行，看到了世界，也让世界了解了中国，感受改革开放后中国的巨大变化与新的精神风貌。国际友人普遍赞扬中国的和平崛起，共识中国海军是一支"和平之师、威武之师、文明之师"。在访问巴西著名海港城市福塔莱萨时，热情友好的巴西人民踊跃参观，登舰总人数超过3万，盛况空前。巴西人民说："中国发展太快了，中国了不起。"中国舰队成功进行环球航行，表明中国将为世界和平利用海洋作出应有的贡献。

打击海盗显国威

被海盗劫持的“天裕”号货船

海洋是国际贸易的大通道，海上航运承担着全球90%以上的国际贸易运输量。由于船舶及货物价值昂贵，自古以来便成为海盗攻击、抢劫的目标，海盗扰乱了世界贸易秩序，影响到沿岸国家安全。所以，国际法认定：“海盗行为是一种不利于全体文明国家的行为，通常称为一种‘国际罪行’，而海盗本人一般称之为‘人类公敌’。”

亚丁湾是从印度洋通往地中海及大西洋的海上咽喉，每年通过亚丁湾的船舶有 1 万艘以上。现在，这里成为索马里海盗的“天堂”，海盗活动猖獗，频繁抢劫商船，不管国籍、船只大小、装载何物，统统劫持后索取高额“买路钱”，严重影响了航行安全，并有愈演愈烈之势，国际海事局将这里列为“最危险海域”。在半年时间里，联合国安理会罕见地先后四次通过决议，授权各国根据《联合国宪章》开展国际合作，采取一切必要的适当措施，制止海盗行为和海上武装抢劫行为。“授权在该地区有海军舰只和军用飞机活动的国家，在必要时使用武力对付海盗。”启动了国际打击海盗行动，美国、德国、法国、印度等国海军先后派遣军舰开进该海域。

为商船护航

护航编队特战突击队

中国是一个海洋大国，是联合国安理会常任理事国，肩负着维护"海洋和平使用"、保持良好海洋秩序的国际义务，在国际合作打击索马里海盗行动中，中国绝不能缺席。

中国是国际反恐的重要国家，依照安理会决议和索马里政府的请求，支持国际反恐斗争，制止海盗行为，是维护联合国和国际法尊严的正义之举。

首批护航编队胜利返港

中国是航运大国，海运是对外贸易的主要载体。随着经济的高速发展，中国已是仅次于美国的世界第二大石油消费国和进口国。海洋交通是国家安全与发展的“生命线”,保护船舶和海员生命安全是国家的责任和海军的传统使命。

2008 年 12 月 26 日，中国人民解放军海军护航舰艇编队从海南三亚起航，赴亚丁湾、索马里海域执行护航任务。首批护航编队由“武汉”号和“海口”号导弹驱逐舰、“微山湖”号综合补给舰、两架舰载直升机和部分特战队员组成,共 800 余名官兵。2009 年 4 月 28 日,中国首批护航编队“武汉”号和“海口”号圆满完成在亚丁湾、索马里海域的护航任务,胜利返回三亚军港,第二批护航编队继续在亚丁湾执行任务。

海军首批护航编队在非洲海域 124 个日夜里,连续航行 3.3 万多海里,先后为 41 批 166 艘船舶实施伴随护航,为 46 艘船舶提供了区域护航,成功救援了 3 艘遇袭外国船只,顺利地完成了护航任务。

在返航欢迎仪式上,中央军委委员、总政治部主任李继耐和中央军委委员、海军司令员吴胜利一同前往码头迎接编队。李继耐在讲话中指出:护航行动是中国海军首次赴海外维护国家战略利益,首次组织海上作战力量赴海外履行国际人道主义义务,首次在远海保护重要运输线安全,这在人民海军和解放军建设发展史上,都具有重大战略性、标志性意义,其深远意义远大于“反盗”范畴。

海上阅兵建和谐

2009 年 4 月 23 日,是中国人民解放军海军成立 60 周年纪念日,在黄海之滨的青岛海域,举行了规模宏大的海上阅兵,接受中共中央总书记、国家主席、中央军委主席胡锦涛等领导人检阅。中国的受阅兵器,全部是中国自主研制的国防产品,包括各种舰艇 25 艘、飞机 31 架。受阅舰艇分别组成潜艇群、驱逐舰群、护卫舰群和导弹艇群,以单纵队依次通过检阅舰“石家庄”号导弹驱逐舰。同时,受阅飞机分为警戒机、侦察机、歼击机、歼击轰炸机、舰载直升机等 9 个空中梯队在舰艇编队上空飞越。天上战鹰、水面战舰和水中“蓝鲸”的轰鸣声交汇成一曲雄浑的海天交响乐章,回荡在黄海之上,将中华民族和平崛起的信息传播全世界。

当领头检阅的“长征6号”、“长征3号”核动力潜艇驶来时，引发一片惊呼声。中国核潜艇曾在大海深处骑鲸蹈海数万海里，出色地完成了试验、试航等一系列开创性的重大任务，这次首次近距离展示在各国海军面前，是最受各国关注的受阅舰艇。水面舰艇中的“兰州”号、“石家庄”号导弹驱逐舰，“洛阳”号、“绵阳”号导弹护卫舰和“昆仑山”号船坞登陆舰都是中国海军的最新型装备。最后是8艘涂着海洋迷彩的导弹快艇疾驰而来，掀起阵阵浪花。

中国海军潜艇编队

来自俄罗斯、美国、法国、印度、巴西、澳大利亚、韩国、新加坡等14个国家的21艘军舰，按照作战舰艇、登陆舰艇、辅助船、训练舰的先后顺序和吨位大小锚泊在预定海域，阅兵舰“石家庄”号从这些外国军舰前驶过，胡锦涛主席逐一检阅来访的外国军舰，并挥手向来华的各国海军致意。

海上阅兵是海军这一国际性军种特有的海上礼仪活动，是海军外交的重要形式。人民海军近几年参加过俄罗斯、新加坡、韩国等国海军主持的国际舰队检阅。2009年青岛国际海上大阅兵，是中国首次举办的国际海军大规模检阅，具有十分重要的意义。

墨西哥“夸乌特莫克”号风帆舰

中国利用海军60周年华诞之际，邀请世界各国海军参加中国海军盛典活动，展示中国的成功、开放和自信，让世界了解中国的海洋发展战略和走向海洋的决心，并明确告诉世界，中国海军是一支能够融入国际社会的海洋和平力量。中国举办的国际海上阅兵，有利于展

示中国和中国军队发展建设取得的辉煌成就；有利于展示中国军队威武之师、文明之师、和平之师的良好形象；有利于让世界了解中国所倡导的“和平发展、和谐世界”的理念，深化中国海军与世界各国海军之间的交流；有利于增强国民的海洋意识和海洋观念。

中国新型导弹快艇

这次国际海军活动，关键词是共建“和谐海洋”，旨在加强海上安全合作，共创和谐海洋环境。胡锦涛主席会见参加庆典活动的29国海军代表团团长时说，这次多国海军活动以“和谐海洋”为主题，推动建设和谐海洋，是建设持久和平、共同繁荣的和谐世界的重要组成部分，是世界各国人民的美好愿望和共同追求。加强各国海军之间的交流，开展国际海上安全合作，对建设和谐海洋具有重要意义。

在多国海军高层研讨会上，中国海军司令员吴胜利上将作了题为“同心协力共建和谐海洋”的专题报告，向各国海军提出5点倡议：

第一，坚持联合国主导，建设公正合理的海洋；

第二，坚持平等协商，建设自由有序的海洋；

第三，坚持标本兼治，建设和平安宁的海洋；

第四，坚持交流合作，建设和谐共处的海洋；

吴胜利海军上将提出倡议

第五，坚持敬海爱海，建设天人合一的海洋。

《联合国海洋法公约》将海洋规定为“人类的共同继承财产”，是人类可持续发展的物质基础，要求各国“本着互相谅解和合作的精神解决海洋上的一切问题”，共同为实现“和平使用海洋”而努力。吴胜利司令员的倡议，完全符合《联合国海洋法公约》精神和人类的共同愿望，尤其“建设天人合一的海洋”的思想，建立良好的海洋生态环境，逐步实现各国海军舰船对海洋环境的无害化，使海洋始终成为人类生存发展进步的和谐海洋，是人类海洋观念的最高境界。

中国倡议各国海军共建“和谐海洋”，反映了全世界人民的共同愿望，继承了中华民族的“以仁为本”军事伦理文化的精粹，表明了中国建立强大海军的真实目的，为世界深入了解中国和中国海军提供一个重要平台，将会在世界海洋史、海军史上写下新的篇章。

世界海军，同属一个蓝色星球。海洋是人类的希望和寄托，海军军人有责任根据《联合国海洋法公约》，高举“和平、和谐、合作”旗帜，切实保护、保全海洋，维护“海洋的和平使用”，让海洋远离战争，免于海上犯罪行为的威胁，免于生态环境的破坏，共同为实现“和谐海洋”这一崇高目标而不懈努力！

第三十二章

卫星升空 探海洋

"天眼"观海

惊雷霹雳震宇宙，
卫星翱翔惠神州。
火眼金睛全天候，
世界海洋无遗漏。

人类生活的星球是一个"水球"，海洋与人类的生存与发展息息相关，欲研究人类的未来，必须研究海洋。由于海洋的全球性和连通性，只有从全球广阔的视野来系统观察海洋，才能真正揭示海洋与人类之间的密切关系。

年轻的海洋科学

海洋是一个与陆地完全不同的世界。海洋表面波涛汹涌、风大流急，水下的自然环境要比水面更加恶劣，没有可供人自由呼吸的氧气，深海不能进入阳光，海底一片漆黑；水中承受着巨大的压力，水深每增加 10 米，便增大一个大气压；海洋还潜伏着各种凶猛的海兽、鱼类，是潜水员的可怕"杀手"。至今人类活动只能限制在几百米深的很小水层范围内，水下机器人的工作范围通常也只能下潜至 6 000 ~ 7 000 米。

海洋科学通常指研究发生在海洋中的各种自然现象和过程的性质及其变化规律的知识体系，是一门非常年轻的科学。20 世纪中叶，海洋探测技术有了长足的进步，人们开始对海洋进行较精密的定量分析，在物理海洋学、生物海洋学、化学海洋学和海洋地质与地球物理学方面均取得了重大进展，逐渐形成独立的现代海洋科学。

1997 年，联合国教科文组织把海洋科学技术拓展到自然科学与社会科学相结合的综合性科学，重点归纳为 4 个方面：

1. 科学文化进步。包括揭示宇宙起源、生命起源和人类起源的研究。

2. 探索和开发海洋财富。包括生活资源开发、油气资源的开发、海洋运输、能源利用、空间利用、旅游和海洋环境净化容量的研究。

3. 生命支持系统的研究和保护。包括海洋与气候、生物多样性、健康和废物清除、防灾减灾等。

4. 其他。包括海洋管理、海洋经济、人才与教育等。

这些课题涉及到世界各个领域，只有全球合作，共同研究，才能圆满地实现。所以，必须要用高科技从天空、海面、洋底的立体空间展开人类历史上前所未有的全球海洋探测活动，才能全面地认知海洋。

现代海洋探测技术主要体现在海洋卫星遥感技术、水声技术以及拥有先进设备的海洋调查船和水下机器人等方面。现代航天技术的发展，海洋卫星遥感技术的广泛运用，使人类能够在全球范围内，连续、快速、实时地收集海洋资料，是当代海洋科学技术的重大进展。

海洋科研国际化

《联合国海洋法公约》确立了所有国家均有进行海洋科学研究的权利，规范了海洋科学研究的法律地位，建立了海洋科学研究的新制度。

1. 促进国际合作。全球海洋是一个整体，海洋科学研究是一个综合性的庞大系统工程，集中反映着各国的共同利益，只有全球合作，才能达到预期成果。《联合国海洋法公约》规定，“进行海洋科学研究的国际合作”，是各国必须履行的法律义务。通过国际合作，签订双边或多边协定，创造有利条件，促进海洋科学研究广泛、深入地进行。

2. 强调和平的目的。《联合国海洋法公约》强调“海洋科学研究专为和平目的而进行”，这是全世界人民的普遍愿望，也是实现国际合作的前提。尽管现代海洋科学研究成果都可能具有军事价值及其用途，但从法律上做出规范，尽可能减少海洋科学研究的军事含量、战争的机会和起因是具有创新意义的，对促进各国海军为和平目的的海上联合行动提供了法律依据。

3. 实行许可制度。《联合国海洋法公约》规定在国家管辖区内的海洋科学研究须经沿海国家的“许可”，各国应该为促进和便利海洋科学研究的进行和发展作出努力，以保证海洋科学研究健康、和谐地进行。

4. 保护和保全海洋环境。《联合国海洋法公约》要求进行海洋科学研究时，应当遵守“关于保护和保全海洋环境”等有关规章。

面向全球海洋的各国及国际组织间全面合作的海洋科学研究活动，不仅推进了海洋事业的全面发展，而且将促成一个更为广泛合作的新的国际社会的到来。

1978 年 6 月 26 日，美国发射了世界上第一颗民用海洋卫星，开创了卫星监测海洋的新时代，人类真正全面认知海洋成为可能。为避免各国争夺外层空间而发生的争斗，人类于 1959 年成立了“和平利用外层空间委员会”，制订了《1963 年外层空间宣言》和《1966 年外层空间条约》，成为世界各国共同遵守的国际法律重要文件。

国际条约明确：“外层空间属于全人类，各国不得通过主权要求、使用或占有等任何方法，把外层空间据为己有。”“必须和平应用外层空间和遵守保护外层空间环境原则。”所有国家可以自由、平等地进入天体的一切区域，进行科学探索和利用外层空间，各国应为所有国家谋福利和利益，属全人类的共同开发范畴。各国应当维护国际和平与安全，保证不在绕地球轨道上放置核武器等大规模毁灭性武器，应避免太空受到有害的污染和避免地球外物质使地球环境发生变化。

海洋卫星显神威

人类单凭传统的科学调查船，无法做到全海区、全天候科学调查。依据少数测量点的资料，很难作出精确的宏观分析，也无法取得实时的同步数据，反映瞬间的真实海洋情况，所得的分析结果，只是一些“滞后”的资料，海洋上留下了许多空白。

海洋卫星的特点 海洋卫星上天，以高空的广阔视野来观察海洋，可以经济、方便地对广袤海域实现实时、同步、连续的监测，完全超越了“以海观海”的局限性，是海洋科学一个革命性的大变化。它具有如下特点：

1. 全天候高空俯视。卫星轨道高达几百千米，根本不受气象、海况、冰情的影响，可以做到全天候、大范围的无限制的实时、连续观察。

2. 快速全面观测海洋。海洋卫星的地面覆盖周期为 2 ~ 3 天，如美国第一颗海洋卫星在 790 千米高空运行，绕地球一圈需 100.75 分钟，每天绕地球 14 圈，在 36 小时内即可覆盖全球 95%的面积，完成船舶调查需要几百年才能完成的工作量。

我国海洋卫星升空

3. 观测功能全。海洋卫星测量内容十分全面，包括海水温度分布、海浪高度分布、潮汐涨落、海水颜色、海面风力分布、海面降水面积和海冰分布等等。

4. 动态预报灾害。因为能够进行规律性的各种要素的快速、实时、动态测量，便可用来分析、预报海面的油污、赤潮、台风、厄尔尼诺和生态环境变化，甚至进行鱼群动态报告和指导海上救险活动。

5. 测量精度高。海洋卫星广泛采用先进

的“可见光——红外线”辐射传感器和微波传感器，遥感灵敏度和测量精度很高，空间分辨率为 250～1 000 米，且不受白天、黑夜和云层、浓雾、水蒸气的影响。

6. 进行海洋特殊要素的测量。只有海洋卫星能够进行海面粗糙的测量、海面风场的测量等。

海洋卫星的作用 海洋卫星遨游太空，用“火眼金睛”把全球海洋看个够，看得全、看得清，促进了海洋科学跨越式发展，能够更好地服务于国家的海洋事业。

1. 可对国家专属经济区海域进行综合管理，维护国家海洋权益。可以为海域划界的外交谈判提供全面、精确的海洋环境和资源信息。

2. 提高海洋环境监测预报能力。可以监控太平洋西岸热带风暴的发源地，准确预报台风的生成、发展及途径。

3. 为海洋资源调查与开发服务。可以提供海洋油气、海洋渔业和海岸带资源等信息服务。

4. 加强海洋军事活动保障，为发射人造卫星及中、远程导弹提供全球大地水准面、重力场等基本参量以及实时的海况、流场、海面风速等资料。

5. 有利于对海洋污染实施监测、监视，保护海洋自然环境资源。

6. 有利于加强全球气候演变研究，提高对灾害性气候的预测能力。

现在，世界上有 50 多个国家在研制空间技术，太空中有 1 000 多个空间器在运行。美国、日本、加拿大、法国、欧盟和中国都已经发射了海洋卫星，并同俄罗斯、巴西、澳大利亚等 20 个国家共同制定了一个称为“了解我们的星球”的卫星合作工程，无时无刻地监控着地球，把各种地球和海洋的信息传输给世界各国的信息中心，真正实现了太空科学国际化、全球化。

中国“天眼”查海忙

2002 年 5 月 15 日，我国自行研制的“长征 4 乙”运载火箭在太原卫星发射中心顺利升空，将气象卫星“风云 1D”和我国第一颗海洋探测卫星“海洋 1 号”

(HY—1 A)一起送入太空预定轨道，标志着我国在海洋卫星遥感领域迈入了世界先进国家的行列。

“风云 1D”卫星发射升空后，我国有两颗极轨气象卫星同时在太空运行，标志着我国已基本建成由气象卫星、资源卫星和海洋卫星共同组成的长期稳定运行的卫星对地观测体系。对加速我国气象现代化，提高灾害性天气预报水平，增强海洋资源监测、调查和开发能力，促进国民经济发展具有重要意义。

“海洋 1 号”(HY—1 A)卫星是我国第一颗“海洋水色卫星”，卫星轨道为太阳同步近圆轨道，主要用于海洋水色、水温环境探测，掌握我国近海海洋渔业及养殖业资源状况和环境质量，了解我国重点河口港湾的悬浮泥沙分布规律，监测我国近海海面溢油油漠、赤潮富营养、电场循环水排海热污染、海冰冰情、浅海地形等，为海洋经济、海洋科学、海洋管理等各领域提供服务，已经取得了十分丰硕的成果。

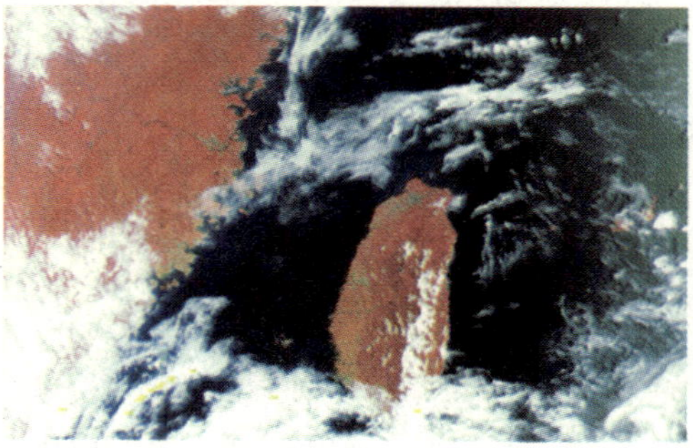
台湾海峡卫星图像

渤海冰情报告

我国利用海洋卫星资料，及时发现了渤海和黄海的赤潮，为海洋环保部门监测提供了科学依据；进行海冰冰情预报，并已正式进入中国海冰预报业务；获取大量南极、北极冰盖数据，为南极大陆科考和北极建站选址提供了基础数据；对黄河口、长江口、珠江口和闽江口等各大河口以及渤海湾、北部湾、琼州海峡和台湾海峡等重点海域进行监测，获取悬浮泥沙分布、海流特征、近岸二类水体特征、海岸带特征、温度分布特征和浅海地形等重要海洋基础信息。

2007 年 4 月 11 日，装备更为精良的“海洋 1B”卫星由长征二号丙运载火箭在太原卫星发射中心成功发射升空，标志着我国海洋卫星和卫星海洋应用事业向系列化和规模化方向前进了一大步。

虽然海洋 HY—1B 是海洋 HY—1A 的接替卫星，同属海洋水色系列卫星，但各项指标和功能都有了较大提高，多项技术取得了突破，星上的海洋水色扫描仪和海岸带成像仪性能都大幅提高，遥感视场幅宽由约 1 300 千米增至 3 000 千米左右，提供的信息量增加了 3 倍以上，其中水色扫描仪达到了美国、欧盟、日本等同类型卫星水平。

长江三角洲卫星图像

海洋卫星是长期稳定运行的卫星体系，与海监飞机、船舶、浮标和岸站等观测设备一起，构成了我国 300 万平方千米管辖海域的立体动态监测网和军民兼用的海洋环境保障体系。我国海洋卫星发展目标是：建立海洋水色、海洋动力、海洋环境综合，即海洋 1 号、海洋 2 号、海洋 3 号三个卫星系列，不断提升卫星在轨运行的可靠性和业务化应用水平，实现海洋卫星和卫星海洋应用的持续稳定发展，为我国海洋经济发展和海洋权益保护提供必要的技术支撑和保障。

> 《中国的航天》白皮书，勾画了新世纪中国航天事业发展的蓝图，并确定以气象卫星系列、资源卫星系列、海洋卫星系列和环境与灾害监测小卫星群组成长期稳定运行的卫星对地观测体系，实现对中国及周边地区甚至全球的陆地、大气、海洋的立体观测和动态监测。

其中，海洋动力环境卫星(HY—2)，是全天候探测全球海面高度、风场、浪场、流场以及温度场等动力环境要素的卫星。主要监控全球海洋表面风场、海洋地形数据、大洋环流、海洋大地水准面、重力场和极地冰盖的变异等，获取高精度资料，属于国家掌控的重要资料。

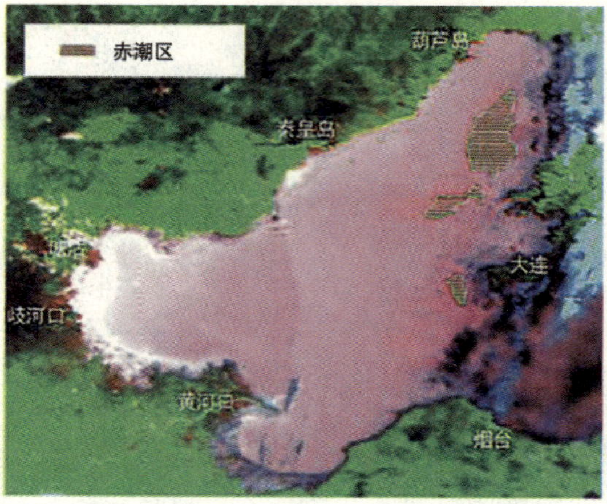

渤海赤潮报告

海洋环境综合卫星(HY—3)，集光学遥感、红外和微波遥感于一体，将实现对海洋的立体监测，是对全球与近海(包括海岸带)的海洋动态环境和水色环境各种信息进行综合遥感监测的卫星。它能够全天时、全天候、高空间分辨率地获取我国专属经济区和近海的相关数据，为海域维权执法、减灾防灾、环境保护、海域管理提供技术支撑。

十几年来，中国海洋卫星从无到有，实现了我国卫星海洋遥感的跨越式发展，走出了具有中国特色的发展道路。展望未来，将有多个系列的海洋卫星投入应用，我国海洋卫星事业必将得到蓬勃发展，为我国由海洋大国向海洋强国迈进和全世界“和平利用海洋”的伟大事业作出贡献。

第三十三章

深潜“龙宫”寻宝藏

SHEN QIAN “LONG GONG” XUN BAO ZANG

欢迎“探海人”胜利返航

海洋是个巨大的“聚宝盆”，最大资源隐藏在海底。

高科技调查船深入大洋，水下机器人探海作贡献。

在“海洋世纪”，人类要全面地认知、开发海洋，客观地评估海洋资源，为人类将来“重返海洋”做周到的准备。海洋卫星可以快速、实时、连续地测定海洋上的各种信息资料，使人类对海洋表面的状况及其变化趋势有了较客观的了解。但大洋中深邃的海底世界，长期无人涉足，人类知道甚少。大洋水深一般在3 000~5 000米，少数海盆和海沟水深可达6 000~10 000米，没有先进的深海潜水器，只能望洋兴叹！

近几十年来，当代海洋科技工作者利用先进的科技手段，对大洋海底进行了广泛、深入地调查，摸清了沉睡在大洋深处几千万年的海底资源的基本情况。人们惊奇地发现，海底资源非常丰富，几乎整个大洋底部都有矿藏分布，而且不同的海底地貌上分布着不同的资源。其中，多金属结核、富钴结壳、多金属软泥和“可燃冰”等新矿种，可以提炼出各种矿物质，满足人类可持续发展的需要，由此开启了世界性的勘探、开发大洋深海资源的新纪元。

深潜设备创奇迹

1963年4月9日，美国海军的攻击型潜艇“长尾鲨”号在大西洋进行深潜试验时，沉没在3 000米水深处，112名艇员和17名工程技术人员丧生。当时的技术力量根本无力援救，水面上的同伴只能干着急，悲惨地等待着他们死亡。

随着核潜艇和猎雷舰的大量服役，军用深潜工程得到重视和高速发展，各种类型的深海潜水器和水下机器人广泛应用于军事。很快，先进的军事深潜工程技术在民用市场上显示出勃勃生机，在海洋探测、深海搜寻与营救、铺设海底电缆与管道、油气田开发、水下打捞等水下工程中发挥了重要作用，有力地推动了海洋产业的发展。

在20世纪六七十年代，不少国家研制了不同深度的潜水器，但工作深度一般在2 000米以内，主要用于沿海海洋工程和海洋调查。只有美国海军在1960年用法国制造的“的里亚斯特”号探海艇，创造了潜入海沟10 911米的记录。

从20世纪80年代起，随着深海矿物资源巨大的商业开采价值被确认，推动了世界性的大洋调查与深海矿物勘探，法国、日本和美国相继建造了6 000米级的深海载人潜水器。日本在1986～1989年间，投资1亿美元建造了“深海6500”号载人潜水器，它装有新式的成像声呐系统、电视系统、摄影和录像系统、机械手及多种自动测量设备，可完成日本96%专属经济区的海洋调查，并且能够在6 000～6 500米水深的大洋海底进行深海矿物资源的调查、勘探工作。

水下机器人探海

美国研制成了“深海飞行2”号载人潜水器，只有2米多长，能独自考察大洋海底，仅用1小时便潜入了马里亚纳海沟11 000米处，创造人类征服了海洋深度的历史记录。日本于

1993 年制造了作业水深 11 000 米的“海沟”号深海无人潜水器，重 5 吨，装有 3 台彩色摄像机、2 台操作设备、声呐系统和音响测位装置等，并于 1996 年在马里亚纳海沟成功地进行了实地探查，获得了大量珍贵资料。1997 年，美国开发了一种只有 61 厘米长的微型电子遥控潜水器，配有人工智能软件，高度自动化，可用于海底科学研究和军事侦察活动。

我国 6 000 米水下机器人

中国从 20 世纪 80 年代开始把“智能机器人在海洋中的应用”作为研究重点，大力开发研制无人遥控潜水器，并取得了可喜的成果。1994 年 11 月，我国研制成功第一台无缆水下机器人“探索者”号，作业水深 1 000 米，航速 4 节，续航力 56 小时，活动范围 12 海里，可对搜索目标进行观察、拍照、录像，并把数据、图像传至水面监控台显示，还能够自动回避障碍物，技术性能指标达到了 90 年代国际先进水平。

1995 年，中俄合作、以中国为主研制的 6 000 米无缆无人水下机器人在中科院沈阳自动化研究所诞生，航速 4 节，续航力 6 小时，可以在除了海沟以外的 97%海洋面积上进行大洋资源勘探作业，进行录像、拍照、海底地形和剖面测量、水文测量、多金属结核丰度测定、海底沉积物目标搜索和观察等，其技术水平与美、日、法等国相当。

2008 年，中国在第三次北极科学考察中，首次使用了中国自主研发的自主与遥控混合作业模式的水下机器人“北极 ARV”，在北冰洋海域开展冰下试验应用，掌握了海冰厚度、冰底形态等大量的第一手科研资料。

我国水下机器人在北极工作

2001 年 12 月，我国“7 000 米载人潜水器”项目列入了国家“十五”期间“863 计划”，要求达到：最大工作深度 7 000 米，具有先进的动力系统、稳定的悬停及导航定位能力、先进的水声

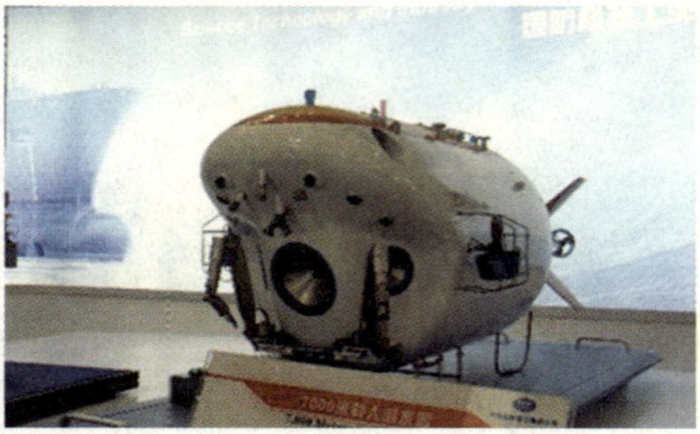

7 000 米水下机器人

精心调试水下机器人

通信、多种高性能作业工具，能够探测地球上 99%的海底。

2009 年 3 月 9 日，国家海洋局孙志辉局长接受新华社记者采访时透露，中国自主研制的世界首个 7 000 米载人水下机器人已经组装完毕，将进行深海试验。该水下机器人可以载 3 个人，其中 1 人是操作员，2 人是科学家。该深潜器外观近似一个椭圆形球体，从海面下潜至 7 000 米深度约需 5 小时，连续深水作业时间长达 12 小时。这是我国拥有自主知识产权的重大科研项目，将使我国深潜技术达到世界先进水平。

国家海洋局新闻办主任吴金友介绍："一旦 7 000 米水下机器人深海实潜试验获得成功，我国将拥有潜水深度世界第一的载人深潜器。"目前世界上载人深潜器共有 5 台，分别是日本的"深海 6500"号、美国的"阿尔文"号、法国的"鹦鹉螺"号、俄罗斯的"和平"号和"密斯特"号，它们的最大深潜深度为 6 500 米。

大量的深海潜水器投入应用，大大提高了深海调查、勘探能力，为将来对深海资源进行商业开发准备了技术条件。

"大洋一号"建功勋

在中国海洋科学考察史上，"大洋一号"科学考察船是一艘功勋船，它在大洋耕耘几十年，不仅为我国取得"先驱投资者"资格、在太平洋中部海域获得一块 7.5 万平方千米"矿区"作出了重大贡献；而且进行了大面积的专项调查，掌握

了大洋资源的详细资料，为将来进行大规模的商业开采奠定了基础。

“大洋一号”的吨位并不算大，但技术装备属于世界先进水平。该船总长 104.5 米，宽 16 米，排水量 5 500 吨，原是苏联的一艘地质和地球物理考察船，1994 年，中国购买后进行了现代化改装，

“大洋一号”访问香港

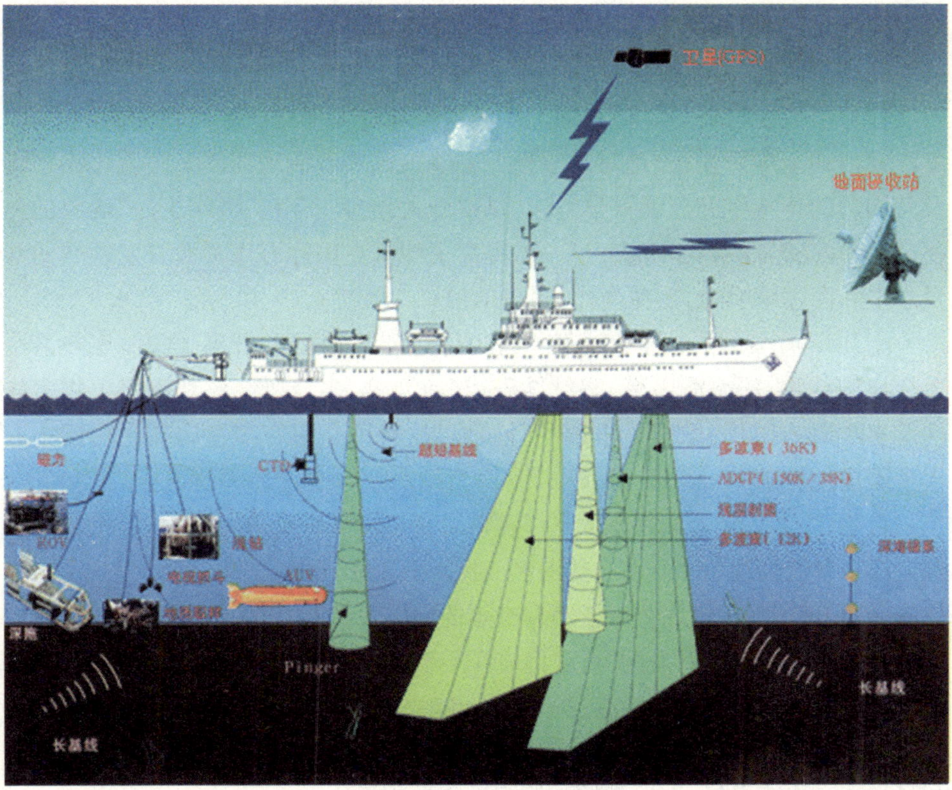

“大洋一号”探测作业示意图

命名为“大洋一号”。

2002年，经中华造船集团重大改装，“大洋一号”增加了我国自行研制的“电视抓斗”、“海底摄像系统”、“保真取样器”及“岩心浅钻”等高新技术设备，成为世界上最先进的综合型远洋考察船之一，是我国深海资源调查的主力船舶，在未来10年到15年间，可以满足我国在国际海底“区域”资源研究、开发的需求。

从1995年开始，“大洋一号”先后完成了中国大洋矿产资源研究开发专项20个远洋调查航次和多个大陆架勘查任务。2003年执行的调查任务，历经254天，总航程39 349海里，创造了大洋调查的3项新纪录：世界上首次在大洋海山进行6 000米水下机器人探测试验；首次进行大洋硫化物资源调查；开创中国综合科学考察船横穿太平洋的先河。

2005年4月2日，“大洋一号”从青岛港起航，开始“中国首次环球大洋科学考察”。它环绕地球一周，历时300多天，航程达46 000多海里，创下我国大洋科考时间最久、航程最长的纪录。

环球科考是一项多学科、综合性的科学考察任务，“大洋一号”这次航行有两项任务引人注目：一是将我国大洋科考海域由太平洋拓展到包括大西洋、印度洋在内的全球海洋；二是对洋中脊上一些关键热液活动区的海底硫化物系统及其周边的奇特生态开展科学考察，以揭开大洋海底存在“极端生命”现象的奥秘。“大洋一号”的科学考察，进一步提高了我国在国际海底资源开发领域的开发水平和国际影响力，功在当代、利在千秋。

十几年来，“大洋一号”经历狂风恶浪，克服艰难险阻，开展了深海底热液区多金属硫化物、深海海山区、富钴结壳、深海洋盆、多金属结核和深海生物多样性等多项调查工作，取得了丰硕的科研成果，特别是海底多金属硫化物调查取得了历史性突破。

自1977年人类首次在东太平洋发现海底热液区以来，30多年里，世界各国在大洋中脊仅发现了160多个热液区。我国于2007年在西南印度洋发现了海底热液区，实现了我国海底热液活动调查零的突破，2008年又发现了11个。而且，中国科学家使用自主开发的“近底集成探测系统”，创下了从探测异常到发现热液喷口直至成功抓取硫化物样品仅用18个小时的奇迹。另外还发现了超大范围的新型碳酸钙“白烟囱”热液区和极难被发现的非活动海底热液区。中国的深海调查和科学研究快速发展，将为人类开发海洋作出积极贡献。

电视抓斗见奇迹

国产电视抓斗

特大砾状结壳

“电视抓斗”是一种先进而实用的深海可视化采样设备，我国研制的“电视抓斗”是适合6 000米深水作业的海底有缆观测与采样系统，是国家“863计划”海洋资源开发技术的重要成果，可以广泛应用于现代深海工程中，在对多金属结核结壳、热液硫化物、天然气水合物（可燃冰）、深海基因等深海资源的勘查、采样中大显身手。

电视抓斗的工作原理是：借助深海视像技术，实现深海机械抓斗在预定经纬度处准确抓取海底样品。关键技术包括高强度吊装及新型抓斗机构、深水液压动力、深水视觉与控制信号的实时远程传输、抓斗水下自动测控及甲板监视技术等。它的系统总重量小于2.5吨，最大工作水深6 000米，动力功率4千瓦，设计采样能力大于200千克。

2003年6月，“电视抓斗”在执行大洋富钴结壳调查中发挥了重要作用。在海洋调查中，该设备监控图像清晰、分辨率高、传输可靠；操作简便，实用性强。“电视抓斗”抓取了包括沉积物、球状结壳、砾状结壳及从板状结壳剥离的结壳样品共1 000千克，其中一块砾状结壳重达500千克，长120厘米、宽110厘米、厚14～25厘米，是我国富钴结壳调查过程中迄今获取的最大、最重的样品。

“电视抓斗”比传统的盲目取样方法大大提高了勘查效率，成为我国大洋调查的“新武器”，技术能力达到了国际先进水平，在深海探测与采样技术领域有广阔应用前景。

由于“电视抓斗”具有直观的可视效果，“大洋一号”在考察中曾多次发现海

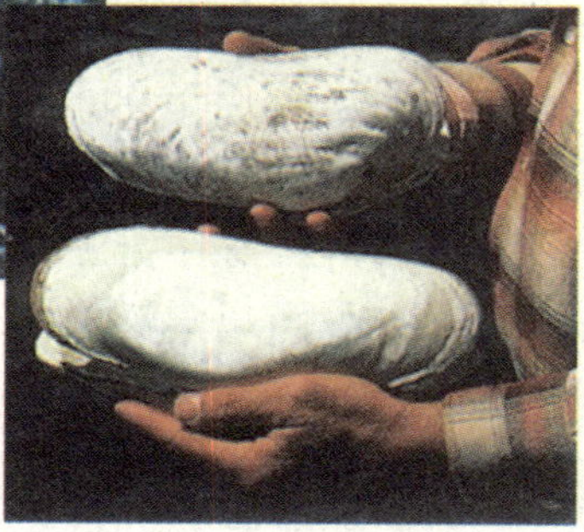

深海底热液生物

底“黑烟”，并在海底热液区清晰地拍摄到大量的白色海葵、白色螃蟹、虾、鱼等热液生物。

在幽暗的海底，竟如同重工业基地一样“烟囱”林立，还有成群的白色海洋生物围绕着“烟囱”，在300℃~400℃的高温、高压、无光、有毒的环境下生存着。这种奇特现象打破了陆地“万物生长靠太阳”的定律，就像是另一个星球的生命现象，可能与生命起源相关，是目前国际生物工程研究最大的热点和焦点。目前，在海底热液区的沉积物里发现的生物种类已达到10个门类490种，可以收集、培养多种微生物，从这些耐高温、高压，有很强耐毒性的微生物体内提取基因，可以研制对人类有益的药品。对深海热液区发现的管状蠕虫、蛤类为主的特殊生物群落的研究，有可能带来人类科学史上的重大突破。中国成功获取了热液氧化物样品和深海海葵样品，具有十分重要的科学意义和研究价值。

此外，“大洋一号”还在西南印度洋中脊第一次用“电视抓斗”发现并成功抓取到了一种“白烟囱”样品。据分析，从海底喷出、溢出的像烟雾一样的东西，实质上是与周围海水在成分和温度上有一定差异的流体。黑烟囱喷出的流体呈黑色，烟囱体主要由硫化物矿物构成；白烟囱喷出的流体呈白色，烟囱体主要由硫酸盐矿物构成。海底热液的温度高可达300℃~400℃，低则不超过10℃。黑烟囱喷出流体的温度一般要高于白烟囱。这一重大发现说明，该段洋中脊发育有多种形式的热液活动。

第三十四章

“远望”大洋控“神舟”

“远望”号航天测量船编队

“神舟”冲霄惊天地，
华夏英雄遨太空。
中国跻身航天国，
“远望”测控建功勋。

“远望”驰骋三大洋

中国永远不称霸，也反对别人称霸，尤其不允许别人以核讹诈来威胁我国的安全。在20世纪六七十年代，中国人民在极端困难的条件下，成功地爆炸了原子弹、氢弹，掌握了中、远程导弹技术，并决心制造中国的战略威慑力量——远程洲际导弹。

然而，制造洲际导弹，必定要进行导弹的全程飞行试验，靠陆地的模拟试验和打高空弹道都无法满足完善洲际导弹性能的需要。随着世界航天技术的发展，远程运载火箭和人造卫星等航天器相继研制成功，国土再大的国家，单靠本土上的测控站也不能满足火箭全程飞行测控的需要。离地球300千米的航天器，绕地球飞行一圈的航程为4万多千米，而由于受到地球曲率的影响，地面上一个测控站一次仅能跟踪4 000多千米的航程。

“远望”号雄姿

为满足对航天器跟踪、测控的需要，走向海洋，是试验洲际导弹全程飞行和发展航天事业的必经之路。著名科学家钱学森坚定地提出：“洲际导弹需要全程试验，我主张上远洋航天测量船。”叶剑英元帅赞同地说：“我们的导弹需要这些船，我们的国家也需要这些船。”

1967 年 7 月 18 日，北京的国防科技大楼灯火通明，这里正举行一个非常重要的会议，根据周恩来总理布置的任务，集中研究我国洲际导弹全程试验的保障工作。会上决定由我国自行设计制造导弹跟踪测量船及其配套的远洋科学考察船、驱逐舰、海上补给舰等，形成了向中央的《建议》，这就是当时绝密的“718 工程”。经过近一年的研讨，1968 年 6 月 18 日，毛泽东主席圈阅同意了国务院、中央军委关于“718 工程”上马的报告。

尽管当时正处于国际冷战和“文化大革命”的动乱之中，但“718 工程”还是迅速运转起来，在全国 24 个省市、35 个部委、1 100 多家工厂、研究所、院校开展大协作。

1980 年 2 月 15 日，两艘银白色的矗立着巨大天线的巨轮靠上了江阴黄山码头，这就是刚刚投入使用的航天测量船“远望 1 号”和“远望 2 号”。“远望”船名取自叶剑英元帅在大连棒棰岛所作的七律《望远》，毛泽东阅后建议改为《远望》，并书写了全诗，“远望”便是毛泽东主席的笔迹。“远望”驶进大洋，眺望星空，跟踪、测量“东风”火箭，闪耀着中华民族的骄傲和希望。

巨大的“远望”测控天线

海上测控与陆地测控完全不同，在海水翻涌、船体摇摆、天线晃动等复杂动态的环境下，只有短短几百秒的时间，去准确测量和控制高速运动的航天器，必须保证“万无一失”，任何微小的失误都可导致航天任务的失败。当时世界上只有美国和苏联两国拥有这种技术，他们都对中国实施全面的技术封锁，我国的科技人员下定决心，克服一切艰难险阻，要让我国自己研制的航天测量船驰骋在蓝色的大洋上。

中国是一个爱好和平的国家，在世界各地没有一个军事基地。开展中国的航天事业，完全是为了人类进步的和平事业。中国的航天测控网络，是以卫星测控中心为中枢，以固定台站、活动测控站和“远望号”测量船为骨干的陆海基现代化综合测控网，具备向高中低不同轨道、不同频段、不同种类的国内外卫星提供测控支持和服务的能力。

“远望1号”、“远望2号”是我国第一代综合性航天远洋测控船，建造于20世纪70年代，船长191米，宽22.6米，高38米，平均吃水7.5米，满载排水量21 157吨，最大航速20节。主要担负卫星、飞船和火箭飞行器全程飞行试验测量和控制任务、通信和打捞回收任务，是我国航天测控网的重要组成部分。近30年来，先后30多次远征大洋，圆满完成了我国洲际导弹、潜射导弹、通信卫星、气象卫星、导航定位卫星和澳星、亚洲一号、亚太二号、菲律宾星以及“神舟”号飞船等重大科研试验任务及重大海上测控任务。

“远望3号”是我国第二代综合性航天远洋测控船，船长180米，宽22.2米，高37.8米，满载排水量1.7万吨，吃水深度8米，最大航速20节。安装了中国口径最大的直径为12米的USB雷达系统，有外测、遥测、遥控、语音传输和图像传输五大功能，主要担负卫星、飞船和其他航天器全程飞行试验海上测控任务。全船汇集了我国当今船舶、机械、电子、气象、通信、计算机等方面的先进技术，其硬件设施达到了国际先进水平。1995年底投入使用以来，“远望3”号曾10多次远征大洋，圆满完成了十几次国家级大型试验海上测控任务，并创造了世界测量船史上单船布站、进行全弧段测量的新纪录。

“远望4号”是1998年8月由原“向阳红10”号改建而成的航天远洋测控船。船长156.2米，宽20.6米，高39米，满载排水量12 700吨，吃水7.5米，最大航速20节。主要担负卫星和飞船海上跟踪、遥测、通信和控制任务，具有测控精度高、实时性强、全天候工作等优点，出色地完成了各次国家级大型试验海上测控通信任务。

“远望5号”、“远望6号”是一对姊妹船，为我国具有国际先进水平的第三代大型航天远洋测量船，满载排水量2.5万吨，抗风能力可达12级以上，能在南北纬60度以内的任何海域航行，于2007年正式交付中国卫星海上测控部使用。第三代“远望”号与原来的4艘船相比，设计更加先进、美观，设备配置更加合理，数字化、标准化、系列化和通用化程度明显提高。能够完成对火箭、卫星、飞船等各类航天飞行器的海上跟踪测控任务，并能与任务中心进行实时通信和数据交换。

在我国航天事业的发展过程中，“远望”人在惊涛骇浪中追星赶月，在茫茫大海上燃烧青春，在亲人的牵挂中扬帆远航。30年来，“远望”号测量船队相继攻克了船摇稳定、电磁兼容、海上标校、航天器轨道确定和改进、航天器海上控制等一系列关键技术，以100%的测控成功率创造了世界航天测控史上的奇迹，实现了中国海上测控事业的重大跨越。海上综合试验能力从过去两三年执行一次任务，发展到现在一年执行10次任务；执行任务的

监测火箭准确飞向降落点

海域从太平洋扩展到三大洋；执行任务的能力从原来的单一测量，发展到如今的能测能控，大大提高应对各种高强度航天飞行试验任务的能力，为推动中国航天事业又好又快发展立下了卓越功勋。中华儿女的千年梦想在他们手中实现，中华民族的精神之花在他们心中绽放，他们为我国航天事业跻身世界前列写下了辉煌的篇章。

“远望”夜景

南太平洋露锋芒

迅速回收数据舱

1980年5月1日，中国第一支远洋测量船特混编队从东海朱家尖锚地起航，6艘导弹驱逐舰、2艘补给船和8艘各种保障船组成的船队，簇拥着“远望1号”和“远望2号”驶向南太平洋，揭开了中国第一枚洲际导弹全程飞行试验的序幕。

1980年5月18日10时，中国第一枚“东风5”号洲际导弹，在西北导弹试验发射基地点火升空，喷射着橘红色的烈焰，瞬间飞越了甘肃、内蒙古、陕西、山西、河北和山东 6 省，掠过黄海和东海上空，直飞南太平洋上的预定降落点。

“远望”编队在预定落点长 120 千米、宽 60 千米的矩形范围内摆开队形，启动所有雷达和一切观察设备，迎接以 20 倍音速疾飞而来的“东风”导弹。“远望”人不负祖国的重托，及时、准确地捕捉到了目标，完成了导弹在入大气层段和箭头降落点的测量，并及时、安全地打捞、回收了飞行全过程状态记录的数据舱。

中国远程运载火箭全程飞行试验成功，是中国火箭技术在世界上的首次亮相，是人民海军远洋编队第一次进入南太平洋，标志着中国海军从绿水走向了蓝水，是中国火箭技术与航天工程以及海军建设的里程碑，具有重大的战略意义，极大地鼓舞了国人、震惊了世界，“远望”航天测控船为实验成功立下了汗马功劳。

遥控“神舟”立新功

1999 年 11 月 20 日，是中国航天史上值得庆贺和铭记的日子：我国新型运载火箭首次将“神舟 1 号”试验飞船送入太空，飞船绕地飞行，并成功地返回地面。我国 4 艘“远望”号测量船同时在太平洋、大西洋和印度洋，执行对“神舟”飞船入轨段、运行段和返回段的海上测控任务，共跟踪飞船 19 个弧段，累计测控通信时间 100 分钟，占整个测控通信覆盖率的 59%，胜利实现了关键性的太阳帆板展开、变轨发动机试喷控制、轨道数据注入和返回制动控制等高难度、高技术的控制指令，标志我国低轨航天器的海上测控技术实现了新的突破，并形成全球海上测控网，有能力担任更复杂的远洋航天测控任务。

经过了 4 次“神舟”号飞行试验，2003 年，我国终于迎来了历史性的载人航天飞行。10 月 15 日上午 9 时整，喷吐着红色火焰的运载火箭托举着“神舟 5 号”载人飞船从中国西北的大漠上呼啸起飞，直刺苍穹。我国的 4 艘“远望”号远洋航天测量船在大洋上搏风斗浪，准备展开连续跟踪测控飞船的海天大战。

神舟飞船飞行过程中，共有12个测控点控制飞行。陆上测控站分别为北京、西安、渭南、青岛、厦门、喀什、卡拉奇和纳米比亚，海上则是由分布在日本海、南美南端海域、大西洋和澳大利亚海域的4艘“远望号”测控船承担。“神舟5号”飞船飞行轨道的一些需要地面监视和控制的特征点，如变轨点和返回制动点都在南半球，所以需要有3艘测量船分布在南半球。其中，“远望1号”承担飞船入轨后轨道测量、遥测监视飞船状态、太阳能帆板展开控制等重要任务；“远望2号”承担飞船入轨后数据注入和变轨控制等重要任务；“远望3号”承担了飞船返回调姿与制动控制等关键控制任务；“远望4”号船用于弥补测控盲圈。4艘远洋测量船对飞船进行跟踪、测轨、遥测、遥控、天地话音通信、接收飞船电视图像等任务，其测控通信时间占整个运行段的50%以上。

经过渭南、青岛等中国本土的陆地测控站完成对“神舟5号”的初始测控程序后，下一步测控任务的接力棒便交给4艘“远望”号。“船箭分离！”扩音器中清晰地传出调度人员的指令，大家屏住呼吸，静候飞船入轨时刻的到来。

9时11分，布阵在北半球西太平洋海域的“远望1号”船首先捕获到了“神舟5号”信号，迅速报告：“长江1号发现目标！”、“飞船正常入轨！”这一信息传到中国航天远洋测控部指挥大厅，大厅内顿时掌声雷动。在短短数十秒钟之内实现了对飞船的精确跟踪，测到的所有数据显示一切运行正常。

“远望”号开赴测控区

根据北京测控中心的指令，“远望1号”立刻给飞船发出指令——“打开太阳能帆板”，这是海上测控船发给飞船的第一条指令链。飞船接到指令后，就像飞鸟打开翅膀一样缓缓打开太阳能帆板，测控人员小心翼翼地调正位置，让帆板正面对准太阳，充分吸收太阳能，为飞船供电并给蓄电池充电，保证飞船在地球阴影区也能正常工作。“远望1号”漂亮地完成了接力“第一棒”的重要任务。

航天员待命出发

“远望1号”测量船的记录仪上，一只只画笔如灵蛇吐芯，飞快地标出飞船飞行的速度、高度和倾角等飞行参数。在准时预报了飞船的初轨参数后，“远望1号”完成了对飞船的第一圈跟踪，顺利地把接力棒传给了西半球南太平洋上的“远望2号”。9时32分，布阵在南太平洋的“远望2号”雷达主控台前面的小荧光屏突然出现了亮点，操作手迅速锁定。“长江2号发现目标！”洪亮的声音响彻在南太平洋上空。无形的电波在“远望2号”、北京指控中心、飞船之间架起了桥梁，指令飞船完成着各个不同的飞行动作。下午至晚间，这场接力战引向位于南印度洋的“远望4号”和南大西洋的“远望3号”。

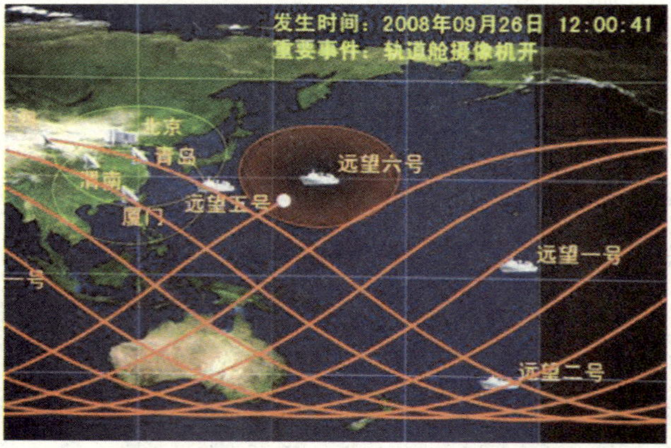

“远望”号布控世界大洋

4艘“远望”船共实施了21个测控弧段的海上跟踪、测控任务，向飞船正确发送遥控指令212条次。其中，“远望1”号船向飞船发出“太阳帆板展开”指令，“远望2”号船及时跟踪捕获飞船并进行变轨控制、注入初轨数据，“远望4号”船传送我国第一位宇航员杨利伟在太空展示中国国旗和联合国旗的图像，“远望3

号”船向飞船发出调姿、返回、制动指令等，为确保“神舟 5 号”首次载人航天飞行任务圆满成功作出了重要贡献。

航天员胜利返回地球

在 2005 年 10 月 12 日发射“神舟 6 号”、2008 年 9 月 25 日发射“神舟 7 号”载人飞行任务中，“远望”船队再立新功。在“神舟 7 号”搭载 3 位宇航员进入轨道，并进行第一次出舱活动，对中国航天活动具有开拓性和里程碑意义，海上测控任务十分艰巨，我国共派出新老三代共 5 艘“远望”远洋测控船，布设在太平洋和大西洋上，共航行 117 天、23 000 多海里，是航天史上最大规模的海上测控活动。

“远望”海上测控网络完成任务非常出色，捕获目标及时，跟踪稳定，录取数据平稳，图像话音清晰。在控制飞船帆板打开、轨道维持、返回控制方面，给予可靠、重要的通信支持，有力地保证了“神舟 7 号”圆满完成飞行任务。“远望”船队为中国航天事业的发展建立了卓越功勋，其光辉业绩永载中国航天史和中国航海史。

第三十五章

海底网络通天下

HAI DI WANG LUO TONG TIAN XIA

敷设海底电缆

海底通信网络四通八达，是构建信息公路的基础。在浩大海洋通信工程中，中国“海缆王”作出贡献。

现代人漫游在信息高速公路上，完全消弭了空间隔阂，好似世界近在咫尺，双方对话就在眼前。而一旦离开传输电话和互联网，便难于生活和工作。现代信息传输主要靠卫星通信和海底电缆通信，而采用光缆的海底电缆通信与卫星通信相比，具有海水可防止外界电磁波干扰的优势，并且感受不到时间延迟，海底光缆的设计寿命通常也比人造卫星长10到15年。所以，海底电缆成为联通世界的主要通信载体。

当我们展开海图，就会看见大海里连接着许多弹簧形的线路，有大陆与岛屿间的，有岛屿与岛屿间的，还有穿越整个大洋、把世界各大洲连接起来的长线，酷似大海机体上的神经，伸展到海洋各处，这便是信息时代实现传输语言、图片、各种信号的海底电缆，被人们称为“大海神经网络”。

利用海缆通信100多年以来，全世界已有几百条海底电缆，形成环球海底通信网络，把130余个国家的通信网站连接起来，对开通国际越洋通信和国家间通信及传输信息起着巨大的作用，对促进经济全球化、共建“地球村”作出了巨大贡献。

洲际通话建功勋

在铺设大洋海底电缆的伟大事业中，人们不会忘记一个杰出人物，那就是著名的近代物理学家、英国人威廉·汤姆生。他在15岁时便得过物理学奖，22岁出任大学教授，24岁创立了绝对温度理论，30岁时因在电磁学和热力学方面的创新成就而闻名。他独具慧眼，看到了海底电缆通信对人类发展的价值，投入了全部精力研究、布设海底电缆工程，克服了许多意想不到的困难。

1854年，他针对在长距离信号传输过程中出现的延迟与衰减现象，提出了“关于海底电缆信号传输衰减理论”，建立了电缆通信的重大理论基础。

1857年，他亲自研制了直径较小、传输效力高的海底电缆，并亲自上船布设电缆。经过现场操作与艰苦攻关，解决了风浪中准确定位、平稳布设、增加电缆强度、增强电流信号等一系列难题，发明了高灵敏度镜式电流发报机。

1858年，他乘坐“亚加墨娜”号轮船从北美的纽芬兰岛出发，驶进大西洋，冒着被巨浪吞噬的危险，在船只剧烈颠簸中坚持了一个多月，把2 000千米长的海底电缆铺设在海底，在爱尔兰顺利登陆，历史性地完成了海底电缆穿越大西洋的壮举，接通了欧洲与北美洲的电信联系，使远在北美洲的终端清晰地听到了来自欧洲爱尔兰的信号，人类首次跨越大西洋的屏障，实现了“千里大洋一线通”的梦想。

1866年6月，威廉·汤姆生经历几次海上布缆的失败与改进，终于将电缆送达爱尔兰终端，经过通信试验，质量良好。他向世界宣告，经过10年的奋斗，第一条横跨大西洋的永久性海底电缆全部架设完毕。这是人类通信史上的一大革命，是世界重大的科学成就。英王为褒奖威廉·汤姆生的功勋，封他为爵士。

1907年，功勋卓著的威廉·汤姆生告别他热爱的事业，走完了人生。而享受着信息通信便利的当代人，永远不会忘记这位“海底通信之父”。他的人生诤言“我在过去55年里所极力追求的科学进展，可以用‘失败’这个词来标志。在失败中必然有一些悲伤，但是在对科学的追求中，本身包含的必要努力带来很多愉快的斗争。这就使科学家避免了苦闷，而且会使他在日常工作中相当快乐”，今天仍然令人回味无穷。

现代海缆创新路

海底电缆刚发明时，还是一种简单的电报通信工具，尚不能实现语言的双向传输。

1891 年，英国与法国在英吉利海峡间铺设了世界上第一条海底电缆，实现了跨越海峡的电话联系。

1953 年 11 月，随着电子技术的发展，英国、美国和加拿大三国联合铺设了横穿大西洋的电话电缆，在往返线路上各安装了 51 个深水放大器，以保证通话信号清晰可听。

19 世纪 80 年代，随着电子技术和海洋工程的发展，海底电缆通信迅速发展。到 1983 年，全世界共有 106 条国际海底电缆，最长的太平洋电缆，从加拿大的温哥华到美国的夏威夷、斐济的苏瓦、新西兰的奥克兰、澳大利亚的悉尼，连通美洲与大洋洲，全长 8 233 海里。现在太平洋上的主要岛屿均由海底电缆连接，进入了越洋电话网络。横穿大西洋的 14 条国际同轴电缆，总长度达 3.2 万海里，其中最长的 1 条达 3 599 海里。

从温哥华出发的太平洋海底电缆，经大洋洲的悉尼后，继续延伸到亚洲的中国香港、斯里兰卡、印度和巴基斯坦等国家和地区，经非洲各国到达欧洲，再经大西洋海底电缆回到美洲，全长 50 000 多海里，形成环球海底电缆系统，实现了海底电缆通信全球化。

海洋布缆船

20 世纪 80 年代出现的光纤技术是海底电缆工程发展的一次革

命。英国、日本等国家率先将光纤技术运用于海洋通信，铺设了海底光缆试验线路。长程海底光缆使用再生中继技术，不仅信号质量好、传播速度快、抗电磁干扰和可靠性强、耐海水腐蚀，而且可以传输数据和图像等信息。

1988 年，由美国、北美洲、欧洲 26 个电信局共同开发布设的 TAT-8 海底光纤电缆，横跨大西洋，连接美、欧两大洲，每秒钟能够传递 5 000 万个信息，同时传递 4 万个电话，比当时全世界所有铜质电话通话量的总和还要高出一倍，标志人类进入了海底光纤通信的新时代。

1996 年底，日本历经 3 年敷设、横穿太平洋的海底光缆投入使用，全长 2.5 万千米，开通 12 万条电话线路，是目前世界上最长、传送图片容量最大的海底光缆，使通信的多媒体化又前进了一大步。目前，国际通信 90%以上的业务量由海底光缆承担，海底光缆为人类进入信息化时代作出了重要贡献。

敷设海底电缆上陆段

中国有个“海缆王”

中国第一条海底电缆，由丹麦人建于 1871 年，起自香港，经厦门、上海、长崎，到达海参崴。1888 年又修建了福州至台湾淡水之间、台湾安平通往澎湖的两条海底电缆。但在旧中国，没有一座海底电缆工厂，没有自己的敷缆设备与敷缆船，可以说中国的海底电缆工程是一片空白。

海底电缆工程是各国公认的高难度的大型工程，从环境探测、海洋物理调查到电缆的设计、制造和安装，技术十分复杂。海底电缆的制造厂家主要在挪威、丹麦、日本、加拿大、美国、英国、法国、意大利等国，这些国家除制造外还提供敷设技术。

1971 年，根据海洋形势的需要，经毛泽东主席批准，要建设大陆通向西沙群岛的海底电缆。当时只得求助外国，在谈判中受到外商嘲笑：“中国只有搬砖弄瓦的工匠，没有深海敷缆工程师，很难想像你们能把深海电缆布下去。”并且乘机抬高价格，将一艘敷缆船的售价由 1 000 万美元提高到了 2 560 万美元，这在当时是一笔很大的外汇开销。

“海缆王”曾达人

海军水线连战士出身的曾达人，毅然向领导请求，自己动手建造海底电缆厂，研制敷缆设备，改造敷缆船，自力更生敷设海底电缆通信系统。由于外国的技术封锁，深海敷缆技术为少数国家垄断，自力更生搞海底通信难度极大。但曾达人等人凭着海军科技工作者的责任感和满腔热情，努力拼搏，用了 3 年时间，终于研制成一套自动测速、测力、计程、自动控制海缆铺设的履带式直线深海敷缆设备，而研制费用只有美国同类设备的千分之几。

曾达人长期奋斗在大海上，亲自参与和组织铺设了几千千米长的海底电缆，完成了 50 多个海底电缆的科研项目，设计了“水喷式”、“自走式”海缆埋设装备。2001 年，创造了具有自主知识产权的多刀犁式新型埋设装置，发明了多种海缆故障测试仪，形成了中国特色的海底电缆系列敷设装置。曾达人因此被授予“作出重大贡献的科技工作者”和“海底电缆革新能手”荣誉称号。

1986 年，在曾达人领导下，研制中国第一条海底光缆。经过艰苦努力，终于在 1990 年成功敷设了中国首条海底光纤电缆，中国赶上了现代海底光纤通信时代。

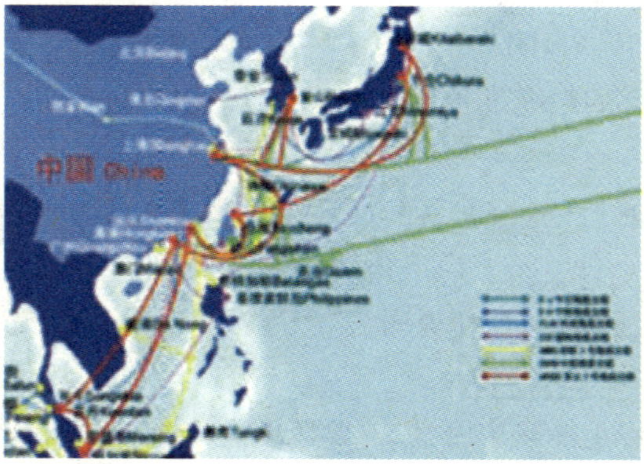

中国海底电缆通世界

2006 年 12 月 18 日，来自中美韩的六大运营商在北京签署协议，共同出资 5 亿美元修建首条海底高速直达光纤电缆——跨太平洋直达光缆系统。这条新的海底光缆将直接连通中国大陆和美国，长度超过 1.8 万千米。

光缆在美国的接入点位于俄勒冈州那多那海滩，在中国大陆的接入点位于山东的青岛和上海的崇明岛，另外将铺设通向韩国和中国台湾地区的分支线路。据报道，这条新的跨太平洋海底光缆，按设计能力可同时处理相当于6 200万个通话的数据量，是现有中美海底光缆容量的60多倍，可支持超过1/5的美国人与同等数量的中国人同时拨打对方国家的电话。

共享信息资源

第三十六章

“数字海洋”新时代

遥测地球多种手段

数字海洋是人类智慧结晶，
为海洋发展提供科学依据。
人类共享全球海洋信息资源，
一起开发“共同的继承财产”。

遥测卫星

地球变“小”而透明

1981 年，美国人预言“人类将生活在信息高速公路上”。现在人类已经在“信息公路”上迅跑，高速浏览着世界上发生的一切新闻，电子邮件瞬间传遍世界各地，人类体会到了“信息世界”的便捷和对社会进步的巨大推动力。1998 年，一位哈佛大学的毕业生又发表高见：“数字地球——21 世纪人类认识地球的崭新方式。”“数字地球”成为世界科技热的新焦点，人类进入编织“数字地球”和共享“全球信息”的新时代。

“数字地球”是集当代科技的精华，广泛应用最先进的信息传感技术、远程光纤通信系统、计算机和网络技术、大容量的地理信息库、高分辨率三维图像等，用多维虚拟技术对全球信息进行数字化综合表达。“数字地球”的出现，正在改变着世界，给人的直接感觉就是地球变“小”了、“透明”了。人类不仅从宏观上摸清了地球的全貌，而且可以按地理坐标细微地查询一切。只要在电脑上点击一下“菜单”，就可以变换到世界任何地方，就像科幻小说中乘坐“魔毯”游览世界各地一样。

遥测主力航天飞机

各个时代的新技术，往往首先运用在军事上，“数字地球”也不例外。美国编制“数字地球”，首要目的是为其国家战略和全球军事战略服务。如美国参谋长联席会议副主席欧文斯声称：美国具有全天候条件下，在 10 厘米误差以内十分精确地看到整个朝鲜、伊拉克那样大的战场目标及其变化。2000 年 2 月 12 日，美国发射“奋进”号航天飞机，就是为了执行绘制全球绝密地图的特殊任务，它应用最先进的雷达设备，对南纬 56 度至北纬 60 度范围内，占地球 75%的面积、95%的人口居住区进行了详细的观察与测绘，不仅把包括中国、俄罗斯、朝鲜和中东地区等美国感兴趣的战略要地看了个够，掌握了最清晰、最完整、最准确的地理信息，而且把全球重要的军事、经济目标画成了三维图像，其精度比现有最详尽、清晰的地图提高了 30 倍。

在科索沃战争中，北约司令克拉克在距战场 2 000 千米的北约基地蒙斯坐镇指挥，通过以天基通信、GPS 定位、预警侦察构成的战区作战指挥系统，对战场态势了如指掌；在海湾战争的“沙漠之狐”行动中，美军司令津尼更是在距战场 13 000 千米的美国坦帕基地的电子荧光屏前指挥作战，可以具体到指挥每一个战术行动。

美国的B-2隐形轰炸机，从美国本土的怀特曼基地起飞，根据预先装定的数据，飞越大西洋，进入南斯拉夫国土，从三个方向轰炸中国驻南斯拉夫大使馆，导弹穿透4个楼层，在大使馆的地下室爆炸，造成我国人员、设施重大损失。

在伊拉克战争中，美军共动用各种卫星180余颗，依靠强大的空间信息支援和空地一体的信息实施攻击，全面掌握了制信息权和制空权，展开高度自主的快速作战行动。由于战场对美军单向透明，美军大胆实施了直捣战略重心的多维一体闪击战。从传感器发现目标到作战平台实施打击的时间，由海湾战争的约10小时，缩短到伊拉克战争的10分钟左右。

“全球数字战场”已经以太空信息系统建设为龙头，建成陆海空天一体化的信息系统，实现信息资源互联、互通、互操作、无缝连接，集预警探测、情报侦察、导航定位、敌我识别、通信联络和指挥控制为一体的综合信息系统，是当代意义深远的一次军事革命。

代表当今世界科技制高点的“数字地球”技术，是人类智慧的结晶。这一伟大的科学成果，可以应用于全球信息资源共享建设工程，对世界军事、经济、文化和教育等各个领域都将产生重大影响，提高生活质量，促进科技发展，开拓未来知识经济新天地，有力地推动人类社会的进步。

“数字海洋”用途大

海洋面积占地球表面积的71%，海洋影响、决定着陆地的演变和生态变化，人类社会越来越依赖于海洋，海洋是人类可持续发展的重要物质基础。所以，建设“数字海洋”是“数字地球”建设和应用的重要组成部分。如果离开了海洋，便不可能建立真正意义上的“数字地球”。

基于“3S”技术，即遥感技术(RS)、地理信息系统(GIS)、全球定位系统(GPS)在海洋领域中的应用，以全方位、高分辨率的空间遥感资料为基础的“数字海洋”成为新一代可以随机放大的“活海图”，既可宏观地看清海洋的全貌及其变化的全过程，又可清晰地查阅、显示某一选定海区的详尽资料。美国已研制出分辨率在2米范围内的数字化世界海图。

海洋是一个变化复杂的整体，以往的海洋数据主要来源于海洋船的考察记录，这种信息既不全面又存在滞后性，缺乏对海洋变化过程的实时、动态了解。而“数字海洋”则建立在太空、空中、海面、海底、陆上等多维立体信息采集系统上，是对大海进行的“现场直播”，使得科学家能够综合大量的静态与动态数据，通过实际观测掌握海洋自然演变过程，对海洋的认识实现了质的飞跃。

直观台湾海峡

利于维护海洋权益 “数字海洋”详尽的海洋实时资料，可以为海洋国土划界和海上争端提供历史资料和背景信息，及时为海上军事活动提供综合海洋环境信息。它是保卫国家海洋主权和维护海洋权益不可或缺的重大工程。

“数字海洋”不仅能对海上非法入侵、非法开采、海上违规活动等实施动态监测，而且可以对海洋污染、海上溢油事件的监测、损失评估和依法索赔等方面提供定性、定位、定量的海洋空间信息，便于科学辅助决策和快速取证、及时查处。

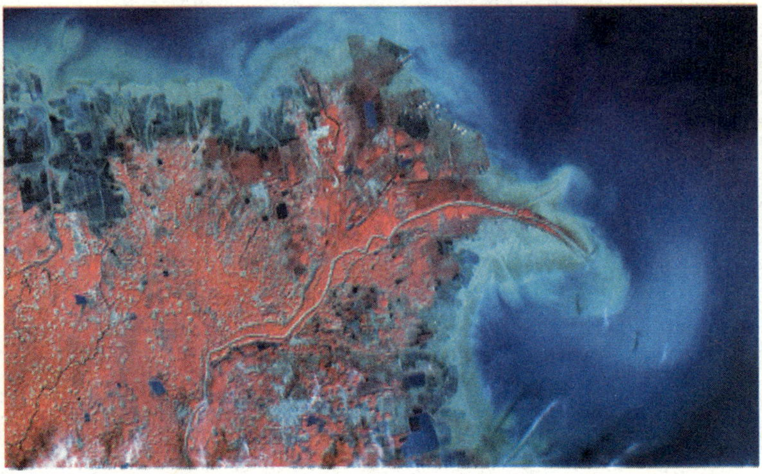

黄河三角洲一览无遗

利于实施海洋管理 “数字海洋”能清楚地提供海洋环境质量、海洋污染物漂移扩散、海洋环境整治与保护规划等信息。利用卫星遥感信息和数字模拟技术对风暴潮、海浪、海平面上升等海洋动力灾害进行三维动态模拟与影响分析，及时发布海洋灾害预报、预警信息。

现代社会以信息流调控人流、物流和能流，改变人类的传统生活习惯，提高社会生产效率和人类生活质量，是人类社会的一次重要革命，是人类发展的重要里程碑。“数字海洋”对于强化海洋环境管理、保护海洋环境、监测和预防海洋灾害，建立合理的海洋开发管理制度，保障海洋产业合理、有序、健康地发展，具有非常重要的作用。

利于管理海洋资源 “数字海洋”可以大范围、快速、实时反映海水悬浮泥沙情况、浅海礁石分布、海底地形地貌特征，可以在海岸带调查与管理、滩涂资源开发利用、港口与航道整治及其他海洋工程建设中发挥重大作用。如：黄河入海口负 10 米等深线以内约 4 800 平方千米浅海地区的近海“数字海洋”工程，可以连续监测黄河淡水注入径流量、泥沙分布、海水温度盐度、滩涂和水深变化等情况。

“数字海洋”可以为海洋资源开发提供大范围实时海况、天气情况图，真实地反映海洋变化状况和对海上平台和船舶作业的影响，并能为船舶选型、航线选择、石油管道铺设线路设计等服务。通过“数字海洋”，还可以跟踪鱼虾类索饵、繁殖、洄游规律和区域，较好地评估经济鱼类的活动规律，使水产业达到科学捕捞的先进水平。

利于防灾减灾 我国已建立了海洋监测预报系统，将近百个海洋站、区域海洋预报台、海洋浮标与国家海洋环境预报中心联网，为防灾、减灾提供准确的信息。

准确预报“北冕”台风登陆

“数字海洋”在防御包括地震、海啸在内的海洋灾害上大显身手，其灾害预警时间和预报准确性大大提高。在 1998 年长江特大洪水期间，利用 6 颗卫星和 3 套航空遥感系统，特别是利用机载雷达系统，获得了大量灾情图像，为灾情监测评估和灾后重建规划提供了科学依据。

现在人们能在视频上看到直观的虚拟图像，目睹台风在海面上形成、移动、登陆的情形，能准确地对台风行进路线、风速浪速、影响区域建立全三维可视模型，为防灾、减灾提供精确预判和进行灾后损失评估。

通过整合气象、海洋、海事、渔政、航运等部门的信息系统，完善“数字海洋”建设，将为海洋维权、经济建设、环境保护、救助打捞等提供强大技术支撑，为世界海洋综合管理与公益服务带来革命性变化。

共建“数字地球”

一个国家、一个民族如果不结合本国发展的实际需要努力提高科学技术水平，站到世界科学技术的前沿，就只能停留在发展中国家的位置。面对“数字地球”时代的到来，我们必须奋起拼搏，在科技制高点的竞争中力争上游。

我国在 1998 年 5 月成立了“数字地球工作室”，制订《中国数字地球计划》，着手创建“数字中国”、“数字海洋”的伟大工程。

1999 年 11 月 29 日，由中国发起的“数字地球国际会议”在北京召开，来自世界各地的 500 余位科学家、工程师、教育家、管理专家以及企业家，广泛讨论了有关“数字地球”的概念和实施等问题。在 12 月 2 日的闭幕式上，联合发表了《数字地球北京宣言》，呼吁各国政府对构筑“数字地球”给予充分的投资和强有力的支持。《宣言》建议，在实

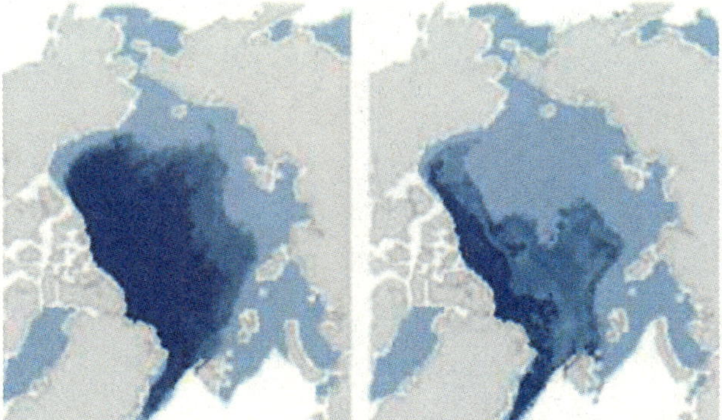

海冰发展报告

施“数字地球”的过程中，应优先考虑解决环境保护、灾害治理、自然资源保护以及其他关系经济与社会可持续发展和提高人类生活质量的问题。

我国以气象卫星、资源卫星系列、海洋卫星和环境与灾害监测小卫星群，组成了长期稳定运行的卫星对地观测体系，实现对全球的陆地、大气、海洋的立体观测和动态监测。计划在2010年前研制出由4个光学卫星和4个雷达卫星组成的小卫星星座，开展对环境和灾害全天时、全天候的监测。中国实施卫星计划，极大地提高了对地观测和全球大气探测的能力，为构建“数字海洋”奠定了基础。

我国建设“数字海洋”，能够服务于能源、生物、旅游等新兴海洋产业，使其由近海向远洋发展；在环境保护和灾害防范上实现由被动向主动转变、由预报向预警转变；在国防安全上，要达到对海上威胁的早期预警和对300万平方千米海洋国土的无缝监视，确保我国获取安全与经济所需的全球海洋综合信息数据；推动海洋信息技术自主创新和发展，努力达到世界先进水平。

第三十七章

匹夫有责 爱海洋

希望海水永远清澈

海洋是人类生存的基础，
人们却把它当成垃圾场。
一旦海洋成为生物坟场，
人类也就毁掉了自己的家乡。
海洋存亡，匹夫有责。

海洋不是垃圾场

海洋在地理构造上处于最低处，在地球引力场作用下，“水向低处流”，人类在生活和生产过程中产生的大量废物、废水，通过陆地、江河、大气和太空等途径统统流入、聚集于海洋，大海成为人类废弃物的最终归宿。

海洋占地球面积的71%，具有巨大的空间，海水又处于不断的运动之中，加上海水中的物理、化学、生物作用，海洋具有容纳、消化污物和污水的巨大自净能力，可以在不同程度上稀释、消散污染物造成对人类的危害。长期以来，大家都把各种污染物抛向海洋，觉察不到海洋污染会对人类带来灾害。殊不知，这种状况如果继续下去，海洋将会成为一个广纳人类废料的垃圾场，给人类造成巨

各种污染物集聚海洋

海滨不再美丽

大灾害，甚至毁掉我们居住的星球。

联合国教科文组织把人类直接或间接地把物质或能量引入海洋环境，以致造成或可能造成损害生物资源和海洋生物、危害人类健康、妨碍各种正当用途的海洋活动、损害海水使用质量和减损环境优美的有害影响，统称为“海洋污染”。

海洋污染源 现代海洋污染源，概括起来主要有下述几类：

1. 陆源污染。主要从河流、河湾、管道和排水口流放下来的人类文明的残余物，是海洋污染的主要成分，占海洋污染物的 70% ~ 80%。所以，控制陆源污染将成为海洋环保工作的重点。

2. 海洋倾废污染。随着海洋交通和海洋开发日新月异，在海洋上活动的船舶、飞机、航天器、平台和人工设施大量涌现，把大量的废弃物倾倒入海，造成海洋污染。海洋倾废约占海洋污染的 20%。迅速发展的海水养殖业和滨海旅游业，也是海洋倾废的新源头。

3. 石油污染。包括地壳表面的石油自然渗漏、运输过程中的溢油事故、海上石油开采过程中的油质污染，是海洋污染大户。1 吨原油倾泻海中造成的污染，可以覆盖 12 平方千米的海面，飘荡时间 3 ~ 12 个月，导致局部海域“海洋沙漠化”，形成“黑色灾难”。2002 年 11 月 13 日，载有 7.7 万吨燃油的希腊籍“威望”号油船，在西班牙西北海岸搁浅，船体断裂，大量燃油外泄。这一事故导致 3 000

千米海岸线严重污染，30 万只海鸟和无数海洋生物死亡，当地的渔业、旅游业和生态环境 10 年内无法恢复，损失 50 多亿欧元，是有史以来最严重的船舶原油泄漏事件。

海鸟不再能飞

4. 海洋工程污染。开发海洋工程活动带来的影响海洋和海岸的环境污染，包括修建港口、造船厂、电厂、油库、仓储设施、滨海厂矿以及航道疏浚、围海造田、渔业工程等。

在世界范围内各种海洋污染都是日趋严重。据国际组织统计，1988 年人类向海洋倾倒的垃圾是 1945 年的 15 倍！全球海洋每年接纳的污染物有如下几类：

石油类。估计约 1 000 万吨，其中，通过江河和管道排入海洋 500 万吨，船舶排入海洋近 100 万吨，海上油田溢油达 100 万吨以上。

重金属类。包括大量会严重影响人类健康的汞、铅、铜、镉等，其中汞达 1 万吨左右。

农药类。现在全世界普遍使用人工合成农药和品种繁多的化学肥料，是主要的海洋污染源之一。人类制造农药用的几百万千克滴滴涕，大部分依然留存在海洋中。

生命不再存在

放射性物质类。随着核军备和核工业的发展，直接倾倒的核废料逐渐增多，长期释放着有害物质，对人类危害无穷。

海洋污染特征

海洋是各种污染物的最后归宿地，而且污染最严重的地区集中在专属经济区和大陆架沿海海域。这些区域仅占海洋面积的 10%，却承受着海洋中 90%的污染物，污染物长期留存在海水中和海底，威胁着人类和一切海洋生物的生存。

污染源广。人类在陆地、海洋和空间活动产生的各种污染物，通过江河径流、大气环流和降水过程，最终汇集到海洋，沿海大城市邻近海域无一幸免。

扩散范围大。海洋污染不仅向周边海域扩散，而且可以随着海流越境和跨洲传播，甚至殃及全球。

持续时间长。污染物进入海洋后，不能溶解和不易分解的物质沉积于海洋，有的塑料垃圾可在大海里飘荡几十年甚至百年，对人类形成长期潜在的威胁，而且是海洋里鲸类的可怕“杀手”。

防治困难。海洋污染积累过程长，短期内难以消除。在严重的海洋污染环境中，鱼虾无法生存，珊瑚礁白化，红树林枯死，海洋生态失衡。全世界多数海湾水质恶化，汞及重金属污染严重超标，水中致癌物质增多，导致海洋动物生态变异，如海狮不育与流产，巨鲸和海豚疯狂冲滩，鹈鹕空巢和拒孵，传统鱼虾灭迹。1988 年，江苏、上海的百姓因为食用了被甲肝病毒污染的毛蚶，有 41 万人患病，直至今天，毛蚶仍然被列为“禁食”的有毒水产品。

国际海事组织（IMO）一位官员，曾讲了一段意味深长的话：“在第二次世界大战后，人类做了两件大蠢事。第一件蠢事，主要由发展中国家负责，那就是毫无节制地生育，引起人口爆炸；第二件蠢事，主要由发达国家负责，那就是无约束地向海洋倾倒垃圾，引起海洋污染。”

海洋是人类可持续发展的资源宝库，人类开发、利用海洋，是社会发展与进步的必然行为，但由此带来海洋污染也是不争的事实。我们不能因强调保护环境而放弃或阻碍开发海洋，但也绝不能为了经济发展而肆意破坏海洋环境，因为那样必然会破坏经济发展的基础，落得个“鸡飞蛋打”的境地。

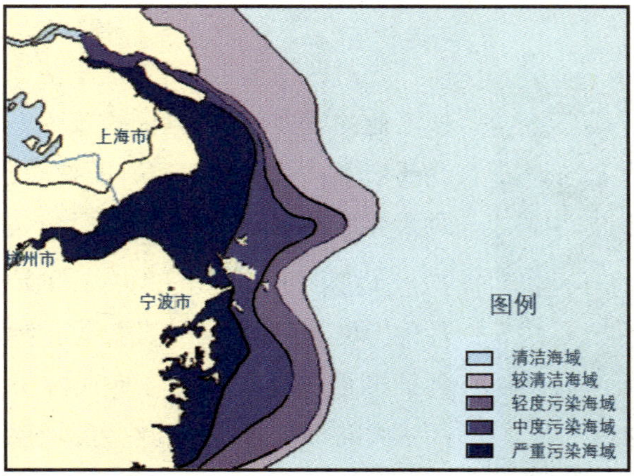

我国近海污染范围很广

为了我们自己和子孙

后代的幸福生活，必须从现在做起，从自己做起，防止和减少对海洋环境的污染，共同为人类营造一个健康的海洋。

海洋失衡人遭灾

我们生活在一个“水球”上，海洋为人类营造了舒适的生活环境。然而，海洋的自然环境并不能保持稳定不变，一旦大气和海水失去平衡，环境发生异常或激烈变化，超越了正常情况下的防备和承受条件，就会发生海洋灾害，导致海上和沿岸地区的生命、财产遭受重大损失。

由于沿海地区是经济最发达、人口最密集的地区（世界60%的人口居住在距海岸100千米以内的沿海地区），所以，海洋灾害对人类社会造成的灾害特别巨大。如，台风及其衍生的海洋灾害造成的生命损失占全球自然灾害生命损失的60%，每年造成近百亿美元的损失，约占全球自然灾害经济损失的1/3。

海洋灾害是世界性的巨大的自然灾害，目前，人类还不能够控制海洋灾害的发生与发展，就连抗御海洋灾害的能力也十分有限。人们能够做到的只是建立完善的海洋灾害监测和预报、预警系统，“防患于未然”，在防灾、抗灾、救灾和灾后建设等方面采取适当的措施，尽量减少灾后损失。

台风灾害 沿海人民没有不知道台风的，因为他们每年都要领教几次台风的威力。台风一来，伴随而至的是狂风、暴雨、巨浪和风暴潮，所到之处，树倒屋毁，泥石成河，一片狼藉，是一种危害极大的灾害性天气。1922年，台风引起的风暴潮席卷我国汕头地区，使7万余人丧生，是20世纪中国最大的一次海洋灾害。

1944年12月，美国第三舰队在吕宋岛以东海面遭遇台风，3艘驱逐舰沉没，9艘驱逐舰严重损坏，损伤飞机146架，死亡775人，是美国海军历史上损失仅次于“珍珠港事件”的最大灾难。

1970年台风肆虐孟加拉湾，浪高7米，吞没岛屿，冲毁陆地，9 000艘渔船被毁，30万人丧生。

1999年，日本受台风影响，损失30亿美元；印度在一次台风袭击中死亡1.5

强台风席卷中国沿海

万人。据统计，1999 年世界自然灾害保险损失 180 亿美元，其中台风造成的损失达 126 亿美元，占 70%，居当年海洋灾害之首。

2004 年 8 月 12 日，第 14 号台风“云娜”在浙江省温岭市石塘镇登陆。据气象专家介绍，台风“云娜”具有风力特强、降雨特大、范围特广的三大特点。据 8 月 14 日统计，有 75 个县市区 765 个乡镇受灾，受灾人口 1 299 万人，死亡 164 人，失踪 24 人，伤病 1 800 多人，紧急转移灾民 45.8 万人，倒塌房屋 6.43 万间；受灾农作物面积 391.9 公顷，损失水产养殖面积 44 千公顷，公路中断 579 条，毁坏公路路基路面 1 163 千米，损坏输电线路 3 342 千米，损坏通信线路 1 522 千米。“云娜”造成直接经济损失达 181.28 亿元，是 1956 年以来登陆我国大陆强度最大的台风。

台风掀起的巨浪

近 200 年间，全球有 100 多万艘大中型船舶在台风造成的狂风巨浪中沉没。2004 年 7 月 9 日，第 18 号强台风在日本西海岸登陆，高知县海域一艘万吨轮船竟被巨浪推上了浅滩。所以，台风被海员们称为海上“恶魔”，一接到台风来临的预报，便及早远远地避开它。

风暴潮灾害 地球在运动过程中受到太阳、月亮的引力作用，从而使海面出现规律性的升降，称为潮汐现象。潮汐的升降幅度是有限的，不会影响正常生活。但当台风或热带风暴来临时，强烈的阵风和骤变的低气压作用于海面，使海平面异常、快速升高，如果又与高潮水位、涌浪叠加在一起，便造成沿岸海水暴涨，常常酿成巨大的潮灾，称为风暴潮灾。风暴潮是一种毁灭性灾害，狂风吹倒房屋、大树及高大建筑物，风暴潮巨浪则席卷一切，灾后狼藉遍野，短期难以恢复。

风暴潮推巨轮上岸

由于我国沿海地区的地势较低，尤其是大江大河的河口三角洲区域地势低平，受风暴潮的威胁非常大。据统计，西北太平洋上的台风有34%在我国沿海登陆，其中37%会产生风暴潮。可以说，我国所有沿海地区均是风暴潮的受灾区。

据历史资料统计：我国自公元前48年至公元1946年近2 000年间，共发生重大风暴潮灾害576起，一次风暴潮灾害的死亡人数，少则几百到几千，多则达几万至10万余人。

1696年6月1日发生的一次风暴潮，使上海的吴淞、宝山、崇明岛一带淹死10万余人。

1922年8月，在广东汕头发生的风暴潮，使7个县遭灾，死亡7万多人，是20世纪最大的一次风暴潮灾。

1949年~1998年，我国沿海共发生台风引起的风暴潮灾害127次，平均每年2.5次。在渤海和黄海沿岸，共发生温带风暴引起的风暴潮77次，平均每年1.5次。

1997年8月21日~23日沿海发生的风暴潮，使福建、浙江、江苏、山东、上海和河北六省市遭灾。最大增水2.61米，受灾人数1 162万人，淹没农田7.9万公顷，倒塌房屋2.8万间，毁坏公路1 233千米，死亡人数214人，经济损失267亿元。

2001年6月23日，台风在福建省福清市登陆，恰遇当地天文大潮，引起严重风暴潮灾害，最高潮位超过当地警戒水位69厘米，达50年来最高值。

统计表明，随着沿海经济的发展，工业化程度的提高，我国沿海风暴潮造成的直接经济损失呈上升趋势。20世纪50年代，风暴潮灾害损失只是几亿元；80年代增至几十亿元；而1989年~1998年10年间直接经济损失猛增至1 207亿元，年均经济损失超过100亿元，1997年最高超过300亿元，真是触目惊心！

我国政府十分重视建立海洋灾害综合防治系统，运用法律、行政、经济、科研、教育和工程技术手段，大力提高防灾、减灾及灾后恢复和重建能力。为了预防和减少风暴潮灾害，政府拨专项巨款在沿海重要地段整修、扩建了“千里海堤”，规模宏大壮观。千里海堤与万里长城、大运河并称为中国古代三大工程。

自20世纪70年代起，我国大力开展风暴潮预报和预报技术的研究工作，向全国发布风暴潮预报，预报时效平均12.25小时，最长达30小时；多次成功地预报了强风暴潮，有效地减少了风暴潮灾害损失，预报技术达到了国际先进水平，为社会、经济可持续发展提供了安全保障。

厄尔尼诺灾害 全球的大气和海洋一直在不停地运动，正常情况下处于一种动平衡状态，世界各地气候正常；一旦失去平衡，全球就会发生一种世界性的异常天气现象，称为“厄尔尼诺”。

平时，赤道以南附近海域盛行由东南吹向偏西北的信风，带动大片海水向西流动，造成澳大利亚附近洋面比南美地区海面高出50多厘米。而在南美的秘鲁和厄瓜多尔沿岸海域，冷水流从深处向上翻至海面以补充被风吹走的海水，形成大片冷水团，如此循环，世界属于正常气候。

当信风减弱甚至逆转为西风时，便不能维持海水继续向西流动，南美海域冷水流上翻的势头减弱或消失，海水温度便升高，加上由于西高东低的倾斜海面形成暖水流的向东流动，使赤道东太平洋表层海水温度迅速上升并向西扩展，原为冷水域的太平洋东部变成为暖水域，并且水位上升，破坏了原来的平衡状态，造成大气层的扰动，形成“厄尔尼诺”灾害性气候。

厄尔尼诺一旦出现，将会产生全球气候变异。1982年~1983年发生的一次强“厄尔尼诺”现象，使当时赤道东太平洋的水温比常年高出3.6℃。秘鲁和厄瓜多尔连降暴雨，降水量比常年增加10倍以上，造成20世纪最大的水灾；而澳大利亚、印度、巴基斯坦等国发生严重干旱，有的地区竟连续4年没下过透雨。那次厄尔尼诺现象使全球 1/4 地区受到异常气候的危害,1 000 多万人丧生，经济损失约 130 亿美元。

1997 年 3 月～1998 年 5 月发生的厄尔尼诺异常凶猛,形成快,发展迅速,强度大,高温持续时间长。1997 年 8 月,赤道中、东太平洋海面温度比常年平均温度高了 3.9℃,创造了历史最高纪录。这次厄尔尼诺造成的干旱,使澳大利亚农业歉收,直接经济损失达 13.5 亿美元。它对我国造成的灾害也十分严重。

赤潮灾害 赤潮,是一种海洋生态异常现象,当海水中的浮游生物在一定环境条件下突然大量地迅速繁殖并高度聚集，便会使部分海水变成红色、褐色、黄色的条块状。能够形成赤潮的海洋生物称为赤潮生物。赤潮主要是人为的海洋污染造成的。

发生赤潮的海域,赤潮生物高密度聚集,破坏了海洋生物的正常食物链结构,影响和排斥其他生物的生存。密集的赤潮生物及其黏质物会堵住其他生物的呼吸器官,造成大量海洋生物窒息死亡。有些赤潮生物本身含有毒素,对人体危害极大,如裸甲藻等。

1999 年 7 月 13 日,中国海监飞机在渤海观察到特大赤潮,面积达 6 300 平方千米。记者现场报道称:赤潮几天之内,由几平方千米迅速发展到千余平方千米。来势之猛,不亚于森林大火;危害之重,不亚于台风与病毒。面对赤潮的迅猛发展和给我们带来的严重灾害,必须处理好工业污水,杜绝未经处理的污水流入海洋,维护海洋生态的平衡,从根本上防止和减少赤潮的发生。

海啸灾害 当海洋里发生地震、火山爆发、水下塌陷、山体滑坡等海底地形急剧升降变动,海水迅猛地去填充巨大的空洞,引发海水强烈扰动,就会在海洋深处激起一种波峰之间的距离可达 100 千米以上的长周期振荡波，

海啸巨浪冲向岸边

华夏古人对海啸现象早有明确记载和生动表述，如《汉书·元帝纪》写道："一年中地再动，北海水溢，流杀人民。"这里的"海溢"便是地震海啸。王莽时代又有"海水溢，西南出，寖数百里，九河之地已为海所渐矣"的描述。据《宋史·五行志》记载，1166 年 8 月温州发生的"海溢"，冲毁了民房、盐场和寺庙，死亡 2 万余人。

以每小时数百千米的速度向四周散射，迅速推向岸边。当波峰抵近岸边，水深变浅，水位会迅速升高，形成了超过 10 米高的巨大浪涛，以排山倒海之势冲上陆地，吞噬一切，这就是令人恐惧的海啸。海啸通常分为地震海啸、风暴潮海啸两类。

2004 年 12 月 26 日，正当人们沉浸在圣诞节的欢愉中时，在印度尼西亚苏门答腊岛附近，北纬 3.6 度、东经 96.28 度海域发生了震惊世界的灾难性地震。美国地质勘探局测定，震级为里氏 9 级。地震引发巨大海啸，海啸波及印度尼西亚、斯里兰卡、泰国、印度、马来西亚、孟加拉、缅甸、马尔代夫等多个东南亚和南亚国家及非洲的索马里、肯尼亚等国，并造成极为严重的生命和财产损失。截至 2005 年 1 月 20 日，全球在海啸中的遇难人总数达 226 566 人。

这次印度洋强烈地震与海啸，导致距离震中 1 500 千米范围内的地貌发生了永久变化。最靠近震中的印尼苏门答腊岛漂移了大约 1 米，距震中 750 千米的泰国普吉岛移动了 10 厘米，新加坡移动了 2 厘米，而震中的海底地壳移动最大，达到 10 米～25 米。

据《自然》杂志报道，英国科学家利用高清晰度多束激光声呐对海底进行扫描，将地震和海啸爆发后的海床地貌变化情况绘制成图片，图片清晰显示，印度洋海底中高达 1 500 千米的山脊大段倒塌，形成数千米宽的山崩地段，大片海床产生塌陷，形成深水区(图中白圈部分)，科学家们必须对该区域的航海图进行更新绘制。

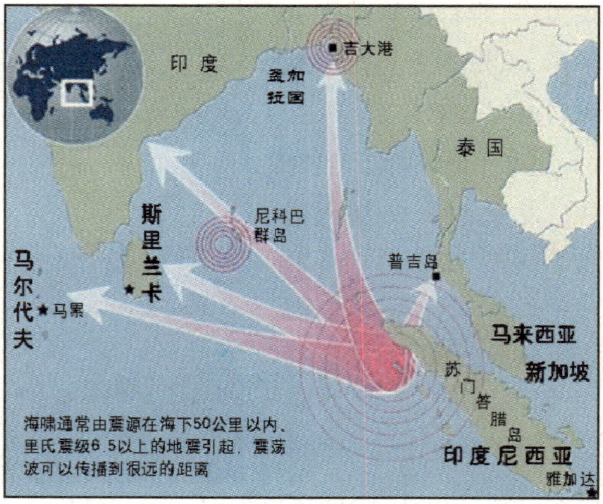

印度洋海啸示意图

科学家指出，尽管海底地震是一种自然现象，但其造成的灾害与人类活动相关甚大。海啸的发生与全球气候变暖导致海平面升高有重要关系。海平面升高，对沿海地区的威胁增大，我国更应重视与防范。

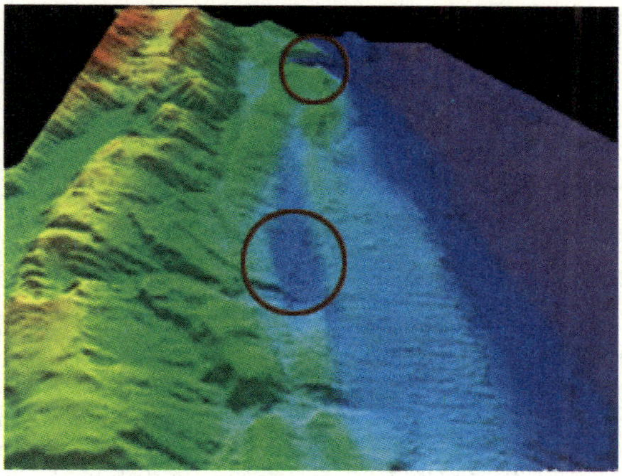

印度洋海底发生山崩和塌陷

浅水海域的红树林和珊瑚礁具有防风消浪、促淤保滩、固岸护堤、净化海水和空气的重要生态功能。茂密高大的红树林和巨大的珊瑚礁宛如一道道绿色长城，是抵御海啸的自然屏障，可以有效削弱海啸的威力。当今红树林与珊瑚礁的衰退，是海啸灾情增大的重要原因。近 50 年来，厦门的红树林锐减了 97%。在上世纪 50 年代，厦门还有 5 000 亩左右的红树林，但由于围海造田、围滩养殖和码头与道路的建设，目前天然红树林不足 200 亩。

全球气候变暖，威胁生态平衡，威胁人类生存。善待地球，爱护海洋，是人类的神圣义务。

遏制灾害靠大家

科学家指出：全球气候变化给人类带来灾害的主要原因，在于自然界循环发生变化、温室气体排放加剧和臭氧层遭到破坏。全球气候变化是个长期的过程，既有大自然自身的变化，也有人为的作用。

新兴城市的崛起和城市现代化的加速，造成沿海湿地面积和地表植被大规模减少，大片土地被厚厚的水泥封杀，成为一块块“死亡之地”。这就相当于伤害了地球的“肾”和“肺”，使地球健康受到威胁，便出现种种“毛病”。

全球气候变化研究领导小组（IPCC）指出：煤炭和其他燃料在燃烧过程中释

放出的二氧化碳以及其他有害气体，长期笼罩着地球，加剧了大气升温；而“两极”地区的气候变化对地球的影响最严重、最深远。

2002 年 12 月初，美国航空航天局（NASA）公布的卫星记录显示：由于气温升高，北冰洋的冰层正以高于往常 9%的速度融化，本世纪末将面临全部消失的危险。12 月 7 日，美国科学家在“美国地球物理联合会”上报告，北冰洋的冰面缩小了 4%，20 年前平均厚度为 4.88 米，现在只有 2.75 米。

美国国家冰雪数据中心（NSIDS）的专家警告：在 21 世纪，随着天气变暖，海冰面积将持续减少，2050 年之前，海面冰块会减少 20%。那时，北极的夏季恐怕再也见不到冰雪了。到本世纪末，北极的冰块将消失殆尽。近几年，慕名到北冰洋上踏北极点的旅游者，竟找不到立足点，望着“极点”漂浮的薄冰败兴而归。

根据海水温度和山地冰川的观测分析，近百年由于水温变暖，造成全球海平面持续上升，其中格陵兰冰盖融化已经使全球海平面上升了约 2.5 厘米。海平面上升，直接威胁到荷兰等国土低洼国家的生存。南、北两极冰雪如全部融化，将使许多国家无“立足之地”。

北冰洋的冰雪，春季反射了 80%的阳光，夏季反射了 40%～50%的阳光，是地球的“清凉剂”和“保护膜”。冰雪大量融化，地球变暖加速，导致大气环流和大洋海流的运动规律变异，使“厄尔尼诺”更加频繁加害人类。如近几年印度、巴基斯坦和孟加拉国等南亚国家出现持续酷热天气，最高气温达到 53 摄氏度，造成上千人死亡。

全球气候变暖，还导致动植物行为发生异变。英国研究人员对英国中南部春季开花的植物和当地春季气温进行了 40 多年的跟踪研究，发现 40 多年来春季的平均气温上升了 1℃，而近 10 年这些植物的花期提早了 4.5 天到 15 天。科学家估计说，今后气温还将上升 4℃到 5℃，因此，植物花期的提前也许只是气候变暖带来巨大变化的开始，将会打乱植物生长规律，严重后果难以预料。

由于温度的变化，台湾蝴蝶生态大乱。东南亚的热带蝴蝶拼命往北飞到台湾和日本定居，入侵原住的温带蝴蝶和寒带蝴蝶的地盘，导致蝴蝶生态紊乱。

由于气候变暖，北冰洋冰层锐减，将会威胁到在冰面上产仔的海豹，使“北冰洋之王”北极熊的生存难以维系，严重破坏北冰洋动物间固有的生态链。

根据一项国际研究，到 2050 年，全球变暖将使地球上 1/4 的植物与动物消失，这将是自恐龙灭绝以来全球最大的一次物种灭绝。

“我们的家越来越小”

茫茫宇宙间，只有一颗蓝色的星球孕育了人类，维持着人类的生存与发展；而人类在开发、利用资源的同时，正在变本加厉地破坏着地球的生态圈，地球已经不堪重负，开始以各种灾害来惩罚人类。人类应当猛醒，必须立即行动，遏制和减少污染，努力保持一个健康、清洁的海洋。

全球行动保护海洋

地球的主体是海洋，海洋给予人类巨大的财富，也使人类感受到灾害的威胁。为了人类的可持续发展，必须“善待地球，保护资源”。

20 世纪 70 年代，全世界 160 多个国家开始行动，共同制定了世界海洋法——《联合国海洋法公约》，并于 1994 年起实施。公约明确要求：各国在享有

历年“世界地球日”都十分关注海洋，如：

1976年地球日的主题：“水：生命的源泉”。

1998年地球日的主题：“为了地球的生命——拯救我们的海洋”。

2004年世界环境日的主题：“海洋存亡，匹夫有责”。

开发海洋资源的主权权利的同时，必须承担“保护和保全海洋环境”的义务。在全球性或区域性的行动基础上，采取必要措施来防止、减少和控制任何来自陆上、大气层、海上船舶、海上各种设施装置、勘探和开发海床和底土而造成的种种海洋环境污染。

1998年，举行了声势浩大的“国际海洋年”活动，主题为“海洋——人类的共同遗产”。联合国秘书长希望各国更加关注海洋，促进国际合作，更好地保护海洋。

近期，联合国组成“海洋污染科学问题联合专家组”，制定了《海洋环境保护的全球战略》，提出海洋环境保护与管理的总目标：合理利用海洋资源的同时，保护海洋环境免受人类活动的有害影响，保护海洋生态系统和人类生命的健康。并确立了持续发展、以防为主、统筹兼顾、国际合作4个原则。《海洋环境保护的全球战略》是人类共同保护海洋的宣言和行动纲领，将会对保护海洋健康起到重要作用。

中国是一个海洋和陆地兼有的大国，既享受到了海洋的恩惠，也尝到了海洋灾害的苦涩，深深懂得保护海洋的重要性、急迫性。建立法制新秩序，将保护海洋置于重要的战略地位，是我们努力的目标。

1982年，我国制定了《中华人民共和国海洋环境保护法》，提出了“谁开发，谁保护；谁污染，谁治理”的政策，开创了依法保护海洋的新阶段，有力地遏制了我国海洋污染日益严重的势头，使大面积海域水质污染得到初步控制，水质基本保持在良好状态。

我国制定了《全国海洋环保“九五”（1996年~2000年）计划和2010年长远规划》，贯彻预防为主、防治结合、谁污染谁治理三大环境管理政策，使海洋环境保护逐步转入法制管理轨道。我国还初步建立了由近海到远海、多部门合作的海洋环境及灾害观测网络和预报、警报系统，形成了海洋减灾体系，有效地保障了国家经济建设顺利进行。

1996年，根据联合国《21世纪议程》和《中国21世纪议程》，我国制定了《中国海洋21世纪议程》，这是中国第一个海洋发展纲领，围绕人类、环境与发展的主题，指导全国的海洋发展规划。

1998 年 5 月 29 日，中华人民共和国国务院发表了白皮书《中国海洋事业的发展》，全面阐述中国开发保护海洋的伟大成就、发展海洋事业的基本国策和积极参与国际海洋事务的原则立场；宣布“中国是一个发展中的沿海大国，中国高度重视海洋的开发和保护，把发展海洋事业作为国家发展战略”，切实做到合理开发利用海洋资源，保护好海洋生态环境，实现海洋资源、环境的可持续利用和海洋事业的协调发展。

2002 年 1 月 1 日，《中华人民共和国海域使用管理法》正式施行，力求彻底解决海域使用及资源开发的“无序、无度、无偿”问题，是强化海洋综合管理的关键措施，对科学开发海洋和保护海洋环境具有重要意义。

在河北省山海关的老龙头，有一座“澄海楼”，当年乾隆皇帝在那里写了一副对联“日曜月华从太始，天容海色本澄清”，赞美了大海的清澈，感悟到要爱护海洋。今人一定要记住“海洋存亡，匹夫有责”，切实行动起来。热爱海洋就是热爱人类自身，保护海洋便是保护人类的未来。

第三十八章

保卫神圣蓝色国土

BAO WEI SHEN SHENG LAN SE GUO TU

南疆卫士

陆地国界是"硬"边界，
界碑分明，容易封疆卫土；
海上国界是"软"边界，
远而开放，经常遭受侵犯。

世界海洋是连通的，具有国际性。"专属经济区"是海洋国土重要的组成部分，但却不能像陆地那样竖立国界标志，各国在这里存在着众多的利益纷争。

一些国家根据自己的利益来曲解国际海洋法，作为侵犯别国海洋权益的借口，在这种情况下，海洋往往成为引发国际争端，甚至诱发战争的主要领域。所以，作为国家的公民，我们应当了解海洋国土的特殊性和海洋斗争的复杂性，以便正当地维护国家的海洋权益。

利益冲突的海区

蓝色国土很富裕。200海里的专属经济区，虽然仅占海洋面积的36%，但资源极其丰富，有着世界87%的原油储量、90%的商业捕鱼量、10%的深海多金属结核。世界上大部分海洋科研活动和外贸航运都集中在这一区域，它对沿海国的主权安全和经济发展极为重要。

日本武装船用水枪阻挡保钓人士登岛

海洋冲突很激烈。《联合国海洋法公约》建立了专属经济区制度，各国管辖的主权海域普遍由12海里扩大到了200海里。由于重新分配、划定各国的海上疆域，引发了新的海洋冲突。一些大国军舰在近海游弋，严重威胁着沿海国的安全。

利益冲突难协调。各国对专属经济区内的利益要求是不同的，沿海国要求具有广泛的主权权利和管辖权，以维护自己的海洋权益；一些海洋大国则希望在专属经济区内继续保持在公海一样的“航行自由”。而《联合国海洋法公约》和《中华人民共和国专属经济区和大陆架法》体现了各方利益，具有一定的妥协性。一方面，规定了沿海国在专属经济区内享有的主权权利，对专属经济区内海洋科学研究、海洋环境的保护和保全等具有管辖权；另一方面，又规定了专属经济区一定程度的开放性，外国船舶和飞行器在区内享有“航行自由和飞越自由”。显然，这种法律上的不确定性，导致当今处理海洋问题的复杂性。

第一，专属经济区内的航行“自由”，同公海中的航行自由不同。《联合国海洋法公约》强调：外国船舶行使航行“自由”，要“顾及沿海国的权利和义务，并应遵守沿海国的法律和规章”。《中华人民共和国专属经济区和大陆架法》明确规定：“在遵守国际法和中华人民共和国的法律、法规的前提下，在中华人民共和国专属经济区享有航行、飞越的自由。”显然，这种航行“自由”不是肆无忌惮的，必须遵守沿海国主权和管辖权。

第二，军舰不是普通的船舶。由于军舰具有直接损害沿海国安全利益的功能，国际法和各国法律均对其航行加以限制。值得指出的是，一些海洋强国高调宣称要在各国专属经济区行使“航行自由”，但对自己专属经济区的控制远严于发展中国家。

如1945年的美国《总统公告》就宣称，美国大陆架“受美国的管辖与控制”，并对其间的活动“加以严密监视”。在我国周边的日本和韩国，对外国船只进入其专属经济区监控很严，军舰进入该水域，马上就会受到飞机、军舰和政府船的跟踪监视，无一例外。

捍卫主权不松懈。根据《联合国海洋法公约》和《中华人民共和国专属经济区和大陆架法》，我们要正确运用国家执法力量和合法手段，有效地管好自己的蓝色国土。既要坚定地维护国家主权和海洋权益不受侵犯，又要适应经济全球化趋势和沿海海域的开放性，履行外国船舶在专属经济区内正常的“航行自由”，以维护良好的海洋秩序。

屡遭侵犯的海域

1997年，我国开始实施《中华人民共和国专属经济区和大陆架法》，管辖海域的纵深从12海里伸展到了200海里，管辖海域面积由38万平方千米扩大到了300万平方千米，海洋国土面积大大增加。然而，面对这种海洋形势的巨大变化，行政管辖措施和执法力量尚未适应，管辖的海域尚未做到依法管起来，外国军舰、飞机乘机频繁侵犯我海洋权益。

南海撞机事件 2001年4月1日，美国一架EP-3型军用侦察机在海南岛三亚外海对我国进行抵近侦察，并在离我领海基线56.99海里处，撞击对其进行跟踪监视的歼8战斗机，致使该机坠海，飞行员失踪。接着，美肇事飞机未经允许擅自闯入我领空并降落在海南岛陵水机场。这一系列连续发生的严重事件，既违反了国际法，也触犯了中国的国内法。我国依法扣留了入侵飞机和机上全部人员。

我国歼8战机

最后，中国政府以中美关系大局为重，在美国向中国公开道歉并应诺赔偿损失后，释放了全体乘员，允许将入侵飞机拆卸后运回飞机。中国政府申明：“美国应停止在中国沿海空域的侦察飞行。这样才能防止类似事件的再次发生，才有利于中美关系的发展。”

正在拆卸的美国侦察机

击沉“可疑船”事件 2001年12月22日，日本政府以“违反日本专属经济水域的法令”为由，出动了包括驱逐舰、护卫舰在内的舰船和飞机进入东海中国专属经济区一侧，布设立体警戒，围攻一艘“可疑船”，火力攻击达7个多小时，实弹射击13次，终将一艘百吨小船击沉于中国的专属经济区海底。外国军舰公然在中国的专属经济区内击沉船舶，是严重的侵犯中国主权行为。

中国外交部长唐家璇在记者招待会上回答日本《朝日新闻》记者提问时郑重声明：“对于日方在中国的专属经济区海域内，轻率地使用武力击沉那艘船只，我们表示了强烈不满。日方必须尊重中方的权利和关切，不要再采取可能导致事态继续升级，或进一步复杂化的行动。”并郑重宣布：“中国政府将继续采取必要措施，依法维护对本国专属经济区海域内的相关主权权利和管辖权。”中国随即派出了巡逻船只到现场进行监管。

由于中国的严正立场，经过中、日两国政府间多次商讨，达成了处理“东海沉船”事件的相关协议。日方向中方承诺：确认中国根据《联合国海洋法公约》对本国专属经济区拥有主权权利和管辖权。日方履行必要程序，向中方申请进行海底调查和打捞该沉船，中国政府批准日方进行水下作业，并依法派遣执法船进行全程监管。打捞作业结束，日方所有船只立即撤离该海域，并向中国支付1.5亿日元，作为日本在东海打捞沉船对中方海洋渔业和环境造成损害的赔偿。

日本在中国专属经济区内击沉的“可疑船”

备受世人关注的“东海沉船”事件画上了句号，中国正当地维护了国家主权和尊严；又根据《联合国海洋法公约》精神允许日方进行了"海上作业",化解了一次严重的海洋冲突事件。中国外交部发言人表示,这次处理"东海沉船"事件的原则,将在今后继续应用,依法维护海洋权益是国家的神圣使命。

侦察船入侵事件　2002 年 9 月 26 日,美国"鲍迪奇"号海军船进入黄海海域进行侦察活动。中国外交部发言人在新闻发布会上声明:"美国'鲍迪奇'号海军船,未经中方同意,进入中国专属经济区活动,违反了国际海洋法,侵犯了中国专属经济区相关权益和管辖权。"我们"要求美方遵守国际法规定,尊重中国专属经济区的相关权益及管辖权,希望停止'鲍迪奇'号在中国专属经济区内的有关活动。"

然而,美国无视中国主权,侦察活动从未停止。2009 年 3 月上旬,美海军"无暇"号测量船深入到距离海南岛 120 千米处海域"进行海洋测量",遭到中国渔政船和渔船的抗议,退出了中国管辖海域。5 月上旬,美海军监测船"胜利"号进入黄海海域,中国外交部发言人再次指出:"美国海军监测船'胜利'号违反有关国际法和中国法律法规规定,在未经中方许可情况下进入黄海中国专属经济区活动。中方对此表示关切,已要求美方采取有效措施避免再次发生类似事件。"

海洋问题涉及国家主权,国际上十分敏感。"无暇"号事件发生后,中国外长杨洁篪与美国国务卿希拉里会谈时,双方均表示要避免类似事件的发生,"应该共同努力确保此类事件不再上演"。

我渔船驱赶"无暇"号侦察船

然而,海洋事件涉及各国利益和价值观,美国有些当权者坚持霸权主义和单边主义,在一定时期、一定条件下这类事件还会重演,甚至可能引发冲突事件。我们希望,各国从维护海洋和平的大局出发,回归理性,抛弃单边主义和霸权思维,冷静对待各国的利益矛盾,努力寻求双赢和多赢的结果。

坚决保卫海洋国土

专属经济区是依照国际法划归国家管辖的海域，构成蓝色国土的主要成分,涉及国家主权和重大利益。为把我国建设成为海洋强国,首先要把专属经济区管理好。

更新观念,重视蓝色国土的地位和价值。专属经济区是国家利益最集中、周边争议最大、海洋权益损害最多的区域。营造一个既能充分维护国家海洋权益，又能保持和平、稳定的周边环境，是当前海洋上的重大战略任务。

严阵以待

完善专属经济区的法制建设，切实维护国家的海洋权益。制定相应配套的法律,规范专属经济区的海洋活动、交通秩序和外国船只、飞行器的行为准则,对切实维护国家在专属经济区的主权和海洋权益十分重要。

巡逻执法

一个国家的主权和海洋权益都是现实和具体的,应当动用合法手段，有效地管辖主权海域，防止和制止外来的侵略、掠夺和损害海洋权益的一切行为。所以,处理海洋问题,必须有一个强有力的政府机构,组成统一的执法队伍,用明确的海洋政策进行综合管理。

第三十九章

呵护祖国岛礁

绚丽多彩的岛礁

中国拥有 6 900 多个富饶的岛礁，岛礁是国家主权和财富的象征，记载着民族悲壮而不屈的历史，呵护国家岛礁事关民族千秋大业。

祖国岛礁星罗棋布

岛与礁差别大 我们平常所说的岛屿，实际上包括“岛”和“礁”两种类型。岛与礁不仅是大与小的区别，而且其法律地位不同，价值差别很大。

《联合国海洋法公约》规定：四面被海水包围、大潮时露出水面、自然形成的陆地区域为岛屿。“不能维持人类居住或其本身的经济生活的”，则不属于岛屿而称为岩礁。《中华人民共和国领海及毗连区法》规定：面积大于 500 平方米的称“岛屿”，面积不足 500 平方米的叫“礁石”，包括珊瑚礁和岩礁。大海美，岛更靓。只有太阳、大海和岛礁融汇在一起时，才显出大自然的绚丽多彩、完美无瑕。

我国有海岛 6 961 个 1988 年至 1996 年，我国组织 13 400 多名科学家和管理人员，历时8年对我国海域分布的岛屿及其资源进行了系统的调查，查得准确数值为：我国共有海岛6 961个，海岛面积达8万多平方千米，其中有人居住的海岛433个。行政上设立了台湾和海南两个海岛省，舟山、厦门两个海岛市，崇明、东山、玉环、金门、乘泗、平潭、岱山、南澳、长岛、长海、峒头和澎湖等12个海岛县。

中国钓鱼岛

从海岛分布看，东海最多，占全国海岛数的58%，其中浙江省就有2 100多个海岛，居全国之冠。南海的岛屿占全国岛屿的28%，黄海、渤海岛屿较少，只占全国的14%。我国最南端的岛屿是南沙群岛中的曾母暗沙；最东端的岛屿是钓鱼岛列岛东边的赤尾屿；最北端的海岛是几个小岛，其中已命名的是小笔架山。海岛面积大则可为省，小则仅几米，但同样价值无量。

爱岛爱海洋 岛礁代表着祖国，孤悬海面，护卫大门，是大海上的“擎天柱”，它狂涛不摧，盐碱不蚀，坚挺在海面，笑迎太阳，环视大海，给我们增添无穷的力量；岛礁是国家的海上支架，支撑着国家的海洋国土，使我们的祖国成为一个海陆兼备的泱泱大国。伟人毛泽东在“长江”舰

佛教圣地普陀山

航行中谆谆教导水兵“应该爱舰、爱岛、爱海洋”，把爱岛作为海军军人的神圣使命之一，寓意深远。

岛屿诉说历史屈辱

舟山鸦片战争遗址公园“百将碑林”

中国航海历史悠久。在6 000多年前，我国沿海先民，便在太平洋上向东驾驶舟筏逐岛飘航，开辟了多条越洋航线，到过太平洋诸岛和南美洲。到了秦汉及三国时期，不仅沟通了中国沿海航线，而且，向西开创了连通欧亚的丝绸之路，中国人的足迹走遍印度洋，直至阿拉伯海和红海。15世纪的“郑和下西洋”，航遍印度洋，把世界航海事业推向了鼎盛。

鸦片战争舟山战场

中国人走遍各地港口，发现和到达过无数岛屿。然而，我们拿着放大镜，寻遍海图上的岛群，只见上面密密麻麻地填写着外国的人名、地名和西方词汇，诸如马里亚纳群岛、库克群岛、圣诞岛、纳尔逊岛等等，而广袤的洋面上难觅一个中国地名，好像中国人压根儿没有去过一样。难怪著名的哲学家黑格尔也对中国航海存有偏见，说什么中国“没有分享海洋所赋予的文明。他们的航海，没有影响他们的文化”。对此，我们心潮难平，为海洋文化的缺失而遗憾。

岛礁是陆地同海洋间的过渡地域，既是国家走向世界的桥梁，也是外国入侵的跳板。封建王朝的皇帝们乐于在北海公园的“琼岛”上观海，在颐和园的“石舫”上航行，因为昏庸而忘却海洋，由于无知而漠视岛屿，岛屿成为当时中国国防的脆弱点。

1840年，英军攻陷舟山群岛的定海港。1842年，英军在炮火的淫威下强占香港时，道光皇帝尚不知香港为何物。当听到跪在一旁的大臣解释说，香港是个小渔村，好比“鸡蛋上的一个小点”，皇帝便准奏签订《南京条约》，将香港割让给了英国，成为中国第一个国耻岛。

1872年，日本侵占中国藩属的琉球群岛，1875年废除了中国国号，改用明治年号。李鸿章等重臣奏称：“琉球是黑子弹丸之地，孤悬海外，远于中国而迩于日本，中国受琉球朝贡，本无大利，”“琉球事件似不宜遽用武力”。光绪御笔一挥“准”，就这样眼巴巴地让日本占领了由36个岛屿组成的琉球群岛，这是中国历史上第一次痛失整个岛群。

1943年，美、英、中、苏四国首脑举行“开罗会议”，美国总统罗斯福曾两次正式向中国提出：将琉球群岛随台湾和澎湖列岛一并归还中国。但蒋介石只顾内战，两次拒绝接受琉球群岛，让罗斯福感到不可思议。1962年，美国总统肯尼迪单方宣布承认日本对琉球群岛的主权。1972年，美国将琉球诸岛的“施政权”移交给日本。从此日本控制了琉球群岛，也由此产生了日本进而侵占钓鱼岛问题。

现在，我国周边海域，从南到北均有岛礁被他国侵占，存在着划界争议问题，形成复杂的国际主权争议局面。

2009年2月17日，菲律宾国会通过了一个所谓《领海基线法案》，将中国的黄岩岛和南沙群岛部分岛礁划为菲律宾领土。中国政府对此重申：黄岩岛和南沙群岛历来都是中国领土的一部分。中华人民共和国对这些岛屿及其附近海域拥有无可争辩的主权。任何其他国家对黄岩岛和南沙群岛的岛屿提出领土主权要求，都是非法的、无效的。

各国为何疯抢岛礁

随着现代科学技术的发展，人们逐渐认识到海洋是人类可持续发展的基础和保障，开始思考如何保护海洋和避免争夺海洋局面的发生。在 20 世纪 80 年代，国际上出台了《联合国海洋法公约》，打破了海洋传统制度的平静，岛礁价值暴涨，成为世界海洋的聚焦点。

岛屿身价暴涨 《联合国海洋法公约》规定：一个岛屿可以同陆地一样拥有领海、专属经济区和大陆架。就是说，谁拥有一个小岛主权，便可在其周围拥有 1 500 平方千米的领海海域或 43 万平方千米的专属经济区，相当于 4 个浙江省的面积；即使是一个弹丸“岩礁”，也可拥有它的领海，即获得四周 1 500 平方千米的领海海域，相当于 2.5 个新加坡的面积。

给予岛屿这种前所未有的巨大利益，便是诱发世界性疯抢岛礁的真实动因。很快，世界上接连发生了 10 多起重大的岛礁主权争议，单在西北太平洋就有俄、日间的北方四岛之争，韩、日间的竹岛（独岛）之争，中、日间的钓鱼列岛诸岛之争，中国和周边一些国家间的南沙诸岛之争。许多国家从“换国旗战”升级为军舰对峙，双方剑拔弩张。

剑拔弩张争岛礁

岛礁作用提升 我国于 1992 年 2 月 25 日颁布了《中华人民共和国领海及毗连区法》，规定“中华人民共和国领海基线采用直线基线法制定，由各相邻基点之间的直线连接组成”，“领海基线向陆地一侧的水域为中华人民共和国内水”。例如，在山东半岛南侧，我国选定成山角、朝连岛、达山岛为基点，由这些基点确定了领海基线，便确定了国家内水、管辖海域的范围。

日韩两国争夺的竹(独)岛

由于海岛孤悬海中，远离大陆，不仅具有重大的战略地位和巨大的财富，而且是获得最大内水的最佳选择。所以，岛屿对于海洋国土真是“一岛顶万里”。国土基点是国防的要地，一向严加保护。

岛礁维系民族意识 一个国家的民族心态、历史文化和国家政策都离不开国家所处的独特地理环境。日本不遗余力地在大洋上寻找可以控制和占有的岛屿，将扩大管辖海域列为“极其重要的国家项目”，专门成立了一个“推进大陆架调查议员联盟”，对周边海域进行开发。

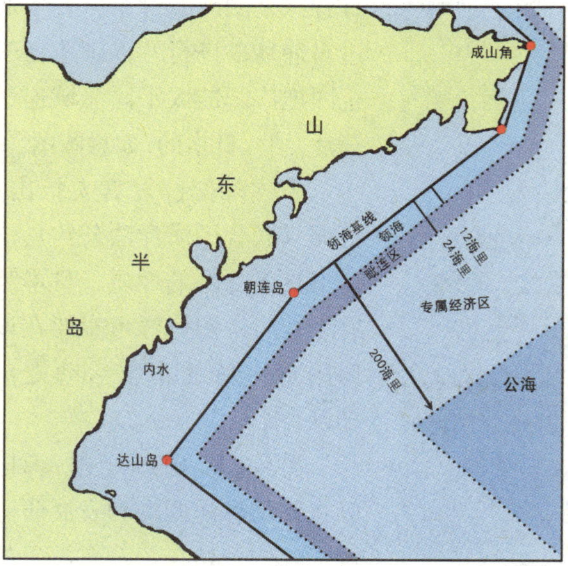

基点决定领海基线

从日本单方面主张的海域示意图可以看出：它把中国的钓鱼岛划归了日本，将中国不承认的所谓东海“中间线”当成了中日的东海分界线，还把冲鸟岛当作日本的主权岛屿来划界。

1987 年，日本政府拿出巨款加固一个远离东京 1 700

千米、仅有 4.8 米长和 2.7 米宽、高潮时只露出水面 30 ~ 50 厘米被叫做“冲鸟岛”的两块珊瑚礁，使它不致碎裂沉没。还以礁石为中心修建一个直径 50 米的防浪堤，一个混凝土的直升机场，一个高达 7 米的海洋水文、气象观测铁塔。日本以此控制礁石下面 3 000 多米深的，一座东西长 5 000 米、南北宽 1 700 米的珊瑚环礁，作为占有广阔海域的法律依据。

保卫领海基点

“冲鸟岛”地处西太平洋诸航道要冲，具有重要的战略地位。加固冲鸟岛，把它建成一个“战略哨所”，变成一艘不沉的“航空母舰”，可以监控西太平洋的航线及整个海域，军事价值极高，有着深远的战略背景。日本通过对冲鸟岛进行“以礁造岛”，企图把广阔的太平洋海域连成一片，纳入日本的“如意版图”。

日本单方面主张专属经济区示意图

中国外交部发言人指出：根据《联合国海洋法公约》，该岛不具备岛屿的性质，日本政府无权对中国海洋考察船在该岛附近海域的正常活动提出异议。

另外，从 1995 年起，韩国以“韩国海洋调查和发展研究所”名义，开始在茫茫东海里的“苏岩”上方建造一座巨大的

“了”字形的全钢质结构物，到 2003 年 5 月竣工并正式运行。该平台主体部分高出海面 30 多米，最高点为直升机平台，上层建筑共有 5 层甲板，总面积 1 900 平方米，设有灯塔、观测仪器和通信设备，有较完备的海陆交通设施和小艇码头，其顶端及西侧的墙壁上都有韩国的国旗标志。

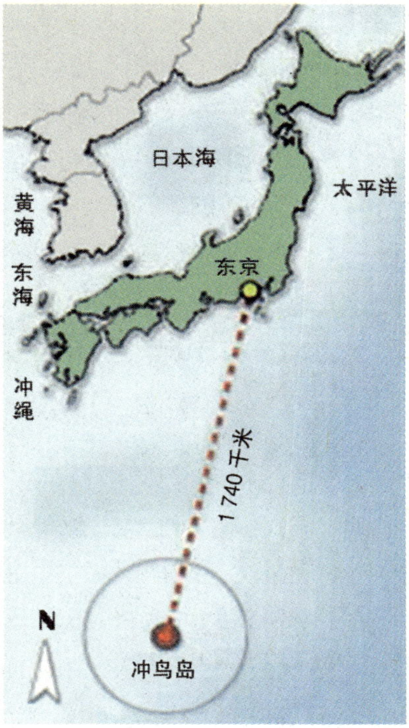

日本以礁扩“岛”

苏岩位于东经 125 度 10 分 58 秒、北纬 32 度 07 分 32 秒，离中国领海基线约 135 海里，距韩国济州岛 82 海里，坐落在中、韩两国主张的专属经济区之内，处于主权争议海域。它也是国际航线的转折点，地理位置特殊，战略地位重要。

显然，韩国静悄悄地以“科学研究”的名义，隐藏着争抢海域的战略目的。韩国有着强烈的蓝色国土意识，想方设法占有苏岩，以扩大韩国的海域面积。

1963 年，中国第一艘国产万吨轮“跃进”号，首航日本途中撞上苏岩而沉没。国家派遣由 10 艘军舰和 4 艘工程船组成的海上编队开赴苏岩海域，查明“跃进”号沉没真相。编队顺利完成调查任务返回时，谁也没有想到应该在苏岩上建立一座中国的灯塔，或应该系上一个标志“中国”字样的浮标，以证明中国在此为和平利用海洋作了一件好事，并证明中国在该岛实施管理。

苏岩上的韩国建筑物

黄土地的历史沉积压抑着蓝色文明的觉醒，

造就了“必争陆上一寸土，不顾海中一群岛”的意识。著名学者费孝通著书说：“我们的民族确是和泥土分不开了。从土里长出过光荣历史，自然也会受到土的束缚，现在很有些飞不上天的样子。”看来，摆脱大陆观的束缚，增强民族的海洋意识，还得从认识海洋岛礁的重大价值开始，否则，我们是很难担负“建设海洋强国”历史任务的。

爱护岛礁千秋大业

当前的世界形势，依然是以和平、发展为主流，金融风暴后，国际合作更为重要。但我国“岛礁被占，海域被侵”的状况十分严峻，是国人十分关心的大事。

中国坚定地维护国家主权和海洋权益，但我国是一个爱好和平的国家，绝不会主动采取武力威胁，相反，善意地提出了在“主权归我”前提下，实行“共同开发”。极力争取在《联合国海洋法公约》框架下，以我国同东盟签署的《南海各方行为宣言》为契机，采用“和平协商解决”，努力实现双赢结果。

1946 年建立的纪念碑

我国岛屿达 6 900 多个，岩礁数不胜数。但由于环境艰险，面积又小，历史上政府实行“禁海”和“空岛”，多数岛屿长期荒芜，至今有常住居民的岛屿只有 433 个，仅占岛屿总数的 6.3%。我国岛屿最多的浙江省，无名岛就有 2 883 个，占全省海岛总数的 94.2%，而 90%以上的灯塔却建在这些无名岛上。这对维护主权，保障航行安全，建设“数字海洋”工程很不利。

永兴岛主权碑

2001 年 8 月 28 日，新华社发布消息：“我国将逐步对我国所属的无名岛命名。”这是继 1988 年～1995 年完成《全国海岛综合调查报告》后的又一国家基础工程，是千秋大业，具有重大战略意义，受到国人关注。

事实上，中国的无名岛并非“无名”，中国的航海者、渔民、探险者和岛民，通过长期的海洋活动，给我国大多数岛礁起了千奇百怪的有趣名字，并约定俗成，集中标志在海图上。此次命名只是通过国家行为给予“正名”，并对少数岛礁赋予新名。

我们可以从南海诸岛的岛名中看到其重要的历史价值。“马援礁”是汉代开发南海的伏波将军马援命名的；“大渊滩”是纪念元朝航海家、《岛夷志略》的作者汪大渊；“道明群礁”是明人梁道明应诏回国入朝，途经南海而命名；“李准滩”、“人骏滩”分别纪念清代水师提督李准和两广总督张人骏巡视南海；“太平”、“中业”、“永兴”、“中建”4 个岛礁以及“敦谦”、“鸿庥”两礁分别以 1946 年中国当局收复西沙、南沙群岛时 4 艘军舰的舰名和两个舰长的名字命名。岛名，勾绘了中国在南海的历史，记载了中国最早发现、最早命名、最早经营开发和最早连续管辖南沙的史迹，是中国拥有南沙海域主权的珍贵历史佐证。

岛礁，体现国家主权和财富，我们对每座岛屿、岩礁都需要悉心呵护。

第四十章

维护海上“生命线”

护航

来往穿梭的船只必须拥有可以安全返回的港口，还必须尽可能远地在整个航程中接受所在国的保护。

——艾尔弗雷德·塞耶·马汉

苦涩的“银河”号事件

1993年7月7日，中国远洋货船“银河”号起航，按照预定的航行计划，在天津、大连、上海装货后，途经香港、新加坡、雅加达，横越印度洋，驶往伊朗的阿巴斯港，这是和平时期极为正常的航运活动。然而，美国一家媒体神乎其神地散布：据美国“情报人士”可靠消息，公海上航行的中国“银河”号集装箱货船，装载着“敏感化学品”正在驶往伊朗途中。一石激起千层浪，美国及西方舆论界随之炒作，越炒越玄，又把“敏感化学品”说成“化学武器”，把一艘好端端的中国货船妖魔化为“邪恶”之船。

美国政府公然采取干涉行动，派遣军舰和飞机一路上进行武力威胁，肆无忌惮地在近距离内侦察、照相，严重干扰了“银河”号的正常航行。7月23日，当“银河”号刚驶入波斯湾，美国驻华大使馆紧急约见我国外交部国际司官员，宣称：美国确切情报获悉，1993年7月15日在大连港出航的中国货船“银河”号，装载着可以制造化学武器原料的硫二甘醇和亚硫酰氯，属于“禁运物资”，要求中国政府立即采取措施制止这一行为，指示“银河”号返回出发港。否则，美国军舰要登临检查，按照美国的法律制裁中国。

中国政府严正声明：“银河”号系从事正常货物运输的船只，根本没有装载美方所说的化学物品，要求美方立即停止对中国货船的干扰活动，保证公海上的“航行自由”。美国政府不顾中国政府的强烈抗议，对在公海上正常航行的“银河”号货船进行武力干预，完全违背了“航行自由”原则。8月3日，“银河”号驶进阿曼湾，在美国的压力下，预定停靠港口通知“银河”号“不得靠岸”，后又要其驶往距离霍尔木兹海峡11海里的公海上锚泊。中国的主权、尊严、经济和船员安全蒙受重大损失，这就是国人震惊、世界瞩目的“银河”号事件。

中国政府为了维护公海航行自由权，除了强硬抗议外，努力寻找解决事端的办法。为了向国际社会澄清真相，尽早解除船员精神上的压力和减少船方和货主的损失，我国政府善意提出，由第三国与中方一起对“银河”号上有关货物进行公开检查以结束危机。经多方外交努力，沙特阿拉伯王国政府愿意接受“银河”号驶入达曼港，并由中方和沙特组成联合检查组，对运往伊朗的30个集装箱开箱检查，美方作为沙特的技术顾问参加检查。

美国为了渲染紧张气氛，登船人员全副武装，穿戴全身防毒衣，只露两只眼睛。经过10天“翻箱倒柜”式的周密检查，结果证明：“银河”号上没有一丁点美国人所说的硫二甘醇和亚硫酰氯两种化学物品。

欢迎“银河”号返回祖国

1993年9月4日，中国政府代表沙祖康、沙特政府代表阿布杜拉和作为沙特顾问的

中国集装箱船

美国代表迈克尤恩分别在《核查结果报告》上签字。报告上写着："通过对'银河'号货船上全部集装箱的彻底检查，结果表明，船上未载有硫二甘醇和亚硫酰氯两类化学物品。美国政府承诺，将上述检查结果通知中国货船'银河'号预定停靠港的各国政府，并努力确保'银河'号货船顺利进入有关港口卸货。"

历时43天的"银河"号事件终于真相大白，在铁的事实面前，美国只得无奈地表示"遗憾"，《华盛顿邮报》不得不说："海上的失误令美国难堪。"

中国外交部长助理奉命召见美国驻华大使，强调指出："在国家关系中，依照莫须有的所谓'确切情报'对另外一个主权国家采取行动，是违反国际准则和国际法的。美方的行动损害了中国的国际形象，干扰了中国船只的正常航运，破坏了主权国家之间的正常关系和贸易往来，给中方造成了严重的经济损失，使中国船只及其人员的安全受到严重威胁，并给中美关系投下了新的阴影。"

中国外交部发表了"关于'银河'号事件的声明"，指出：美国肆意向别国施加压力，这是地地道道的霸权主义和强权政治的表现，"银河"号事件只不过是其中的一例。全国人大外事委员会发表了关于"银河"号事件的声明，全国政协强烈谴责了美国的霸权主义行径，反映了中国人民对美国制造"银河"号事件的愤慨与抗议。

尽管英国《每日电讯报》评论说："事件使美国政府感到难堪，而中国则取得引人注目的胜利。"然而，"银河"号事件刺痛了中国人民的心，事实告诉我们：如果没有强大的海权，就很难获得航行自由，捍卫海洋权益实难做到。

不安全的“海上生命线”

中国30万吨级油轮

现在，我国与全世界170多个国家、地区的1 200多个港口有着航运贸易关系，我国从事国际海运的轮船公司已达310多家，拥有远洋运输船舶2 337艘，居世界第四。我国集装箱运输居世界第一，散装船队为世界第二，总运量达4.2亿吨，远洋运输总吨位世界第二，在海运市场上已经形成一支世界瞩目的竞争力量，海运已成为我国对外贸易的主要载体。中国已经是一个“日不落”的航运大国，任何时刻都有五星红旗飘扬在阳光下。

中国正在和平崛起。然而，经济持续的高速发展，将受到石油资源的制约。由于重化工业投资和汽车保有量继续保持较快增长，拉动了石油消费的上升，中国对石油的需求量已经超过日本，成为仅次于美国的世界第二石油消费大国、石油进口大国。

国际能源组织等权威机构预测：中国对石油进口的依存度，2010年为50%，2020年为60%，2030年将达76%。石油资源短缺，是制约中国经济持续高速发展的“瓶颈”。

中国货船感谢祖国护航

目前，我国进口石油的海洋交通线受到三方面的制约：

1. 产地。中国进口石油的主要产地是战乱不断的中东和政局动荡的非洲。

2. 运力。我国90%以上的进口石油需要通过海上船运，而海上船运的90%又是由外轮承担的。目前中国油船规模已达600多艘，但石油运输份额仅占进口石油量的10%。

3. 海域。中国进口石油的航线，要通过美国宣布控制的16个航道咽喉点中的朝鲜海峡、望加锡海峡、巽他海峡、马六甲海峡，处于不利的战略地理环境。

可见，中国的油源“海上生命线”受制于人，一旦遇到战争、外交事件或是其他不可抗拒的因素，我国将面临断油、缺油的危险。所以，我们必须加快海上力量建设，坚决维护我国“海上生命线”的安全。

第四十一章

上海繁荣靠“上海”

SHANG HAI FAN RONG KAO “SHANG HAI”

繁忙的上海港

“走进海洋、以海兴市。”
上海以前瞻、创新、务实的风范，
填海造陆、依岛筑港、海上架桥，
由江河时代迈入了海洋时代。

发展的根基在于海

关于“上海”有两种说法。其一，宋代吴淞江（今黄浦江）每隔十里疏通一条南北向的支流，习惯上称“浦”，上海浦是吴淞江上36个浦之一，上海便是上海浦畔的一个小镇，上海地名由此而来。其二，汉代书中记载：“楼县东有十里垦，从海上来。”楼县即现在的昆山，上海是由海滩逐步形成的陆地，两者都说明上海的由来维系着水。上海古时是个渔村，宋代建镇，元代设县，明代筑城。

昔日上海港

上海滨江临海，有水能通船，航

浦东夜景

海就有贸易。到了元代，航海比较发达，其中长江以南为南洋，固岸为陆，建有港口；长江以北为北洋，只有浅滩，大船不通。所以，南北航运必须中途驳运，上海客观上成为南洋和北洋的航运枢纽。

上海原本是一个陆域河边小镇，没有一寸海岸线，但它有黄浦江与长江相连，得益于“黄金水道”并沟通了海洋，面向开放的世界。正是这种连江通海的特殊地理位置，使上海能够迅速发展起来。

如果说中国大陆海岸线形如张“弓”蓄势，长江便是一支奔向海洋的“箭”，而上海恰是利箭之头。特殊的区位优势，使上海具备发展成为中国第一大港、世界大港的天然条件，成为“以港兴市，靠海发展”的典范。

有人说：中国历史“两千年看西安，五百年看北京，一百年看上海”。上海百年变迁史，发展的根基在于海，发展的动力在开放，持久的发展靠创新。上海坚定地走着“靠海兴市”的道路，使上海港由“江河时代”迈入了“海洋时代”，上海的发展是中国走向海洋发展战略的标志性成就。

繁荣的动力在开放

古代上海镇虽然不大，但它通过江水四通八达，由船舶输出了中国货，带来了舶来品，拉动了经济、贸易和金融的发展，上海逐渐成为棉纺业、渔业为主的贸易大港和漕粮运输中心，被称为“江海之通津，东南之都会”。据南宋志记载，这里商贾云集，还形成了江南最大的酒市场，具有酒的酿造、交易、运输和征税

机构，增添了市场的繁荣景象。

元代，上海与广州、泉州、温州、杭州、庆元、澉浦均设立市舶司，合称全国七大市舶司，成为中国的对外贸易大港，并正式设立"上海县"，开始建立城市。到了明代，上海地区商肆酒楼林立，已经成为远近闻名的"东南名邑"。明末清初，对上海的行政区又进行了调整，逐步形成了今天上海的雏形。

中国完全具有自主走向海洋的一切条件，但中国的封建制度扼杀了中国的航海传统与航海精神，结果使中国成为海洋入侵的牺牲品。1842 年，鸦片战争后签订《南京条约》，上海被殖民主义者强迫开辟为通商口岸，英、美、法等国纷纷在上海设立了租界。自 1843 年以后，上海滩中外商贾云集，东西文化交融，在不到 100 年的时间内，以飞快的速度发展成为中国经济文化中心，并进入国际大都市之列。中国失去了主权，上海的航运、造船、金融业完全被西方资本家所垄断，上海成了外国殖民主义者在中国倾销商品，搜刮原料、钱财的主要口岸，成为"冒险家的乐园"。

解放后，中国恢复了航运主权，对黄浦江进行全程疏浚和大规模的沿江码头重建，保持万吨海轮常年通航，上海与世界上 100 多个港口通航，构建了国际贸易网，发展成为现代化的国际大都市和世界级的大海港。上世纪 80 年代以来，上海的改革开放以浦东开发为起点，面貌更是日新月异，举世瞩目。

持久的发展靠创新

上海人的精明在于始终保持清醒，不断追求创新，一步步走向海洋。从 1959 年开始，国务院进行行政区划调整，将江苏省、浙江省的宝山、嘉定、闵行和松江等县划给上海，不仅扩大了上海的市域，更重要的是上海市从此拥有了长江和东海，拥有了长江与杭州湾之间的大片"三角宝地"和中国第三大岛——崇明岛，结束了"上海无海"的历史，使上海成了一个真正的濒海城市。

上海港从狭窄的黄浦江扩展到了整个长江口，延伸到了杭州湾，沿岸码头、造船厂、临港企业林立，为建设成为世界大港奠定了基础。到 2005 年底，上海港吞吐量达 4.43 亿吨，首次超过新加坡，荣登"世界第一大港"宝座，目前正向世界港口吞吐量和集装箱标箱量“双冠王”挺进。

洋山深水港

上海当了“港老大”,却没有陶醉于自身的优势地位和发展速度,而是不断寻找阻碍继续发展的“瓶颈”。上海清醒地看到,虽然有了海,但仍然没有建设深水港的海岸线,上海港的平均水深只有 9 米,而世界上最大集装箱船的港口水深要求在 15 米,水深便是上海建设国际航运中心的“瓶颈”。上海要继续发展,必须拥有通海深水大港。上海能否拥有深水港,不仅关系到上海的未来,而且影响着中国外贸运输格局和综合国力,上海建深水港是代表中国参与国际航运竞争的必要手段。

面对激烈的海洋竞争,上海不因“巧妇难为无米之炊”而退却,他们以强烈的使命感,启动集体智慧,创造了“海上建港”的奇迹。他们摆脱了省界的束缚,让视线跨越陆地

跨海大桥

海岸，终于在距上海海岸 30 千米外的海上找到了宝地——洋山列岛，凌空飞架了 31.5 千米长的“海上高速公路”，建成拥有陆域面积 20 多平方千米，布设 50 多个深水泊位的洋山深水大港，开创了“跨海建桥，海岛建港”的壮举。

填筑的洋山港区

2005 年 12 月 10 日，洋山深水港开港，东海大桥通车。洋山港迎来了世界十大航运公司所属最大、最新的世界顶级集装箱船，开始抒写上海航运的新篇章。洋山港是世界上第一个建立在海岛上的世界级离岸式集装箱码头，为挖掘海洋资源、建设海洋港口开辟了新路，是中国港口建设的里程碑。

到 2020 年，上海港将有把握登上港口总吞吐量和集装箱标箱量的世界航运“双冠王”宝座，基本建成国际航运中心，支撑上海建成国际金融中心、贸易中心和经济中心。洋山港的建成，标志着上海港由“江河时代”迈入了“海洋时代”。

国民党荣誉主席连战参观洋山港，陪同人员向他介绍：自上世纪 90 年代以来，上海港的货物吞吐量保持了 27%的年增长速度，目前货物吞吐量已排名世界第一，集装箱吞吐量排名世界第三。洋山深水港工程全部竣工后，港口集装箱年吞吐量将达到 1 500 万标准箱，相当于新建一个上海港。连战感慨地说：“孙中山先生 90 年前写的建设东方大港计划，今天由各位化为现实，我非常钦佩！”他挥毫题词：“开万古奇迹，以补天地缺憾；用八方轮桨，以利民生福泽。”

集装箱装船

第四十二章

迪拜海上建“明珠”

海与沙的交相辉映

古代，阿拉伯商人赶着骆驼、驾着舟船，开辟商道，从事贸易，建成了迪拜小城。

今天，迪拜人把“奇思异想”变为现实，在海边创造了让世界惊叹的“中东明珠”。

迪拜，不久前还是波斯湾里一个夹在沙漠与海洋之间的小型贸易港，多数中国人并不熟悉，也不知道它在哪儿。但充满想象力的迪拜人，创造了众多世界奇迹，使世界变得更美丽、更繁华。迪拜的成功，源于海洋意识和创新思维。

忧患思维造就“异想天开”

在18世纪末，迪拜只是个沙漠与海洋之间的小渔村，得益于毗连波斯湾口的优越地理位置，吸引商人驻足做买卖。19世纪30年代，迪拜逐渐发展成了一个小型贸易港。1966年，迪拜发现了石油，1969年首次开采，最高年产量曾达1 790万吨。深埋地下的石油财富源源不断地涌出来，迪拜人靠石油过起了富裕生活。然而，迪拜人没有因天上掉“馅饼”而忘乎所以，他们经过仔细勘查与评估，搞清楚了迪拜的石油储量约40亿桶，不足阿布扎比储量的1/10，石油并不是可以任意挥霍的“无尽财富”。而且,自上世纪七八十年代起,迪拜的石油产量已经逐年下降。人们预测,迪拜的石油开采只能维持到2020年。

迪拜面积3 980平方千米，约占阿联酋全国总面积的5%；而人口达226.2万,约占全国人口的41.9%,显然是地少人多。迪拜人感受到了单一石油经济的脆弱,在富裕中感觉到了“贫穷”的危机。为了迪拜的可持续发展,必须另辟蹊径。他们把目光盯上了海洋,依靠濒临海洋的区位优势和30公里长的海岸线,发展多样化经济。

阿拉伯人创造过灿烂的古代文明,他们懂得“思路决定出路”,“一旦国家或民族失去了开创精神,要再找回,有如跛子爬山”。今天,“没有什么事情是不可能的”宣传口号,醒目地张贴在迪拜市中心的广告宣传牌上。迪拜人用自己丰富的想象力实践着“只有想不到,没有做不到”这句话,全力创造新世界,提出迪拜的“所有新东西必须成为地理标志”。

今天的迪拜,以令人眩晕的速度改变着波斯湾,创造着一个接一个的世界奇迹。迪拜由一个知名度并不高的小港口,转眼间成为吸引世界富豪和游人争相前往的“天堂”。有人说:因为迪拜有钱,奇迹是靠钱堆出来的。但更有钱的国家并不少,却很少像迪拜这样创造了那么多的惊世奇迹。

面向大海走上繁荣之路

迪拜市容

阿拉伯商人自古以精明著称,他们赶着骆驼、驾着舟船,开辟商道,从事贸易,发家致富。迪拜的酋长们继承了这种传统,决定在石油耗竭之前,从大力开辟港口、开发旅游、发展贸易三方面着手,改变迪拜单一的石油经济,以保持可持续发展。他们具有前瞻的战略眼光，制定了雄心勃勃的宏伟计划，努力营造人气,吸引人流、物流、钱流，决心把迪拜建成中东乃至世界的中心。

迪拜港口

港口是发展海洋经济的基础。30多年前，迪拜酋长拉希德力排众议，决定投资4亿美元，持续30年建设，在杰贝阿里沙漠区挖掘出全世界最大、最深的人工港，以适应经济的高速发展需要。30年来，杰贝阿里港从来没有一天停止过挖掘，预计在2010年建成，该港和拉希德港的集装箱吞吐量可达350万标箱，居世界第二。如今迪拜已经成为这一地区最重要的进口、出口和转口贸易中心。

优惠政策吸引人流。为鼓励国外大企业落户迪拜，迪拜政府配合港口发展建立本地区最大的"自由区"——杰拜勒·阿里自由区，实行十分优惠的税收政策和贸易奖励机制，包括免除进口关税、货物自由进出港、准许外资办理独资企业、允许利润自由汇往国外，基本上实现了无营业税、无消费税、无所得税。所以，迪拜像强力"磁石"吸引着世界各国的经济人士。1985年，该自由区只有30家厂商；20年后，已有120多个国家和地区的5 000多家公司在此投资，带来了巨大的人流、物流和资金流。目前，该自由区已成为世界五大自由贸易区之一，入驻的世界知名厂商密度为"世界之最"。

世界最大喷泉

迪拜拥有了世界级大港口和"自由区"，又投入80亿美元，在毗连港口处建设"世界最大"的国际机场，建成后的规模约为芝加哥奥希尔、伦敦希思罗两个机场加起来的总和。将来在迪拜新、旧机场之间，准备修建一

休闲胜地

条高速铁路相通，将两个机场合二为一，两个机场加起来的旅客吞吐量将达到 1.2 亿人次，将超过现在排名第一的伦敦希思罗机场。

同时，在新建机场旁边设立一个占地 25 平方公里的世界最大的物流城。这样，迪拜不仅拥有全球最大的人工港、中东最繁忙的货运中心、航空枢纽港和物流城，而且是世界第一个把机场、海港及免税环境结合在一起的物流平台，形成海、空、自由贸易区三位一体化的“一站式”新型物流服务体系，大大提升了其航运、金融、经济和旅游中心的地位。

迪拜以令人眩晕的速度改变着波斯湾，奇迹般地建造着一个接一个的世界标志性建筑，成为“经济全球化”的中东明珠，推动了旅游业迅速发展。自 2003 年起，迪拜旅游业收入已经超越了石油收入，占 GDP 的 10%以上。迪拜机场过境人数，1996 年为 800 万人，2005 年增长到 2 500 万人。由于实行开放的政策，目前迪拜的常住居民中有 80%为来自 150 多个国家的外来人口，其中中国人大约有 7 万人。

凭借“靠海致富”的海洋意识，以港口为核心，发展多样化海洋经济，迪拜完全改变了单一的石油经济结构，集中了阿联酋 70%左右的非石油贸易，因此赢得了波斯湾“贸易之都”的称谓，这是一个小港依靠海洋创大业的成功典范。

创新构建“波斯明珠”

仅仅几年时间，迪拜便制造了许多使世界惊叹的杰作，使世界变得更美丽、更繁荣。

“世界第八奇迹”——“棕榈岛” 海洋是人类尚未开发的最大空间资源，为世界各国最大的空间储备，也是人类“重返海洋”最主要的物质基础。迪拜在波斯湾建造的“棕榈岛”和“地图岛”是一个创新的海上建筑设计。

“棕榈岛”于2001年开工，是世界上最大的海上造陆工程。它由一个像棕榈树干形状的人工岛、17个棕榈树形状的小岛以及围绕它们的环形防波岛三部分组成，岛长6千米，宽5.5千米。一座长300米的跨海大桥与“树干”相连接；主干宽350米，向海中延伸5千米；每个“树叶”长2千米、宽75米，形成半圆形的“棕榈”树冠。防浪堤长11.5千米，宽150米，堤内形成一个平稳、安静的居住环境。全岛建成后，可使迪拜的海岸线增加120公里，还将成为在月亮上能看得见的“世界第八奇迹”。

在“棕榈岛”主干上建设一个大型海洋公园、可以停靠200多艘游艇的码头，兴建现代购物中心、高尔夫球场及游乐场所。每个“树叶”上将建成40个豪华旅馆和3 000套高级别墅。用高架单轨铁路将豪华住宅和各景点连成一片，岛上海、空交通四通八达，可谓“海上天堂”。迪拜人豪迈地声称，这个世界第一大人工岛建成后，将成为一座奇特的海上城市，全岛将有6万多户居民，5万多名服务人员分布在全岛的旅馆、商场以及游乐场所为岛民提供各种服务，每天将从全世界吸引至少2万名富有的游客。这里将成为中东的“世界休闲之都”，是人类“走向海洋”的示范工程。由于英国著名球星贝克汉姆、欧文，以及一些著名演员、歌手、企业家、政治家成为首批居民，使其名声响彻世界。

棕榈岛

“地图岛”是以海造陆的又一个杰作，其创意为“会聚迪拜地球村”。从高空俯瞰，300多个错落有致、大小搭配的岛屿，精确地勾勒出一幅世界地图，漂浮在蔚蓝色的海面上。这一“标新立异”的奇特景象，无疑会引人入胜，吸引更多游客成为“地图岛”的居民。

地图岛

在这幅世界地图中，“中国版图”由北京岛、上海岛、昆明岛、香港岛和台湾岛组成。中国温州商人胡宾花费2 800万美元购买了面积3万平方米的“上海岛”，成为“地图岛”上第一位中国岛屿的主人。他将在“上海岛”上打造一条代表黄浦江的“S”形海河，在这条“黄浦江”的两岸，拟建造70栋别墅，将“翻版”外滩及“东方明珠”等上海的标志性建筑，希望把更多的中国文化和“上海元素”传播到海外。

名扬世界的“七星饭店” 1999年12月，迪拜人建成了“阿拉伯塔饭店”，由于其极度奢侈，被称为世界上“最昂贵”的酒店。又因其出色的服务，被誉为全球“最舒适”的酒店。“阿拉伯塔饭店”又称“帆船饭店”、“七星饭店”，是迪拜的标志性建筑。

阿拉伯塔饭店位于一座离海岸280米远的人工岛上，共有56层321米高。饭店的主体建筑恰似一面扬起的风帆，向世人展示迪拜久远的航海文明。饭店的外立面由43 446平方米的双层纤维玻璃黏合而成，犹如一幅巨大的水中屏幕。客人进入正门后，迎面是一座阶梯式人工瀑布，它将雾化水技术同光学原理巧妙结合，形成独特的万花筒效果，使人目不暇接。二层大厅中央的圆形喷泉，各式水花造型婀娜多姿、变化万千，美不胜收。

阿拉伯塔饭店有许多独特的创意，往往使人意想不到。饭店可以提供空中服务，应顾客要求启用直升机接送，在15分钟的航程里，从高空鸟瞰迪拜的市容，欣赏壮丽的景观后，才徐徐降落在28楼的直升机坪上，再步入自己的房间。顾客疲惫了，可以到楼顶上世界唯一的高空网球场上放松一下。在300多米高空，欣赏着一半是沙漠、一半是海洋的奇特美景，潇洒地挥拍击球，分外惬意。

饭店共设有单人、双人、三人套间、全景套间、俱乐部套间、总统套间及皇家套间等七种不同规格的房间。总统套房极尽奢华，有镀金家具、电影院、专用电梯，780 平方米的空间到处是金灿灿的，每件器皿几乎都是一件件工艺品，据说光镀金装饰就耗费了近 30 吨黄金，使居住者简直“视而忘睡”。饭店自开业以来一直保持着良好的经营业绩，世界上很多人是先知道“七星饭店”，后知道迪拜的。

高空网球场

奇特的旋转摩天大楼

全球首座旋转摩天大楼，预计 2010 年在迪拜建成，将宣告一个新的动态生存空间时代的到来。按照设计方案，在迪拜建造的这座旋转摩天楼将达 80 层，高度约为 420 米，每一层都可以单独、自如地进行 360 度旋转，每套公寓的面积从 120 平方米到 1 200 平方米不等。摩天楼还配有声控风力发电机等多种环保装置，它的主要能量来自风力。大厦的屋顶还装配有大型太阳能板，能够充分利用太阳能，可以称得上是新型环保建筑的典范。

旋转摩天楼

永久性的“世界第一高楼” 有了“阿拉伯塔饭店”的经验，迪拜人决定再建造一座“无人超越”的世界第一高楼。2003 年 2 月工程正式启动，一座集居住和购物于一体的综合性大厦“迪拜塔”拔地而起。设计师称：楼高为 800 米，100 多层。其中，37 层以下为宾馆，从 45 层到 108 层是近千套豪华私人公寓，还将修建大型购物中心、湖泊和附属的塔楼群。“这一设计将触及技术所能达到的顶峰”，竣工后的“迪拜塔”将成为世界上最高的建筑。

世界最高楼

为了保持世界“最高独立建筑物”的桂冠,迪拜塔准确高度目前尚属机密。但该楼拥有特别设施,可随时使楼顶增高,使“世界第一高楼” 永远傲视群雄。大厦动工不久,世界各地的企业家、商人、运动员、演员及各行名人、富豪纷纷前来订房。豪迈的气魄,精辟的判断,使一些“异想天开”的宏伟设想在他们手中实现。难怪人们会说:“迪拜人的眼光一直盯着未来,说话中永远使用着将来时。”

沙漠“火炉”里飘雪 谈起阿联酋,人们往往想到骆驼与沙漠;一提到中东,人们便联想到战争。但走进阿联酋迪拜,人们看到的是绿荫,感受到的是和平。它是一个豪华、奢侈的世界,有钱人的“天堂”,是一个完完全全建造在沙漠之中的奇迹之城。

迪拜酋长国的大部分是荒芜人烟的沙漠,但迪拜市却是一个融合了阿拉伯文化、西方文化和南亚文化的新兴城市。这里交通四通八达,豪华车川流不息,摩天大楼鳞次栉比,东西庙堂风格各异。与之相伴的是绿树成荫、鲜花夹道、芳草成坪、鸟语花香,一派南国风光。

他们在气温高达 50℃ 的波斯湾口,建造了一个可以同世界最大滑雪场相媲美的世界最大的室内滑雪场,让游人直接触摸冰雪,感受从烈日炎炎的沙漠走进冰雪世界的奇妙感觉。经营者解释说:“建这个滑雪中心不止是供人滑雪,也给那些从未见过雪的人提供见识、参与

“火炉”里飘雪

冬季活动和进行雪上表演的机会。”

作为迪拜城的最新景观，迪拜滑雪场是一座银灰色的弧形建筑，足有30层楼高，面积有3个足球场大，能容纳1 500人同时滑雪。这个滑雪场正常运作需要6 000多吨雪，而且每晚需要补充新雪30吨才能保持70厘米的雪层厚度，先进的温控设备保证白天雪场的温度在 -1℃左右，到了晚上则降到 -9℃。但是，有环保主义者指责沙漠室内滑雪场耗费巨大电力，是一种资源浪费，并对环境造成巨大影响。

“全球最大”的国际金融中心 迪拜人的创新意识，不只是图其名，更重其利。他们想方设法把游客吸引住，将大把大把的钞票留在迪拜。他们除了建造大港口、大机场、人工岛，盖世界“第一高楼”外，更加重视建设世界贸易中心、迪拜金融中心、国际展览中心、拉希德科技园、国际媒体城、因特网城、酋长国购物中心等。

有钱的迪拜，如果没有金融中心，就像盛不住水的“篮子”。迪拜已经有了“一个自由区、两个中心”，即自由贸易区和经济中心、海空交通中心，具备了建立金融中心的软硬条件。迪拜必须要建国际金融中心，以接纳从这里流出去的1.5万亿石油美元。迪拜本身便是一个使人“眼花缭乱”的特大建筑工地，近年来用于工程建设的资金高达1 000亿美元，而整个伊拉克的重建资金也只有530亿美元。迪拜急需规范本地区的巨额融资工作，建设金融中心，是迪拜近20多年来经济多样化发展道路的必然延伸，也是迪拜的强国之策。

迪拜商业区

新建中的“迪拜国际金融中心”，地址选在迪拜市城南最繁华的地段，占地面积110英亩，总投资将超过20亿美元。目前，一座门形的15层主楼和十几座现代化的配套高楼正在向空间节节攀升。

由于金融中心采取极为优惠的政策，包括允许入驻公司100%独资和拥有房地产权，实行零税收，资金和利润自由出入等，有望入驻的国际金融机构可能达到150家，将有力地加强了迪拜金融中心的地位和影响力。迪拜人豪迈地声称：我们将把迪拜国际金融中心做大，我们的最终目标是“全球最大”。

目前，迪拜人正在努力创建世界最大“购物中心”和“娱乐园”，打造世界“旅游之都”，兴建“迪拜茶叶交易中心”、“迪拜黄金交易所”、“迪拜网络城”，成为世界上经济发展最迅速的地区之一。

迪拜融汇了世界的精英与资金，融合了阿拉伯文化、西方文化和南亚文化，是一个融合了新与旧、东方与西方、沙漠与现代的城市，勾画出了一个五彩缤纷的世界，展示了经济全球化的魅力。迪拜是海洋造就的“明珠”，将成为这个星球最耀眼的地方之一。

第四十三章

大家来管好海洋

DAJIA LAI GUANHAO HAIYANG

健康的海洋

人类希望在海洋，
海洋健康在管理，
人类管好了海洋，
世界就会更美好。

海洋属于全人类

人类共同居住在一个“水球”上，海洋给人类带来了财富，人类的未来将会更多地依赖海洋。然而，在全世界170多个国家中，有30多个内陆国，根本没有海港、出海口和海岸线。与我国接壤的内陆国就有蒙古、老挝、不丹、尼泊尔、阿富汗、塔吉克斯坦、吉尔吉斯斯坦和哈萨克斯坦等国家。

由于历史原因，这些国家处于陆地封闭状态。本来陆地资源就不富裕，又隔离了海洋，内陆国不能直接获得海洋资源，无法依靠海洋的优越条件来发展。所以，除欧洲少数几个国家外，内陆国一般都是经济较落后的发展中国家。

根据《联合国海洋法公约》，占海洋面积35%的近海海域归属各国管辖，而占海洋面积65%的海洋主体部分仍是一个整体，没有被分割或被任何国家占有，它属于全人类。《联合国海洋法公约》明确：沿海国或内陆国同样享受海洋上的各种权益。各国人民应该在共同开发海洋过程中，公平地得到应有的海洋利益，尤其应该保证内陆国家不能再次失去海洋，造成同发达国家之间的贫富差距进一步拉大。

《联合国海洋法公约》照顾到全人类的利益和需要，在确定各种海洋利益时，十分周到地照顾到了内陆国的权益。

在"公海自由"制度中明确：公海对所有沿海国和内陆国平等开放，内陆国同沿海国一样享有公海上的航行自由、飞越自由、敷设海底电缆和管道的自由、建造人工岛屿和其他设施的自由、捕鱼自由和科学研究的自由。

在"国际海底"制度中明确：公海的海底资源开放给所有国家，属于人类的共同继承财产，内陆国同沿海国一样可以不加歧视地和平使用各类海底资源，甚至在管理局理事会中还分配有6个名额，以代表和维护内陆国的海洋利益。

在"海洋科学研究"制度中明确：所有国家，不论其地理位置如何，均有进行海洋科学研究的权利，并规定在专属经济区或大陆架上进行海洋科学研究应将研究计划通知邻近的内陆国，以便内陆国有机会公平地参与开发专属经济区内的生物资源。

《联合国海洋法公约》给予了内陆国许多与沿海国同样的使用和开发海洋的权利，内陆国的船舶有权在本国某地注册登记，悬挂本国的旗帜在公海和专属经济区内自由航行，在领海内行使无害通过权。

《联合国海洋法公约》特别规定：为行使公海自由和人类共同继承财产的权利的目的，内陆国有权出入海洋，并应享有利用一切运输工具通过过境国领土的过境权。而且，这种过境运输无须缴纳任何关税及其他费用，船舶在海港内享有其他国家船舶同等的待遇。

内地也该进海洋 海洋属于全人类，《联合国海洋法公约》从法律上给予内陆国许多优惠，就是要保证和鼓励各国重视海洋，共同从开发海洋中取得实惠、得到发展。这对我们的内陆省份，同样具有启迪意义。开发海洋、利用海洋资源是人类共同的权利，也是我国内陆省市发展的良好机遇。内陆省和沿海省要按照国家"振兴海业，繁荣经济"的政策，共同努力发展海洋经济，尽快把我国建成海洋经济强国。

海洋问题的核心是海洋经济，必须改变"发展海洋事业是沿海省市的事"的旧观念。要看到，海洋经济潜力巨大，海洋事业关系着国家的兴衰，在开发、利用海洋的斗争中，谁在海洋上占有优势，谁就拥有更多的资源，谁便富裕强盛。发展海洋经济,“靠海致富”,是内地和沿海各省的共同机遇。

改革开放以来,我国东部沿海地区经济持续高速发展,增长速度高于全国平均水平,与内地的差距逐渐拉开。

为解决经济发展不平衡问题,我国实施了“西部大开发”和“振兴东北老工业基地”战略,祖国大地掀起了经济腾飞的建设热潮。当然,内地要发展,不能只盯住黄土地,还要放眼蔚蓝的海洋。“面海而兴,背海而衰”,国家是这样,地区也是这样。沿海是经济发展的龙头,内地是经济发展的腹地,具有资源丰富的地区优势。全国已探明的140多种矿产资源,西部就有120多种。全国规划中的10个大型水电基地有7个在西部,西部丰富的油气资源比沿海要多得多。

造成东西部差距的原因是内陆的封闭性,经济流通渠道不畅,投资环境欠佳。从战略视野看,“东出”是“西进”的条件,而“西进”是“东出”的必然结果。针对西部地域广袤而远离海洋的特点,关键要开辟新的物流走廊,使内地通向海洋,拓展国内市场,走入国际市场,以牵动经济发展。如北京市与唐山市联手共建了京唐港,北京也由此跨越了160多千米的陆地距离变成了“沿海城市”。吉林、黑龙江等省组织了远洋运输船队,有的内陆省市正在筹建远洋渔船队,甚至组织石油开发企业搞跨国石油开采,将从海外开发的原油运回国内。

海洋属于全人类,海洋财富属于开发它的主人,海洋为内地人和沿海人提供了同样的靠海致富的机遇,千万不要错过这一良机。

国家海域自管好 开发海洋给人类带来了文明与财富,而无序开发海洋也给人类带来了灾难。为了科学、和谐地开发海洋,必须对海洋进行依法管理。科学技术是开发海洋的必需条件,依法管理是开发海洋的必要保证。由于海洋具有流通性、三维性、国际性的特点,海洋管理与陆土管理有很大不同,要多元和复杂得多。

《联合国海洋法公约》明确了世界海洋将由主权国家和国际组织共同从世界人民的利益出发进行法制管理。海洋管理的范围可分为全球、地区和国家三个层次,《联合国海洋法公约》把占海洋面积35%的近海海域交给沿海国家管辖和开发,同时要求各国从“保护保全海洋”出发管理好所属海洋。

国家管辖海域在地理环境上属于陆地自然单元和与海洋自然单元相衔接的过渡地带,处于高速发展的沿海技术圈与大自然生物圈之间的激烈碰撞区域,也是国际海域和国内海域的要冲、国防的战略要地。由于其地势陆海交汇,构成特定的生态系统，资源十分丰富，是国家经济发展的重要依托地。

人类共同的海洋资源

国家管辖海域涉及到政治、经济、军事、外交、科技和法律等各个领域。对海洋资源、环境和空间的开发利用，既需要各类资源开发部门的行业管理，更需要国家着眼于全民的整体发展利益和保证可持续发展的视野来对工业、渔业、采矿、排污、居住、旅游和防卫等资源及其影响因素进行统筹兼顾、综合平衡，实施和谐与协调的海洋国土综合管理。

海洋上发生的一个具体事件，如撞机碰船事件、攀登争议岛礁、渔业纠纷、争议海域资源勘探和专属经济区内海洋科学调查等，都可能触动国家利益的中枢神经，有牵一发而动全身的敏感效应，所以，海洋管理的主体是国家及其代表者。必须要有强有力的政府机构，用完善的法律和有效的海洋政策，在各部门、行业间进行规划、协调，并由高效率的海洋执法队伍来实施管理。目前，我国各涉海机构条块分割、单项管理，主要由国土、交通、农业三个部和石化总公司根据行业职能和系统利益各自对本行业进行垂直领导，对海洋实施专项、单一的开发活动，远不能适应快速反应和合理决策的要求，也难于维护国家主权和海洋权益。

我国现代化执法船

随着海洋管理机制的健全，海洋法律的完善，海上执法队伍的加强，我国海洋综合管理水平将逐渐与国际“接轨”，以适应“海洋世纪”，切实维护国家海洋权益。

公共海域国际管

联合国确定，共同海域大家管，公海资源大家用。《联合国海洋法公约》把国家管辖海域以外的海域，叫做“区域”，并明确“‘区域’及其资源是人类的共同继承财产”。既然把世界上最丰富的深海资源定为全人类的共同财产，那就只能用于和平目的，为人类的可持续发展服务；它有共同性，必然超越国家利益的范畴，还要顾及沿海国和内陆国应享有的利益；又有继承性，不仅满足当代人发展的需要，还要为子孙后代的发展保护好资源和环境。所以，《联合国海洋法公约》采集了现代人的智慧，创建一个“国际海底管理局”来担当这一个伟大的使命，代表全人类行使有序、安全和合理的管理权，为全人类的公共利益去开发深海资源。

国际海底管理局还开创了“国际税收”的职能，负责“区域”活动的经济收益，将财政收入和其他经济利益公平分配给各缔约国。所以，“国际海底管理局”是一种新型的各国广泛参加的“高技术国际化”机构，也是适应世界经济全球化的必然结果。

海上执法巡逻

由于理事会在国际海底管理局的实际工作中掌握着实权，对决策起着重要作用，所以，各国对理事会的组成竞争十分激烈。我国以最大投资国的身份当选理事会成员，对维护我国的海洋权益、参与国际深海资源开发及维护世界和平事业都将起到重要作用。

第四十四章

再创中华 海洋辉煌

中国是一个古航海国家，
华夏是一个开放的民族。
几千年前驾舟横越两大洋，
开拓丝绸之路沟通了世界。
当今为和平开发利用海洋，
中国在海洋上将再创辉煌。

中国是一个陆地大国，又是一个海洋大国，有着960万平方千米的陆地国土，1.8万千米的大陆岸线；在大海上，拥有宽广的大陆架和6 500多座岛礁，岛岸总长达1 400千米。根据《联合国海洋法公约》，我国拥有300万平方千米的海洋国土。

古代的海上辉煌

中国是一个古航海国家，中华民族的祖祖辈辈既受到黄土地的养育，又受到海洋文化的熏陶，华夏子孙不但具有大陆人的气质，还充满海洋人的元素，为开拓海洋事业和传播海洋文化作出了贡献。

东渡日本的徐福

中国古代沿海先民，不但“靠海吃海”，而且“习之于海”，善于航海。20 世纪 70 年代，在浙江省余姚的河姆渡出土了 6 只用整块木料制成的船桨，是 7 000 年前的航海遗物，可同《易经》上的记载“刳木为舟，剡木为楫，以济不通，致远以利天下”互为印证，说明华夏先民在 7 000 年前就具有较高的造舟能力，并且是开放的闯海人。

远在五六千年之前，我国的百越人便开始远涉重洋，他们自制舟筏，借助海流由西向东逐岛飘航，跨越太平洋，到达美洲西海岸，开拓了太平洋北航线。

春秋战国时期，沿海地区的齐人、燕人从山东、辽宁出发，经过朝鲜半岛，开辟了两条东渡日本的航线，将中国文化传播到了日本。

汉武帝

秦代，徐福奉秦始皇之命两次去日本，开拓了中日航线。徐福东渡，驾驶巨船，率男女 3 000 人，广集各种各样人才，满载大量代表当时世界上最先进的物资、科技和文化，到达日本而不归，是一次大规模的移民活动，也是一次广泛的经济、文化交流活动。

西汉时期，汉武帝的思想是开放的，不仅发展了沿海航行，而且开辟了从海上经由印度，沟通了与欧洲罗马的贸易远洋航线，建立了海上丝绸之路。从国内的徐闻、合浦为起点，沿越南海岸南下，穿越马六甲海峡，再分南、北两条航线，经过印度东海岸的黄支，到达斯里兰卡，贯通了太平洋和印度洋航线，是中国航海的重大突破。

东汉中期到唐代，西行的商业航线绕过了斯里兰卡和印度半岛，在大西洋同罗马往东的航线相连接，实现了中国同罗马间的直接通航，标志东、西方直达的海上丝绸之路的最终形成，实现了古代中华文明与世界文明间的广泛交流、相互融合，促进了人类文明的进步。

15 世纪，明朝钦差正使总兵郑和，高举和平航海的大旗，率领“体势巍然，巨无与敌”的世界最大船队，七次纵横南洋，驰骋印度洋，到达波斯湾、红海和非洲东海岸，航经30多个国家，历时28年。郑和七下西洋，是世界航海史上的壮举，将中国的远洋事业推向了鼎盛时期。通过郑和下西洋活动，沟通了东西航路，为后来欧洲人进入东方世界开辟了道路，为航海事业和世界经济、文化交流作出了杰出贡献。当人们谈论建立和平与发展的“地球村”时，郑和航海便是一个光芒四射的“灯塔”。

郑　和

中国航海史表明：从公元前3世纪起到15世纪中期，中国的航海事业一直处于世界领先地位，中华民族在海洋上创造了辉煌业绩，为人类海洋事业的发展作出了不可磨灭的贡献。

今人的历史使命

中国沿岸港口密布，航海的自然条件优越。自从实施改革开放政策，中国的综合国力大增，海洋经济、海洋科学持续高速发展，航运、港口、造船产业实现了跨越式的发展，跻身于世界先进行列。

造船业　中国的造船业是目前中国重加工工业中能够走在世界前列、与世界先进水平竞争的行业之一。2003年中国造船完工量占世界市场份额的11.8%，2004年达到世界市场份额的15%，2005年突破1 000万载重吨，达到世界市场份额的18%。现在已紧随韩国、日本之后，成为世界第三造船大国。中国出口船舶占造船总量的70%以上，出口到包括美、英、德、日、法等发达国家在内的90多个国家和地区。中国已经成为世界船舶制造市场成长性最高的国家，已具有向更高目标迈进的基础和能力。预计到 2015 年，中国造船完工量将达 2 400 万载重吨，占世界市场份额的 35%。

兴旺的造船业

港口业 在 1980 年之前，世界货物吞吐量前 100 名中，没有中国港口的名字。到 2007 年，中国大陆已拥有亿万吨级的海港十几个，其中前 10 名为：上海、宁波、广州、天津、青岛、秦皇岛、大连、深圳、日照、营口。世界港口前 20 名中，中国大陆就占了 8 个；在世界港口前 10 名中，中国就有 5 个。目前，中国是世界上拥有亿吨港口最多的国家。随着中国经济的持续稳步增长，中国已连续 5 年保持港口吞吐量和集装箱吞吐量世界第一，已成为全球港口吞吐量最大、增长最快的国家。

繁荣的港口

航运业 据 2001 年统计，我国拥有运输船舶 21.1 万艘。到 2007 年底，我国船队运输规模已列全球第 4 位。现在，中国的海运业承担着 93%的外贸货运量。中国巨轮航行在世界各大洋，停泊在世界各地港口，每时每刻都有五星红旗飘扬在阳光下，中国已是一个“日不落”的航运大国。

我国的海洋科学考察船在全球海洋进行科学考察，在大洋深海资源调查和南北极科学考察中为人类作出了重大贡献。

我国的远洋渔船在西非、阿拉斯加等世界渔场进行捕捞作业和开辟渔场，生产规模位居世界第一。

我国“远望”号航天测量船在各大洋遥测、控制人造卫星和载人航天飞船，是世界上第三个拥有海上航天控制技术的国家。

中国集装箱船

我国的海军舰艇已遍访世界各大洲，2003 年实现了首次环球航行，成为海上交流的和平使者。2009 年，应联合国安理会和索马里政府的请求，中国舰队开赴索马里——亚丁海域，参与国际打击海盗、为商船护航活动，受到世界普遍欢迎。2009 年庆祝中国海军建军 60 周年，中国海军充分展示在世界面前，与各国海军进行广泛交流，令世界刮目相看。

中国综合国力稳步提升，海洋产业持续跨越式发展，中国已经具备了从一个海洋大国向海洋强国迈进的客观条件，逐步实现“海洋经济发达、海洋科技先进、海洋法制完善、海洋管理规范、生态环境健康和海洋综合实力强大”的宏伟目标。

中国是一个海洋大国，强劲和平崛起的势头备受世界关注，胡锦涛主席在我国庆祝海军成立 60 周年活动时向世界传递了最清晰、最透明的信息，表明中国永远是可以信赖的维护世界和平以及实现“海洋和平使用”的重要力量。

中国军舰访问日本

在多国海军高层研讨会上，中国海军司令员吴胜利上将做了题为《同心协力共建和谐海洋》的专题报告。倡议共建“和谐海洋”，让海洋远离战争，完全

中国维和部队

符合《联合国海洋法公约》精神和人类的共同愿望，反映了全世界人民的共同愿望，继承了中华民族的“以仁为本”军事伦理文化的精粹，透视了中国建立强大海军的真实目的，为世界深入了解中国和中国海军提供一个重要平台，将会在世界海洋史、海军史上写下新的篇章。

和谐海洋

跋

海军教授　水兵情怀

杨道立

邀请陆儒德教授编著《大海告诉你》，是筹备2009中国航海日纪念活动最初议定也是绝无半点争议的一个文化项目。

为什么是最初议定？为什么绝无争议？

自2005年中国航海日纪念活动举办以来，历经北京、上海、青岛、苏州（太仓）四城市，虽创意纷呈，但出版科普读物尚无先例。而海洋题材的科普读物，实为国情和社会的迫切需要。仅从听陆教授对于海洋、航海、中国海军、世界军事关注中随口提及的当下讯息，我们就感到海洋知识的缺乏。号称专家组成员的一些人尚且如此，推而论及周围，乃至放眼瞭望更远，深感社会存在巨大的阅读需求。

搭建一个平台，出版一部立意高远，图文并茂，既有国际视野，又有普世价值的好书，2009中国航海日活动大连组委会办公室与大连出版社一拍即合。毋庸置疑，绝无半点争议的内涵，包括因经费等原因而做出取舍时专家组的态度，决策者的果断——这里有对此书品质的信心，对陆教授的致敬。可以说，没有陆教授们的共同奋力推进，大连不会在庆祝新中国成立60年之际，光荣地承办第五次中国航海日庆祝活动。当然,中国航海日的诞生,也得益于这样一些国事大于家事的人感动过我们的国家领导人。航海兴邦,已然国家经略;了解海洋,亲近大海,用科学头脑关注海事纷争,以及更新海洋观念和具有海洋般开阔的胸襟,应当是国民教育的当务之急。《大海告诉你》在这样的背景下问世。

鉴于陆教授的学术成就和影响力,航海日办公室常常为叨扰他而不过意,但每次公益活动,特别是专家组一次次开会、讨论,走进大学举办讲座等,他不仅从未以“手中同时有三部书在赶写”为借口请假,却如士兵上岗,总是抖擞精神,有备而来;直抒胸臆的发言间,他又是那么尊重别人的感受。作为大连舰艇学院的资深老师,陆教授对海洋开发、航海强国,建设和平之海、友谊之洋的思考已经数十年并进入非常人可及的境界,而他的言行举止,于平凡中流露朴素的老兵情怀,于自觉中充溢高贵的学者气质。最可贵他对时势的洞悉和锐利的见解,使得他在专家组像定海针一样发挥着特殊作用。就在遭遇痛失长子的极大打击期间,教授还坚持每天写作十几个小时,按时出席每一次活动,他的人格美德使我深受震撼!

希望读过这本书的人,能增加一些面对海洋、面向世界的激情,那样,《大海告诉你》就不仅仅是满足了兴趣,传播了知识,而是启迪了心智,滋养了性情。

也希望获得这本书的人,关注每年7月11日中国航海日。

热爱大海吧!郑和之后,中国当有千千万万像郑和那样凌风远航的大志向大英雄。

(作者为国家一级导演,2009中国航海日活动大连组委会总策划、专家组组长)